U0211172

# 耕地土壤重金属污染修复与安全利用技术

张 剑 卢升高 著

ZHEJIANG UNIVERSITY PRESS
浙江大学出版社

**图书在版编目(CIP)数据**

耕地土壤重金属污染修复与安全利用技术 / 张剑，
卢升高著. —杭州：浙江大学出版社，2022.11
ISBN 978-7-308-23183-1

Ⅰ. ①耕… Ⅱ. ①张… ②卢… Ⅲ. ①耕作土壤－土
壤污染－重金属污染－修复 Ⅳ. X53

中国版本图书馆 CIP 数据核字(2022)第 194182 号

## 耕地土壤重金属污染修复与安全利用技术

张 剑 卢升高 著

| | |
|---|---|
| **责任编辑** | 张凌静 |
| **责任校对** | 殷晓彤 |
| **封面设计** | 周 灵 |
| **出版发行** | 浙江大学出版社 |
| | （杭州市天目山路 148 号 邮政编码 310007） |
| | （网址：http://www.zjupress.com） |
| **排 版** | 浙江时代出版服务有限公司 |
| **印 刷** | 杭州宏雅印刷有限公司 |
| **开 本** | 787mm×1092mm 1/16 |
| **印 张** | 14.25 |
| **字 数** | 260 千 |
| **版 印 次** | 2022 年 11 月第 1 版 2022 年 11 月第 1 次印刷 |
| **书 号** | ISBN 978-7-308-23183-1 |
| **定 价** | 108.00 元 |

# 前　言

过去 40 多年间,随着人们因为工业、农业等生产活动与城市生活活动向环境中排放的污染物的增加,耕地土壤重金属污染日益严重,危害了农产品安全和人民健康,对经济社会发展和生态环境维护产生了负面影响。耕地环境质量是农产品生产和质量安全的基础,直接关系到"米袋子"和"菜篮子"的安全,关系到人民群众舌尖上的安全。打好土壤污染防治攻坚战,是顺应人民对良好生态环境热切期盼的重要举措。2016 年 5 月,国务院发布《土壤污染防治行动计划》,明确实施农用地分类管理,保障农业生产环境安全,开展污染治理与修复,改善区域土壤环境质量。在国家和浙江省政府的统一部署下,温州市在 2016 年开始开展农业"两区"(现代农业园区和粮食生产功能区)土壤重金属污染治理省级试点;2019 年开始对受污染耕地安全利用设置省、市两级试点;2020 年全面开展耕地土壤环境质量类别划分、严格管控区严禁种植食用农产品、受污染耕地安全利用等工作。通过试点与大面积推广示范,形成了适宜温州地区应用的重金属污染耕地安全利用技术与模式,按期完成国家下达的阶段性土壤污染防治任务,为实现受污染耕地安全利用提供了技术保障。

本书是温州市耕地土壤重金属污染修复与安全利用技术成果与经验的总结,系统总结了 2016—2021 年全市省级农业"两区"重金属污染治理和省、市两级与部分受污染耕地安全利用重点县的试点成果。第 1 章主要介绍耕地土壤重金属污染现状、污染危害、污染成因与污染特征与过程;第 2 章主要介绍耕地土壤重金属污染监测与评价、耕地土壤环境质量类别划分与农产品安全;第 3 章论述耕地土壤重金属污染修复的主要技术,包括重金属污染溯源与控制技术、物理修复、原位钝化、植物修复与联合修复等技术;第 4 章论述重金属污染耕地安全利用技术,包括重金属低积累水稻品种与钝化剂筛选、叶面阻控、农艺调控、替代种植与耕作制度调整、水稻秸秆处理等技术;第 5 章总结受污染耕地安全实施方案编制、受污染耕地安全利用技术模式、水稻稻米镉含量预测与高风险区划定、受污染耕地安全利用效果评估与受污染耕地安全利用技术示范应用案例;第

6章总结受污染耕地安全利用存在的问题及对策与展望。

本书在编写过程中参考了大量国家和地方政府文件、标准和技术规范,同时引用了温州市各县(市、区)受污染耕地安全利用示范推广成果与经验,特此表示衷心感谢。

限丁作者的知识范围和学识水平,书中不足之处在所难免,敬请同行和读者批评指正。

# 目　录

# 第1章 耕地土壤重金属污染概况

耕地土壤重金属污染关系到农产品的质量安全和人类健康。随着我国工业化、城市化和农业集约化的快速发展,我国耕地土壤重金属污染形势不容乐观,由土壤重金属污染引发的农产品质量问题令人担忧。耕地土壤重金属污染影响农产品的产量和品质,危害人体健康,威胁生态环境安全,成为影响我国农产品质量和人民健康的重大环境问题之一。随着耕地土壤污染问题的凸显,中央及地方各级政府高度重视耕地土壤重金属污染修复,全面开展了受污染耕地安全利用工作。

## 1.1 耕地土壤重金属污染现状

耕地是指种植农作物的土地。它是最宝贵的农业资源,是保障农产品安全生产的重要物质基础。我国耕地资源十分紧缺。第三次全国国土调查结果显示,2019 年末全国耕地共计 1.2787 亿 $hm^2$。过去 10 年间,全国耕地面积减少了 0.0753 亿 $hm^2$。粮食安全是国家安全的重要基础,必须坚持最严格的耕地保护制度,守牢 18 亿亩(1 亩≈667$m^2$)耕地红线。同时,随着我国工业化、城市化和农业集约化的快速发展,各种自然和人为来源的重金属不断进入耕地,且数量逐年增加,导致我国耕地土壤重金属污染问题日益严重。耕地重金属污染不仅影响我国农作物的产量和质量,更重要的是,重金属还可能通过食物链迁移到动物和人体内,严重危害动物和人体健康。耕地重金属污染已成为影响我国农产品质量和人民健康的重大环境问题之一。

2014 年 4 月 17 日发布的《全国土壤污染状况调查公报》显示,我国耕地土壤重金属等污染物点位超标率达 19.4%,其中轻微、轻度、中度和重度污染的点位所占比例分别为 13.7%、2.8%、1.8%和 1.1%,主要污染物为镉(Cd)、镍(Ni)、铜(Cu)、砷(As)、汞(Hg)、铅(Pb)、滴滴涕和多环芳烃。2015 年 6 月 25 日国土资源部公布的《中国耕地地球化学调查报告(2015 年)》显示,重金属中一重度污染或超标的点位比例占 2.5%,覆盖面积 232.5333 万 $hm^2$,轻微一轻度污染或超标的点位比例占 5.7%,覆盖面积 526.6 万 $hm^2$。农业部门开展的耕地污染高风险重点区域调查显示,超标面积 29.786 万 $hm^2$,总超标率为 10.2%,以 Cd 污染最为普遍,其次是 As、Hg、Pb、Cr。我国重金属污染耕地主要分布在湖南、江西、湖北、四川、广西、广东等省,污染区域主要为工矿企业周边农区、污水灌溉区、大中城市郊区和南方酸性土壤水稻种植区等。

我国耕地 Cd 点位超标率达 7.0%,是耕地土壤的首要重金属污染物。土壤 Cd 污染造成的主要危害是农产品 Cd 超标。以水稻为例,水稻是我国种植面积最大的粮食作物,是我国南方地区的主粮。稻米 Cd 污染事件频发,"镉米"事件的曝光,引起了全社会对稻米等主粮重金属超标问题的广泛关注。Cd 作为对人体危害性排前几位的重金属元素之一,加上水稻具有富集重金属 Cd 的特点,使其成为影响稻米质量安全的重要限制性因素。除 Cd 污染外,稻米中重金属 Pb、Hg 和 As 元素含量超标现象也时有发生。

浙江省作为我国东部沿海发达地区,其城市化和工业化进程对土壤环境质量也造成了一定的影响。如对某地区污染较严重的 2933 hm² 农田土壤重金属污染调查,发现主要超标元素为 Cd 和 Pb,轻微、中轻度和重度 Cd 污染土壤面积分别占 45.62%、12.3% 和 1.74%(徐建明等,2018)。耕地土壤重金属 Cd 污染已给水稻等粮食作物生产和人民健康带来潜在威胁。

# 1.2　耕地土壤重金属污染危害

## 1.2.1　直接经济损失

据估算,我国每年仅因重金属污染而减产的粮食达 1000 多万 t,被重金属污染的粮食也多达 1200 万 t,合计损失至少 200 亿元。按照重金属污染水稻种植区估计,如果修复土壤污染,需要投入的资金巨大。

## 1.2.2　影响农产品产量和品质

土壤重金属污染会对农作物产生毒害作用,抑制植物根系生长,阻碍其对养分的吸收利用,导致根系、叶片等组织受损,最终影响农作物的生长发育和产量。研究表明,土壤中一定浓度水平的 Cd 对水稻、小麦、蔬菜等作物产生生理毒害效应,导致农作物产量显著降低。

耕地土壤受到重金属污染,也不可避免地会影响农产品的质量。近年来,我国部分地区发生了"镉米""镉麦"等事件。农业农村部稻米及制品质量监督检验测试中心对我国部分地区稻米质量安全普查结果表明,约有 10% 的稻米中 Cd 含量超过《食品中镉限量卫生标准》(GB 15201—1994)限定标准值 0.2 mg · kg⁻¹。

## 1.2.3　危害人体健康

耕地土壤污染会使重金属在粮食、蔬菜等农产品中积累,并通过食物链富集到人体和动物体中,危害人畜健康。Cd 是"五毒"(Cd、Hg、As、Cr、Pb)元素之一,具有较强的致癌、致畸和致突变作用,居于联合国环境规划署提出的 12 种具有全球意义的危害物质之首。Cd 是人体的非必需元素,人体中 90% 的 Cd 来源于日常饮食,Cd 在人体内选择性地蓄积在肝、肾中,有长达 15~20 a 的半衰期。长期食用轻微 Cd 超标的食品会导致人体 Cd 累积并引起慢性毒性,最终增加人体罹患肾衰竭、骨质疏松、心血管疾病、中枢神经系统损害和精神疾病,甚至癌症的风险,从而严重危害人体健康和安全。其中最典型的案例便是 20 世纪 70 年代在日本富山县暴发的"骨痛病"。与其他有毒元素相比,Cd 在水稻、小麦等作物可食部位的积累很容易超过国家食用标准的限量,同时却不会对作物生长产生严重的不利影响。在我们的饮食结构中,大米是饮食中 Cd 摄入量的最主要来源,水稻土受到 Cd 污染之后导致 Cd 在籽粒中积累,人类食用后会对健康造成损害。研究显示,若人类经常性食用含镉量大于 1 mg · kg$^{-1}$ 的"镉米"就很可能致使骨质密度大幅下降,引起骨痛病。国际食品法典委员会(CAC)规定人体每天摄入 Cd 的耐受量为 1 $\mu$g · kg$^{-1}$ 体重,推荐的 Cd 的可忍耐日摄取量为 70 $\mu$g · d$^{-1}$,据估算,地球上平均每人每天通过各种途径摄入体内的 Cd 为 2～7 $\mu$g · d$^{-1}$,接近可忍耐日摄取量,人类健康面临严重威胁。

### 1.2.4　威胁生态环境安全

土壤污染影响土壤组成、功能及动物和微生物的生存和繁衍,危害土壤的生态过程和生态服务功能。研究表明,土壤重金属污染会破坏土壤中生物的细胞膜,抑制生物酶活性,降低土壤微生物活性和微生物量碳,进而降低土壤肥力,影响土壤健康。高浓度 Cd 对土壤中的细菌、真菌和放线菌,厌氧固氮菌和产甲烷菌有明显的抑制作用。土壤中 Cd 的富集会降低土壤动物群落的多样性指数、均匀性指数和密度类群指数,严重威胁土壤动物的生存繁衍。Cd 在土壤中累积后会破坏土壤原有的微生物群落结构及活性,降低土壤微生物的作用和土壤酶活性,影响土壤肥力和质量。

土壤中的污染物可能发生转化和迁移,继而进入地表水、地下水和大气环境,影响周边环境介质的质量,导致大气污染、地表水污染、地下水污染和生态系统退化等其他次生生态环境问题。

## 1.3　耕地土壤重金属污染成因

耕地土壤中的重金属来源十分复杂,可分为自然成因和人为成因两大类。自然成因主要有成土母质、岩石风化等;人为成因包括工业与交通活动、大气沉降、农业生产活动(农业投入品、施肥、灌溉)等。不同来源重金属进入土壤的途径也不同。主要途径包括岩石风化形成的成土母质、大气沉降、灌溉和径流、固废处置和施用肥料与农药等(见图1-1)。

### 1.3.1　成土母质

岩石矿物中的重金属元素随着风化成土过程保留在成土母质中。研究发现,地壳表层岩石如黑色页岩、石灰岩及磷灰岩等均含有一定量的 Cd,在成土过程中造成 Cd 输入土壤。我国中南、西南地区分布有大面积的有色金属成矿带,岩石成土过程造成农田土壤中 Cd、Pb 等重金属自然背景值较高。浙江寒武系黑色页岩中 Cd 的含量显著高于世界其他区域页岩 Cd 的均值含量,该黑色页岩风化所发育形成的土壤中 Cd 的含量超标严重。因此,岩石风化作用产生的成土母质,其内源重金属的释放是区域农田土壤重金属的重要来源。浙西某典型黑色页岩区土壤中重金属 As、Cd、Pb、Cr 和 Hg 含量的平均值分别为 17.810 mg · kg$^{-1}$、

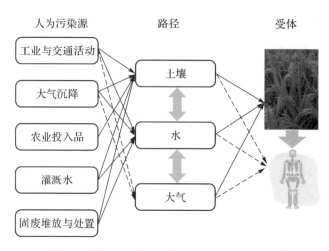

图 1-1　耕地土壤重金属污染来源与污染途径

1.710 mg・kg$^{-1}$、33.300 mg・kg$^{-1}$、74.000 mg・kg$^{-1}$、0.168 mg・kg$^{-1}$，分别是土壤环境背景值的 2.3、8.6、1.1、1.3 和 2.1 倍；水稻籽粒中 As、Cd、Pb、Cr 和 Hg 的平均含量分别为 0.159 mg・kg$^{-1}$、0.730 mg・kg$^{-1}$、0.061 mg・kg$^{-1}$、0.285 mg・kg$^{-1}$、0.006 mg・kg$^{-1}$，是《食品安全国家标准食品中污染物限量》Cd 限量值的 3.7 倍。成土母质发育过程中自然地存在于土壤中的重金属一般移动性和有效性较低，不易被植物吸收，往往不会对土壤生态环境造成危害。

## 1.3.2　工业与交通活动

在工业生产过程中，化石燃料燃烧、电子垃圾拆解、金属矿山开采和冶炼以及电镀等生产活动，可能将其携带的重金属通过干湿沉降、地表径流等途径输到农田土壤中。我国大部分农田土壤 Cd 污染主要缘于早期的矿物开采及金属冶炼过程中，高浓度 Cd、Pb、Zn 等元素通过废水、废气、废渣等途径进入农田，造成农田重金属污染。以湖南省为例，据估计每年由采矿、冶炼及其他工业活动排放至湘江里的 Pb、Cd、Cr、Hg 分别达 610 t、31 t、136 t、4 t，使得湘江流域成为我国重金属污染最严重的地区之一。在交通运输过程中，汽车尾气中的重金属 Cd、Pb 等通过大气沉降输入土壤；汽车轮胎与道路摩擦、刹车磨损和金属运输等过程可能释放重金属，再随地表径流输入道路两侧的农田土壤。研究指出，汽油、润滑油的燃烧，汽车轮胎、尾气催化转换器的老化磨损等，都会影响道路两侧土壤中 Cd 的含量，且路面灰尘及道路周边土壤中 Cd 浓度与车流量呈较好的线性关系，由此说明交通活动已经极大地影响了道路周边土壤的环境质量。Cd 被广泛应用于电镀工业、电子化工工业等领域，伴随着这些工业的发展，大量的 Cd 随着排放的"三废"进入周围的环境。温州作为国内典型的电子垃圾拆解回收利用区域之一，在过去一段时间内存在大量的电子垃圾拆解小型作坊。电子垃圾中通常含有 Pb、Cd、Cu 及 Zn 等重金属，未经处置的电子垃圾随意堆放导致农田及农作物大面积污染。

### 1.3.3　大气沉降

许多工业生产如能源燃烧、有色金属的冶炼、塑料制品的焚化、交通活动等都可能产生大量含有重金属的废气,这些废气进入大气环境之后,通过大气沉降,进而污染周边的农田。影响大气沉降量和沉降速率的因素与排放源、距离排放源的距离及气象条件等有关。其污染程度与工业发达程度、城市人口密度、土地利用、交通发达程度等有直接关系。如成都平原 2 个磷化工企业大气降尘中 Cd 的含量为 $3.17 \sim 6.59 \ mg \cdot kg^{-1}$ 和 $34.81 \sim 412.2 \ mg \cdot kg^{-1}$,具有很高的 Cd 含量,降尘进入土壤将造成土壤 Cd 污染(梁斌等,2018)。目前,大气沉降已成为土壤重金属污染的主要途径之一。研究表明,我国农田土壤中 35% 的 Cd、40% 的 Zn 及 43% 的 Cr 来自大气沉降,Zn 每年总沉降量高达 79000 t,其中 40% 会进入土壤。

### 1.3.4　农业投入品

在农业生产过程中,化肥、农药的违规施用,畜禽粪污以及高重金属含量秸秆等不合理的循环使用,可增加重金属 Cd 等在土壤表层的积累。常用的氮肥和钾肥中重金属含量较少,磷肥中往往含有多种重金属。已有研究表明,磷肥中含有较高的 Cd 等重金属,其长期施用会引起土壤中 Cd 含量超标。磷肥主要是由含不同 Cd 含量的磷矿石加工而成,在磷肥生产过程中,磷矿石中相当一部分的 Cd 会保留在肥料中。由于磷肥的长期施用引起的土壤 Cd 污染问题已引起国内外学者的关注。例如,新西兰和澳大利亚的研究表明,由于长期施用磷肥,土壤中总磷和总 Cd 含量存在显著的正相关关系。畜禽养殖过程中所使用的动物饲料往往含有较高的重金属,导致畜禽粪便中的重金属含量也较高。伴随畜禽粪便的土地利用过程,这些重金属元素会在土壤中累积。高重金属含量的畜禽粪肥还田,已成为农田土壤重金属污染的重要来源之一。

### 1.3.5　灌溉水

在我国,由于水资源短缺,含有重金属的污水常被用于农田灌溉,从而造成部分地区的土壤重金属污染。根据农业部 20 世纪 90 年代第一次和第二次全国污灌区调查,在约 $1400000 \ hm^2$ 的调查灌区中,受重金属污染的土壤面积占污灌区的 64.8%。近年来,随着相关环境条例规程的执行及污水处理力度的加大,污水中重金属的含量已显著降低。进入河道的污水得到有效控制,农田灌溉水质的重金属含量较低,其重金属含量远低于国家《农田灌溉水质标准》(GB 5084—2005)。尽管如此,由污水灌溉导致的土壤及农作物污染问题仍时有报道。

### 1.3.6　固废堆放与处置

在金属矿产开发过程中会产生尾矿,在金属冶炼过程中会产生废渣,这些固体废弃物中的重金属含量往往较高,若不加以科学处理而任意处置,极易造成土壤污染。电子垃圾中的重金属含量极高,种类繁多,包括 Hg、Pb、Ni、Cd 等多种重金属。很显然,电子垃圾极易引起土壤重金属污染。此外,固废处理处置过程也将对周围的土壤产生污染。下面以浙江两家典型固废处理处置场和一家生活垃圾处理处置场周边土壤为例(倪晓坤等,2019)。固废处理处置场周边表层土壤中 5 种重金属元素(Cd、Hg、As、Pb、Cr)均存在不同程度的积累,其中 Cd 积累明显。3 家处置场周边土壤 Cd 含量分别为背景值的 20.14、49.10 和 5.53 倍。

可见,耕地土壤重金属污染的成因除了工业点源污染、土壤背景值高、大气沉降污染等因素外,还与长期施用磷肥和有机肥等密切相关。一般来说,我国局域性耕地土壤污染严重主要是由工矿企业排放的废水、废渣和废气造成的。较大范围的耕地土壤污染主要受农业生产活动的影响,一些区域性和流域性耕地土壤重金属污染则是工矿活动与自然背景叠加的结果。如成都平原某地农田土壤 Cd 污染的主要来源是大气降尘每年 55.14 g·hm$^{-2}$,相对贡献率为 96.4%,占绝对主导地位。每年灌溉水和肥料输入为 1.41 和 0.65 g·hm$^{-2}$,相对贡献率分别为 2.5% 和 1.1%(梁斌等,2018)。估算我国每年进入农田的 Cd 高达 1417 t,其中,每年通过各种途径带走的 Cd 为 178 t,而剩余的 87% 都滞留在农田土壤中。按年增 0.004 mg·kg$^{-1}$ 预测,土壤超标年限为 50 年,其中大气沉降输入 493 t·a$^{-1}$,动物性肥料输入 778 t·a$^{-1}$,化肥输入 113 t·a$^{-1}$,灌溉水输入 30 t·a$^{-1}$,各污染源贡献率分别占 35%、55%、8% 和 2%。

# 1.4　耕地土壤重金属污染特征

## 1.4.1　危害潜伏性和暴露迟缓性

对于大气和水体污染,人们通过感官就能发现,而土壤重金属污染,往往需要通过土壤和农作物监测才能反映出来,具有隐蔽性和潜伏性。重金属在生物体内积累,在一定时期内对生物体的危害以潜伏状态存在,可逐渐积累并长期危害土壤及农作物,并通过食物链的传递作用危及人体健康。20 世纪 50 年代日本出现"骨痛病"事件,经过 10～20 a 后人们才发现其与人们长期食用含 Cd 大米和饮用含 Cd 的水相关。此外,土壤环境介质的改变可引起重金属的活化,使其通过淋溶作用进入地下水和地表水,并随径流扩散污染更大范围的土壤和水体。

## 1.4.2　长期积累性和地域分布性

重金属进入土壤,由于土壤对其吸附固定能力较强,不易迁移,土壤中的重金属会随着多途径外界污染物的不断输入、叠加,长期积累。相对于水污染和大气污染,土壤自净能力差。从宏观上看,土壤重金属污染积累是一个累加过程。土壤污染的自然与人为污染源的地域分布、农业活动污染源和工业活动污染源造成农田重金属长期积累,致使重金属的污染出现地域分布特征。我国土壤污染分布呈现南方土壤污染重于北方,长江三角洲、珠江三角洲、东北老工业基地等区域土壤污染严重的规律。从温州地区土壤污染分布看,水网平原、人口密集区域土壤污染问题突出,而这些地区正是温州地区主要的粮食产区。

### 1.4.3　不可逆转性和难治理性

相对于水污染和大气污染,土壤自净能力差,从宏观上看,土壤重金属污染过程是不可逆的。受到重金属污染的水体、大气在切断污染源后,有可能通过稀释和自净等作用使污染问题发生逆转,但是存在于土壤中的重金属则很难靠稀释和自净等作用来消除,因此土壤的重金属污染是一个不可逆转的过程。土壤重金属污染治理具有艰巨性。各种来源的重金属一旦进入土壤,除少部分可通过植物吸收和水循环(或挥发)移出外,其在土壤中的滞留时间极长。前人研究结果表明,在温带气候条件下,Cd 在土壤中的驻留时间为 $75\sim380$ a,Hg 为 $500\sim1000$ 年,Pb、Ni 和 Cu 为 $1000\sim3000$ a。一些土壤遭重金属污染后,往往需要花费很大的代价才能将污染降到可接受的水平,污染治理一般见效慢,成本高,周期长。根据现有的技术水平,很难完全避免在修复等治理过程中派生的二次污染等负面影响,对生物体的危害和对土壤生态系统结构与功能的影响不容易恢复。

### 1.4.4　形态、价态多变性和污染的复杂性

重金属元素在土壤环境中存在多种化学形态,其所导致的毒性、活性及其对环境的效应都存在差异。重金属形态分布受土壤质地、氧化还原电位、pH、有机质和阳离子交换量等因素的影响。重金属价态多变性由其化学性质决定,价态不同,毒性也不同。如土壤 Cr 污染与 Cr 价态有关,土壤 $Cr^{3+}$ 含量高才会显著降低水稻田的土壤生物量,$Cr^{6+}$ 在土壤中以 $CrO_4^{2-}$、$HCrO_4^-$ 或 $Cr_2O_7^{2-}$ 等形式存在,不容易被土壤颗粒吸附,极易向下迁移进入地下水。在自然界中,土壤重金属通常是多种元素共存而不是以单一的形式存在。复合污染是指同时含有两种或两种以上不同种类、不同性质的污染物或来源不同的同种污染物,或在同一环境中同时存在两种及两种以上不同类型污染物所形成的综合污染现象。复合污染之间存在协同作用、加和作用和拮抗作用等。

### 1.4.5　土壤酸化加剧重金属污染的危害

我国土壤酸化严重,土壤酸化是我国耕地重金属污染的特征。土壤酸化增加土壤中重金属的活性及其迁移能力,容易被农作物吸收利用,由此加剧了水稻积累 Cd 的风险。湖南省监测了 39642 对土壤—水稻样品,分析湖南过去 30 年来的土壤酸化状况,量化 Cd 对水稻的有效性及其与土壤 pH 的关系。测定的土壤 pH、全 Cd、有效态 Cd 和稻米 Cd 等数据表明,从 20 世纪 80 年代初期起至 2014 年间,稻田土壤 pH 的平均值由 6.2 降至 5.3,年均下降 0.031,稻米 Cd 富集系数、有效态 Cd 占全 Cd 值均与土壤 pH 呈线性关系,土壤酸化大幅增加了水稻积累 Cd 的风险。随着化肥长期过量施用,我国南方部分地区的土壤酸化问题较为严峻,这也是我国部分地区土壤 Cd 含量不高,而稻米 Cd 含量超标频发的主要原因之一。

# 1.5  耕地土壤重金属污染过程与影响因素

## 1.5.1  耕地土壤重金属污染过程

随着各种自然和人为成因的重金属进入土壤,与土壤中其他物质(如矿物质、有机质)及微生物等发生吸附—解吸、溶解—沉淀、氧化—还原、络合、矿化等各种反应,引起重金属赋存形态的改变及其迁移、传输能力的变化。土壤中重金属离子的主要滞留反应包括吸附、沉淀和络合反应,去除过程是通过植物吸收、淋溶和挥发等(见图 1-2)。土壤中存在挥发损失的金属包括 As、Hg 和 Se,因为它们倾向于形成气态化合物。外源重金属进入土壤后,元素的形态分布会发生明显变化,各种形态就会在土壤固相之间重新分配。明确重金属的污染来源,并根据其不同性质确定其污染治理措施是修复重金属污染农田的重要前提和首要保证。因此,了解不同重金属在土壤中的行为,对发展耕地土壤重金属修复技术尤为重要。

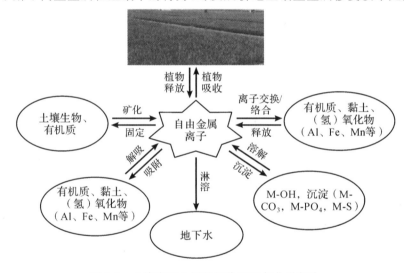

图 1-2  土壤中重金属的污染过程与化学行为

重金属的吸附—解吸过程是控制重金属离子溶解度和活度的最主要化学反应过程,土壤对重金属的吸附—解吸特性,直接影响土壤溶液中重金属离子的浓度和植物对其吸收利用。传统的观点认为重金属离子容易被土壤介质吸附而难以在地下环境中产生迁移,一般被滞留在土壤的表层。土壤中重金属的吸附—解吸过程很大程度上取决于土壤 pH。土壤中 pH 的增加可能会导致土壤黏土胶体和有机质表面带更多负电荷。同样,重金属与(氢)氧化物的吸附或共沉淀均取决于 pH。淹水土壤中有机质络合重金属含量的增加可能是由于形成金属—有机复合体,而较低的 Eh(氧化还原电位)和较高的 pH 有利于金属—有机络合物的形成。在淹水土壤中,金属—有机复合体的含量更高。

进入土壤溶液的重金属与土壤固相之间存在动态平衡,这种平衡受土壤溶液组成和土壤性质控制。在碱性土壤条件下(pH > 7),如果重金属离子的浓度较高,再加上 $PO_4^{3-}$ 等阴离子的存在,就会发生重金属沉淀。金属磷酸盐、碳酸盐的沉淀是重金属如 Cd、Cu 和 Pb 等固定的机制之一。如 Cd 与硫化物和磷酸盐形成沉淀[如 $Cd_3(PO_4)_2$],其中,Cd 磷酸盐甚至从中性 pH 范围就开始沉淀。重金属包括 As、Cr、Cd、Hg 和 Se,最常受到微生物氧化—还原反应的影响,从而影响其形态和迁移性。水稻土淹水条件下,由于 Eh 急剧降低形成 CdS,Cd 的溶解度降低。在水稻土中,影响土壤中重金属污染的最重要过程是淹水,淹水可将土壤 pH 转变为中性,并增加有机质和可溶性 P。水稻土的 Eh 对重金属的生物利用度和溶解度也起着重要作用。了解控制淹水、排水和交替淹水/排水稻田土壤中重金属特别是 Cd 形态和生物有效性的因素,对于制定和实施农业生产区所需的最佳管理实践至关重要。

## 1.5.2　耕地土壤重金属污染的影响因素

土壤中重金属化学行为不仅与重金属自身的赋存形态有关,还受到多种土壤理化性质的影响。影响土壤中重金属有效性和迁移性等过程的因素主要有土壤 pH、Eh、有机质、土壤阳离子交换量、土壤黏粒含量、共存离子等,其中最主要的影响因素为土壤 pH 和有机质含量。

### 1.5.2.1　土壤 pH

在影响土壤污染的诸多物理化学特征中,土壤 pH 是最主要的影响因素。土壤 pH 会显著地影响 Cd 在土壤中的移动性及形态分布,进而影响水稻对 Cd 的吸收。通常情况下,土壤 pH 下降时,有毒元素的溶解度增高,其向植物根表面转移的速率加快。大量研究表明稻米 Cd 含量和稻米 Cd 富集系数与土壤 pH 呈负相关关系。土壤中重金属的形态分布、吸附—解吸和溶解—沉淀平衡等都受土壤 pH 的影响。土壤 pH 升高,土壤胶体对重金属离子的吸附作用更明显,更有利于生成重金属盐沉淀,降低重金属的生物有效性。大量研究表明土壤酸化是导致土壤中 Cd 的活性增强的主要因素,故酸性 Cd 污染水稻田土壤的修复,可采用提高土壤 pH 的方法。当土壤 pH 较低时,固相体系(如碳酸盐结合态、氢氧化物结合态)中的 Cd 溶解度增加,移动性增强,随着 pH 升高,Cd 容易结合形成 $Cd(OH)_2$ 沉淀,移动性降低。因此,可以通过提升土壤 pH 减缓土壤中 Cd 的移动性,从而降低 Cd 在水稻中的富集。土壤 pH 对土壤中重金属 Cd 的生物有效性的影响主要体现在两个方面。一是土壤 pH 会影响土壤中碳酸盐、磷酸盐和氢氧化物等难溶的盐类化合物等的生成和溶解。土壤 pH 的升高将会使土壤中的 Cd 可交换形态减少。此时 Cd 多以难溶盐的形式存在,难以被植物吸收利用。土壤表面 $H^+$、$Al^{3+}$ 离子的减少将使重金属以难溶盐类化合物形式存在,生物有效性降低,进而难以被植物吸收。而随着土壤 pH 的降低,以难溶盐形态存在的 Cd 会被逐渐释放,土壤中可交换形态的 Cd 增加,这种形态下的 Cd 较易被植物吸收,是土壤中的有效态 Cd。二是土壤 pH 会对土壤颗粒表面负电荷的数量产生影响。土壤颗粒表面胶体的负电荷数量随 pH 的上升而增大,使得重金属阳离子被大量吸附到土壤胶体上,这部分的重金属元素将难以被作物吸收,因此生物有效性降低。当土壤 pH 上升时,土壤颗粒表面的吸附电位也会增加,这使得在土壤中有更多的 Cd 被吸附与固定。研究发现随着土壤 pH 的上升,土壤固相吸附重金属 Cd 的量和吸收能力都随之增强,甚至能产生沉淀。而在土壤 pH 降低时,土壤中的有效态 Cd 增多,更容易被植物吸收利用。

水稻土的渍水导致酸性土壤 pH 升高,碱性土壤 pH 降低。因此,无论初始土壤是酸性还是碱性,pH 都趋于中性。水稻土 pH 变化是影响土壤 Cd 移动性和生物有效性的最主要因素,大量使用化肥已经导致我国农田土壤酸化现象严重,稻田土壤 pH 下降已成为稻米 Cd 污染的根本原因。部分地区土壤及稻米 Cd 污染极为严重,土壤 pH 及有机质是影响稻米 Cd 富集的主要因素。一般认为治理土壤酸化进而降低土壤 Cd 活性是防止稻米 Cd 污染的根本措施,所以目前广为采纳的方法是以石灰等碱性物质改良土壤酸性从而治理土壤 Cd 污染。

### 1.5.2.2　土壤有机质

土壤中有机质的含量和组成成分都能对土壤中 Cd 的生物有效性产生极大影响。在土壤中的有机质组分发生变化时,土壤 Cd 形态及有效态 Cd 含量也随之改变。土壤有机质中,一般含有较多的羧基、羟基等吸附能力很强的官能团,这些官能团能够吸附土壤中游离的 $Cd^{2+}$,使其不易为植物所吸收利用,从而降低其生物有效性。除通过吸附作用降低 Cd 的生物有效性外,还可通过与腐殖质形成稳定的络合物来降低 Cd 的生物有效性,当土壤中加入有机酸及 EDTA 时,水稻谷粒、秸秆及根部 Cd 含量显著降低,证明有机质可以减少 Cd 在水稻中的富集量。然而,也有研究指出,有机质可提供有机化合物进入土壤溶液,从而增强土壤 Cd 的有效性。其影响土壤中重金属的有效性的机制是改变土壤颗粒对 Cd 的吸附能力。同时,有研究发现,土壤有机质含量的增加能够加强土壤中 Cd 的移动性,其机制可能是有机质中的富里酸与 Cd 形成一种移动性较强的络合物,这种形态 Cd 容易被植物根部吸收利用;而有机质当中的大分子,如含有胡敏酸的有机物等则会对 Cd 产生吸附作用,从而使土壤中的 Cd 被固定,使其移动性降低,难以被植物吸收利用。土壤有机质对重金属 Cd 有效性的影响主要由其腐解过程的产物腐殖质的分子量大小、芳构化程度决定。腐殖质中的富里酸分子量小,在水中的溶解度大,与重金属 Cd 形成富里酸-Cd 的络合态,这种形态在土壤中较易迁移,容易被植物吸收利用。而胡敏酸的芳构化程度较高,导致胡敏酸对 Cd 的配位数和稳定常数都较高,因而使 Cd 被固定,降低其在土壤中的移动性。

### 1.5.2.3　土壤阳离子交换量

一般来说,土壤中 Cd 的移动性会随着土壤中阳离子交换量的增加而增强,同时植物中积累的 Cd 含量也有所增加。有学者对酸性热带土壤中 Cd 的吸附量与土壤阳离子交换量的相关关系研究表明,土壤中 Cd 的吸附量与土壤阳离子交换量呈正相关关系。

### 1.5.2.4　土壤黏粒含量

土壤黏粒含量也在一定程度上影响重金属的移动性和生物有效性。例如水稻籽粒中的 Cd 含量与土壤黏粒含量存在极显著的正相关性。研究发现在黏粒含量高的土壤中,重金属离子的活性会降低。其机制可能是黏土矿物会使处于交换态的重金属含量减少,且黏土矿物的矿物晶格也可能将重金属离子固定在其中,使之难以被植物根部吸收。通常而言,质地黏重的土壤对 Cd 的吸附能力较强,土壤中的 Cd 移动性较低。由于土壤中黏粒含量多,比表面积大,能够吸附较多土壤中游离态的 Cd 离子,同时由于黏土矿物带负电荷,可与 Cd 离子发生静电吸附。但也有研究发现砂土和黏土上种植的水稻籽粒 Cd 含量有显著区别,黏土上种植的水稻籽粒 Cd 含量明显高于砂土和壤土上种植的水稻。

#### 1.5.2.5　氧化还原电位

土壤 Eh 的变化与稻田水分管理密切相关,并直接影响 Cd 的溶解度及生物有效性。当水稻土处于淹水状态时,随着土壤 Eh 的降低,Cd 会吸附在 Fe 及 Mn 氢氧化合物表面,与 $S^{2-}$ 结合形成 CdS 沉淀,从而降低 Cd 的移动性。相反,当水稻田处于排水落干时,土壤处于氧化状态,Eh 明显提升,CdS 沉淀会被氧化为水溶态 $CdSO_4$,导致 Cd 具有较高的移动性且易被水稻吸收。因此,水稻田水分管理可作为一项农艺措施以降低水稻对 Cd 的吸收利用。水稻土的干湿交替可引起土壤 pH 和氧化还原电位的变化,可能会影响水稻土中 Cd 的形态。钝化和活化反应是用来修复土壤重金属污染的重要手段。土壤中重金属的沉淀或吸附固定,致使其形态发生改变,生物有效性降低,从而达到减小重金属被植物吸收利用的风险,即促成重金属的钝化作用。

#### 1.5.2.6　其　他

土壤中的共存离子、微生物等因素也会对土壤中的重金属行为产生影响。土壤中的共存离子,主要是 Cu、Fe、Mn、Zn 等。这些共存离子通过影响土壤胶体及水稻根部表面不同的吸附点位进而影响 Cd 的移动性和生物有效性,如 $Ca^{2+}$、$Zn^{2+}$、$Mg^{2+}$ 等阳离子会与 $Cd^{2+}$ 竞争土壤的吸附位点,从而影响土壤对 $Cd^{2+}$ 的吸附。不同元素间也存在着一定的相关关系,如竞争、拮抗、联合作用等。在农业生产上,可利用 Cd 与其他营养元素间的拮抗作用,合理且适量地施用相关肥料对 Cd 元素进行拮抗,从而影响水稻根系对土壤中的 Cd 的富集和吸收。

# 第2章　耕地土壤重金属污染监测、评价与质量类别划分

耕地土壤重金属污染成因复杂,污染程度与污染空间分布变异大,需要系统地调查耕地土壤重金属的含量与分布,明确重金属污染与农作物积累的关系,科学地评估土壤重金属污染程度与环境风险,这是科学地开展重金属污染耕地修复,保障粮食安全和生态健康的基础。《土壤污染防治行动计划》要求对农用地实施分类管理,将农用地分为优先保护类、安全利用类和严格管控类。开展土壤环境质量类别划分,是实施耕地分类管理的基础和前提,是推进受污染耕地安全利用的重要内容。稻米和蔬菜是人体重金属摄入的主要来源,土壤重金属通过食物链途径进入人体将给人类健康带来危害。稻米和蔬菜对重金属的吸收积累不仅与作物种类和品种有关,还与土壤及环境因素紧密相关。了解农产品中的重金属污染情况,探明农产品重金属积累和安全性与土壤污染的关系,以减少其对人体健康的危害十分必要。

## 2.1　耕地土壤重金属污染监测

### 2.1.1　耕地土壤重金属污染监测概况

浙江省温州市早在20世纪80年代初第二次土壤普查时就开展了对成土母质、主要土壤类型的土壤重金属以及冶炼厂、铅锌矿附近土壤和水稻蔬菜等农产品的重金属测定。主要结果以温州市土壤重金属(Cd、Zn、Cu、Pb、Ni、Cr、Hg、As)背景值及分成土母质、土壤类型和地区分布统计结果发表。表2-1和表2-2分别是温州市各县(市、区)土壤和主要土壤类型的重金属背景值。

表 2-1　温州市各县(市、区)土壤重金属背景值　　　　单位:mg·kg$^{-1}$

| 地　区 | Cd | Zn | Cu | Pb | Ni | Cr | Hg | As |
|---|---|---|---|---|---|---|---|---|
| 瓯海 | 0.158 | 99.18 | 22.04 | 35.95 | 24.89 | 57.5 | 0.205 | 8.71 |
| 永嘉 | 0.115 | 73.15 | 11.09 | 37.12 | 7.55 | 17.92 | 0.196 | 7.63 |
| 乐清 | 0.107 | 83.18 | 18.83 | 33.05 | 29.53 | 59.90 | 0.242 | 9.44 |
| 洞头 | 0.230 | 83.30 | 16.50 | 45.40 | 8.50 | 31.66 | 0.354 | 7.13 |
| 瑞安 | 0.125 | 76.13 | 13.89 | 39.59 | 21.20 | 52.5 | 0.202 | 7.93 |

| 地　区 | Cd | Zn | Cu | Pb | Ni | Cr | Hg | As |
|---|---|---|---|---|---|---|---|---|
| 平　阳 | 0.127 | 72.55 | 16.07 | 32.57 | 17.67 | 39.17 | 0.184 | 9.76 |
| 苍　南 | 0.147 | 92.77 | 18.72 | 33.20 | 30.19 | 64.20 | 0.203 | 11.87 |
| 文　成 | 0.058 | 50.20 | 7.53 | 28.79 | 8.60 | 23.27 | 0.122 | 8.56 |
| 泰　顺 | 0.116 | 73.10 | 10.34 | 33.37 | 15.83 | 35.67 | 0.082 | 8.16 |
| 鹿城和龙湾 | 0.109 | 72.40 | 20.2 | 41.60 | 20.3 | 51.40 | 0.188 | 9.60 |

来源:《温州土壤》,1991。

**表 2-2　温州市主要土壤类型重金属背景值**　　　　　单位:mg · kg$^{-1}$

| 地　区 | Cd | Zn | Cu | Pb | Ni | Cr | Hg | As |
|---|---|---|---|---|---|---|---|---|
| 潮　土 | 0.173 | 81.39 | 17.38 | 42.8 | 20.05 | 46.30 | 0.252 | 6.39 |
| 水稻土 | 0.134 | 88.37 | 19.84 | 38.02 | 24.97 | 54.60 | 0.247 | 9.21 |
| 红　壤 | 0.123 | 63.06 | 11.47 | 35.33 | 10.26 | 29.30 | 0.120 | 8.39 |
| 紫色土 | 0.079 | 50.99 | 4.62 | 20.71 | 5.81 | 18.20 | 0.065 | 5.92 |
| 黄　壤 | 0.050 | 45.04 | 7.13 | 24.16 | 10.88 | 30.65 | 0.121 | 11.45 |

来源:《温州土壤》,1991。

针对 20 世纪 80 年代初温州市乡镇企业蓬勃发展引起的环境污染问题,调查监测了温州冶炼厂和安下铅锌矿废渣堆放淋滤水中重金属对周围土壤的污染。受矿渣影响,附近农田无法种植小麦、水稻、油菜和绿肥等作物,稍远的农田水稻平均减产 1875 kg · hm$^{-2}$,小麦减产 750 kg · hm$^{-2}$,油菜减产 30 kg · hm$^{-2}$,并使稻米、蔬菜中 Cd、Zn 和 Pb 含量超标。冶炼厂和铅锌矿土壤含 Cd 0.42~8.63 mg · kg$^{-1}$ 和 1.15~28.6 mg · kg$^{-1}$,早稻含 Cd 0.30~1.84 mg · kg$^{-1}$,晚稻 0.60~0.90 mg · kg$^{-1}$。蔬菜中油冬菜含 Cd 6.05 mg · kg$^{-1}$(干基),菠菜 13.67 mg · kg$^{-1}$,芥菜 21.27 mg · kg$^{-1}$,大白菜 26.92 mg · kg$^{-1}$。针对出现的土壤重金属污染问题提出了排土或客土改良、施用改良剂、施用有机肥、水分管理与生物改良等治理措施。

21 世纪初,温州市零散地开展了蔬菜基地与标准农田重金属监测。如赵丽芳等(2001;2005)报道了乐清市标准农田重金属含量,根据全市 88 个标准农田样品测定,土壤总 Cu 含量为 0~77.5 mg · kg$^{-1}$(平均值 59.7 mg · kg$^{-1}$,下同),Pb 为 37.1~87.6 mg · kg$^{-1}$(59.7 mg · kg$^{-1}$),Cd 为 0~0.504 mg · kg$^{-1}$(0.147 mg · kg$^{-1}$),Cr 为 10.4~100.1 mg · kg$^{-1}$(66.03 mg · kg$^{-1}$),As 为 1.9~15.1 mg · kg$^{-1}$(6.53 mg · kg$^{-1}$),Hg 为 0.083~4.49 mg · kg$^{-1}$(0.332 mg · kg$^{-1}$),其中 Cd 超标样品个数为 7 个,样品超标率为 8.0%,属于轻度污染。20 个蔬菜基地土壤 Cd 和 Cu 样品超标率达 100%,Cd 属中度污染;Cu 轻度污染样品占 40%,中度污染占 60%。蔬菜可食部分 Cd 超标,其中芹菜中 Cd 含量高达 1.887 mg · kg$^{-1}$,苋菜 1.069 mg · kg$^{-1}$。刘恩玲等(2010)调查了温州地区各类农业基地的重金属含量。发现温州地区水果、茶叶和牧草基地土壤基本未受重金属污染,而蔬菜基地土壤重金属污染较为严重,Cd、Pb 和 Hg 均超过背景值,污染率分别达 85.7%、92.9% 和 100.0%,其

中镉的超标率为 43.0%。单项污染指数表明，蔬菜基地以 Cd 和 Hg 污染为主。潘可可等（2008）采集了温州市瓯海区 90 个蔬菜地土壤，Cd 含量在 0.10～0.53 mg·kg$^{-1}$，Pb 29.52～84.29 mg·kg$^{-1}$，Hg 0.16～0.45 mg·kg$^{-1}$。重金属 Cd 和 Hg 超标是影响蔬菜土壤环境质量和蔬菜安全品质的重要因子。温州市 2013 年开展的农产品产地土壤污染普查中，在 11 个县（市、区）共布设 1473 个样点，其中涉及一般农田土样 1282 个，企业周边土样 133 个，城区周边土样 58 个，总体超标率 19.42%。主要污染物为 Cd 和 Hg，污染特点与全国存在一定的差异。例如，某县农田土壤重金属污染普查成果显示，重金属 Cd 超标样点数为 43 个，点位超标率 25.75%，其中轻微 20.96%，轻度 4.19%，中度 0.60%。其次为 Hg，其超标率为 21.56%，其中轻微 19.76%，轻度 1.80%，Cr、Pb 和 As 均未超标。

　　近十多年，针对温州市污染企业周围、蔬菜基地和耕地土壤的重金属污染，科研和生产相关部门相继开展了多项监测项目，初步明确了全市土壤重金属污染问题。2005 至 2013 年开展了首次全市土壤污染状况详查，调查点位覆盖了全部耕地。查明了农用地土壤污染的面积、分布与污染程度；开展了土壤与农产品协同调查，初步查明了土壤污染对农产品的影响。"十三五"期间，根据浙江省人民政府发布的《浙江省土壤污染防治工作方案》，温州市建立并完善了土壤环境监测网络，统一规划与整合优化，建成了覆盖全市的耕地土壤环境监测网络。

## 2.1.2　耕地土壤重金属的形态

　　耕地土壤重金属监测以重金属总量为主，土壤中重金属的总量可以反映土壤中重金属可能富集的信息，是衡量土壤重金属污染程度和风险评价的重要参数，但不能很好地表征重金属在土壤中的存在形态、迁移能力以及被植物吸收的有效性。一般来说，通过衡量土壤和作物中的重金属总量与土壤背景值或国家标准规定的限定值可以确定土壤污染状况与作物风险状况。但重金属总量作为重金属污染评价的基准，结果有时会与实际情况不相符。因此，土壤重金属总量虽然可以反映该种重金属在土壤中的积累程度和污染情况，但却无法表征重金属污染的危害程度和特性，因此生态系统和人类健康风险情况往往不能很好得到评估。

　　土壤中重金属的存在形态是衡量其迁移能力强弱和生物有效性大小的关键参数，与控制重金属迁移及转化的关系十分密切。将基于重金属迁移性与有效性的重金属含量作为判断土壤受重金属污染影响程度的指标，可更好地监测土壤实际受污染的程度以及该重金属对于植物的危害程度。因此，基于重金属形态分析的重金属污染对农产品安全性的影响越来越受到关注。

　　目前，土壤中重金属形态研究方法主要有化学形态分析法和生物有效性分析法。化学形态分析法是指利用反应性不断增强的化学试剂将土壤重金属分为不同活性的结合态，从而评估重金属的移动性和生物有效性。从化学形态角度研究土壤重金属生物可利用性，不仅可以了解土壤重金属的转化和迁移，而且可以预测土壤重金属的活动性和生物可利用性，从而可间接地评价重金属的环境效应，这有助于建立重金属不同化学形态与生物可利用性之间的相关关系。生物有效性分析法通过分析生长在污染土壤上的生物所吸收的重金属浓度，研究不同形态重金属被生物吸收或在生物体内积累的过程。

目前还没有较为统一的重金属形态定义与分级方法。一般采用 Tessier 分步提取法和 BCR 提取法来研究土壤中重金属的不同形态。这两种连续提取法对于重金属形态分析的适应性很强，且经过众多实验验证重现性好，对土壤、沉积物中不同重金属化学形态的提取效果显著。Tessier 等(1979)根据不同化学试剂分步提取将重金属分为五种结合形态，分别是可交换态、碳酸盐结合态、铁锰氧化物结合态、有机结合态和残渣态。不同形态的重金属在土壤中释放的难易程度不同，其生物有效性大小也不一样。其中可交换态、碳酸盐结合态和铁锰氧化物结合态的重金属稳定性较差，容易被植物根部吸收，进而转运到植物体内。其中可交换态特别容易被生物吸收，迁移能力强同时对土壤环境的变化也最为敏感，碳酸盐结合态则受 pH 影响最为剧烈，铁锰氧化物结合态主要受到氧化还原条件的影响。有机结合态来源于土壤中有机物与重金属的螯合作用，而残渣态则是不易被植物体吸收利用的部分，长期稳定存在于土壤和沉积物中。多数研究表明，利用 Tessier 法提取的前三个重金属形态的稳定性较差，在土壤环境中易被植物吸收；而后两种形态(有机结合态和残渣态)与土壤中的物质结合相对紧密，通常不被作物吸收。BCR 连续提取法由欧共体物质标准局(Community Bureau of Reference，BCR)提出，此方法将土壤中重金属赋存形态分为酸可提取态、可还原态、可氧化态和残渣态等四种形态。经过长期的对比研究证明，BCR 法的重现性较好，适应较大范围的土壤样品分析。在 BCR 法中，酸可提取态和可还原态的重金属往往活性更强，生物有效性也更多地体现于这两部分。这两种提取方法优缺点显著，如 Tessier 法提取时间远远短于 BCR 法，但在提取碱性土壤时容易过量提取。目前，国外已经较少使用 Tessier 法，而我国也有多篇文献证明改进 BCR 法分析的结果精密度要略高于 Tessier 法，最明显的是在酸可提取态和可氧化态这两种形态上。

不同种类的土壤，即使总 Cd 含量相等，但受土壤理化性质的影响其化学形态分布可明显不同。以 14 种不同土壤类型为材料，通过分析自然土壤和外源添加低浓度和高浓度 Cd，老化 90 天后，采用 BCR 连续提取法测定土壤中 Cd 的化学形态。如图 2-1 所示，结果表明，土壤中酸可提取态 Cd 占比为 11.5%～24.3%，可还原态 Cd 占比为 5.2%～21.9%，可氧化态 Cd 占比为 13.8%～34.2%，残渣态 Cd 占比为 37.4%～56.7%。随着土壤 pH 增高，酸可提取态 Cd 占比减少，而残渣态 Cd 占比增大。外源添加 Cd 处理的土壤酸可提取态 Cd 占比明显增大，可还原态 Cd 占比增大。添加低浓度 Cd 的土壤中酸可提取态 Cd 占比达 20.1%～58.5%，可还原态 Cd 占比达 8.0%～36.5%，而残渣态 Cd 占比降为 16.4%～35.8%，由此说明外源 Cd 多以移动性较高的形态存在。土壤中 Cd 形态的变化与土壤 pH 密切相关，中性和碱性土壤的酸可提取态 Cd 明显低于酸性土壤，而可还原态 Cd 占比相反，中性和碱性土壤的可还原态 Cd 明显高于酸性土壤。

一般认为，残渣态重金属不能被生物吸收利用，弱酸溶解态易为生物利用，铁锰氧化物结合态次之，而有机结合态活性较差。不同形态的重金属之间也会随着土壤环境的变化相互转换，同时各形态重金属的比例也不是一成不变的。在土壤中，影响重金属形态的因素有很多，主要有土壤 pH、土壤有机质、土壤阳离子交换量、土壤黏粒含量等。土壤重金属对动植物的毒性效应取决于其生物有效性，重金属的生物有效性不仅与土壤重金属总量有关，其赋存形态更是影响重金属植物吸收的重要参数。进入土壤的重金属，经过溶解—沉淀、氧化—还原、吸附—解吸、络合—离解等一系列物理化学反应后，形成具有不同活性的各种形态的重金属。

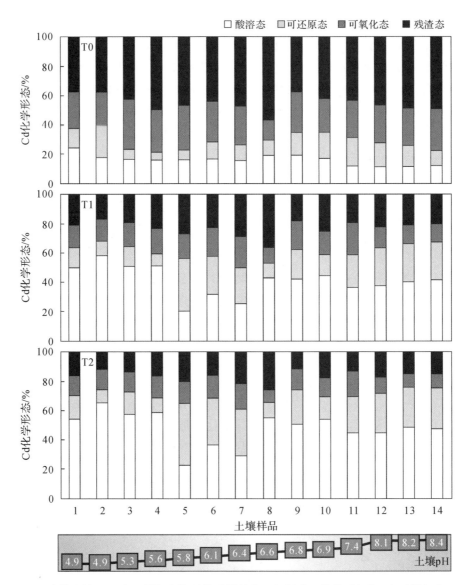

T0,自然土壤;T1,人工添加土壤环境质量标准二级标准1倍的Cd;T2,人工添加土壤环境质量标准二级标准2倍的Cd

图2-1　土壤中重金属Cd的化学形态(BCR法)

## 2.1.3　耕地土壤重金属的生物有效性

### 2.1.3.1　生物有效性概念

土壤中的重金属以多种化学形态存在,并不是所有的重金属都能被植物吸收利用,其中能被植物吸收利用的那部分重金属称为生物有效态重金属。根据生物对不同形态重金属吸收的难易程度,可将重金属分为生物可利用态、生物潜在可利用态和生物不可利用态3类。生物可利用态包括可交换态和水溶态,这部分重金属含量极小,但活性大,具有很大的迁移性,这种形态的重金属元素容易被植物吸收。生物潜在可利用态包括碳酸盐结合态、铁锰氧化物结合态和有机结合态。这部分重金属易受土壤 pH、有机质、氧化还原电位、微生物和植物根际效应等因素影响,转化为可利用态,是生物可利用态的直接补给源。生物不可利用态为残渣态,在未受污染的自然土壤中,残渣态所占比例较高,该形态重金属活性极低,对土壤中重金属迁移和生物可利用性贡献不大。图 2-2 归纳了土壤重金属化学形态和环境迁移性与生物有效性的关系。

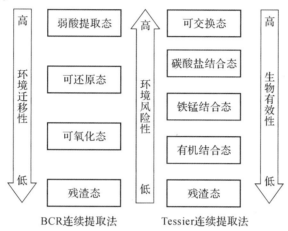

图 2-2　土壤重金属化学形态和环境迁移性与生物有效性的关系

　　重金属的生物有效性不仅与重金属自身的赋存形态有关,还可能受到多种土壤理化性质的影响,以及存在于土壤中的其他金属离子也会对其有效性造成影响。另外,作物的品种差异也会影响根系、茎叶吸收转运重金属的能力。例如,水稻作物 Cd 富集主要依赖于生产过程中土壤重金属的有效态含量,由于在作物的不同生长阶段,土壤 pH、Eh、溶液化学组成等发生显著变化,重金属的植物有效性相应发生变化。土壤重金属的生物有效性决定土壤重金属的生物毒性,而不同形态的 Cd 可发生转化,如淹水还原条件下,土壤中部分有效 Cd 与硫化物反应形成 CdS 沉淀,降低了有效态 Cd 的浓度,增大残渣态 Cd 的浓度。因而通过物理、化学和生物等方法调控农田土壤的形态转化过程,降低重金属的生物有效性,减少作物重金属吸收,可实现重金属污染耕地土壤上农作物的安全生产。

### 2.1.3.2　生物有效性的测定方法

　　目前,在重金属污染土壤修复中,通常采用化学提取法评价重金属的生物有效性。化学提取法指采用特定的提取剂提取土壤中的重金属,以提取态的重金属含量来表征植物有效态重金属含量,并以此来评估重金属的生物有效性。常称之为可提取态或有效态重金属。常用的化学浸提法有水、弱酸溶液、中性盐溶液、重金属螯合剂以及缓冲溶液等(如 0.1 mol·L$^{-1}$ HCl,0.01 mol·L$^{-1}$ CaCl$_2$,0.05 mol·L$^{-1}$ EDTA,0.05 mol·L$^{-1}$ DTPA)。因为各种化学提取剂的提取机制和原理不同,它们对土壤中重金属的提取效率也存在着较大差异。

　　采用 DTPA-CaCl$_2$-TEA(三乙醇胺)提取土壤中的 Cd 和 Pb 是我国土壤有效态重金属的标准提取方法。但该方法原是基于中性和偏碱性旱作土壤提出的,而我国南方稻田土壤多呈酸性,且干湿交替过程频繁,因此在表征我国南方稻田土壤重金属的有效性时可能存在较大偏差。不同化学提取法对我国典型土壤中 Cd 有效态的提取效率对比实验结果表明,

EDTA 是一种良好的土壤重金属提取剂,其主要机制是络合作用,即与相应重金属形成稳定络合物。对酸性土壤来说,EDTA 的提取率要高于中性和碱性土壤。采用 $0.05\ mol \cdot L^{-1}$ EDTA 对重金属的提取率最大且最为稳定。重金属螯合剂一般对重金属有着极强的提取能力,可以把碳酸盐结合态、铁锰氧化物结合态等形态的重金属提取出来,与弱酸提取法不同,重金属螯合剂在对碱性土壤中的重金属进行生物有效性分析时也有较好的效果。中性盐溶液是一种弱代换剂,主要可用于提取土壤中的水溶态和交换态重金属。$CaCl_2$ 溶液是中性盐溶液,$Ca^{2+}$ 与 $Cd^{2+}$ 的半径相似,容易置换土壤中的 $Cd^{2+}$,而 $Cl^-$ 又能与 $Cd^{2+}$ 络合,因此在研究土壤中 Cd 的生物有效性时,$CaCl_2$ 是一种适应性较广的中性盐提取剂。弱酸溶液一般更适用于酸性土壤中有效性重金属分析。笔者采用 14 种不同土壤类型比较了 3 种浸提剂($CaCl_2$、$HNO_3$、EDTA)对重金属 Cd 的提取效率,结果如图 2-3 所示。由于提取剂性质和土壤性质有区别,所以 3 种提取剂对土壤中 Cd 的提取率存在较大的差异。$CaCl_2$ 对 Cd 的提取率为 $0.7\% \sim 19.4\%$,$HNO_3$ 为 $14.2\% \sim 47.3\%$,EDTA 为 $28.1\% \sim 57.8\%$。李亮亮等(2008)利用 $0.05\ mol \cdot L^{-1}$ EDTA、$0.1\ mol \cdot L^{-1}$ HCl、$0.1\ mol \cdot L^{-1}$ HAc-NaAc、$0.05\ mol \cdot L^{-1}$ DTPA 和 $0.1\ mol \cdot L^{-1}$ $CaCl_2$ 等 5 种不同的提取剂,研究了土壤有效态 Cd、Zn、Cu、Pb 含量与玉米根系、茎部、叶、籽粒重金属含量的关系。对黄淮海平原小麦产区土壤采用 $0.43\ mol \cdot L^{-1}$ $HNO_3$、$0.05\ mol \cdot L^{-1}$ EDTA 和 $0.1\ mol \cdot L^{-1}$ HCl 提取土壤有效态 Cd,提取的土壤 Cd 含量与全量间相关关系均达到极显著水平。有学者以 $0.01\ mol \cdot L^{-1}$ $CaCl_2$ 溶液浸提土壤中的重金属元素,并结合土壤理化性质建模,认为模型可以很好地预测糙米中的 Cd 含量水平。

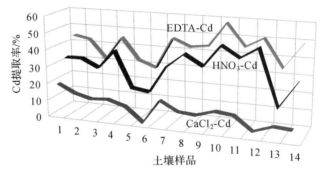

图 2-3　提取剂种类($CaCl_2$、$HNO_3$、EDTA)对土壤中 Cd 提取率的影响

生物评价法包括植物毒性评价法、动物耐受评价法和微生物评价法等。植物或作物的生物量、生长状态及其体内的重金属含量,动物(如蚯蚓等)对重金属的胁迫反应,土壤根际微生物活性、土壤酶活性等,都可以反映土壤重金属的毒性大小。微观检测评价法借助仪器设备观察土壤中重金属的存在形态与微观结构等,主要有扫描电子显微镜(SEM)、X-射线衍射仪(XRD)、X-射线荧光分析仪(XRF)等技术。

### 2.1.3.3　有效态重金属与作物的关系

我国的《土壤环境质量标准》以土壤重金属总量作为土壤重金属污染的评价指标。然而,相较于土壤重金属的总量,采用单一提取剂测定的土壤有效态含量能够更好地反映土壤中重金属的活性和作物吸收积累重金属的风险。以土壤提取态 Cd 含量与稻米 Cd 含量的相关关系为主要评价指标,分析比较了 0.1 mol・L$^{-1}$ CaCl$_2$ 和 DTPA 提取的有效态 Cd 与稻米 Cd 含量的关系。结果表明,与土壤总 Cd 相比,提取态 Cd 含量与稻米 Cd 含量呈现出更好的相关性,因此 0.1 mol・L$^{-1}$ CaCl$_2$ 和 DTPA 可推荐作为我国南方稻田土壤有效态 Cd 的提取剂。

### 2.1.4　耕地土壤重金属空间分布

了解耕地土壤重金属的空间分布规律是开展土壤污染修复措施的重要前提,根据土壤污染程度采取针对性措施可以实现精准修复。以某试验区 6.67 hm$^2$ 水稻种植区为例,用网格法确定土壤点位,采集了 60 个样品,采用 GPS 定位,按照《农田土壤环境质量监测技术规范》(NY/T 395—2012)进行土壤样品采样与分析。试验区 60 个采样布点位置如图 2-4 所示。试验区土壤类型为青紫埌黏田,土壤 pH 为 5.1~5.7,阳离子交换量为 12.4~15.1 cmol(＋)・kg$^{-1}$,土壤质地为黏壤—黏土,有机质含量 30.3~34.5 g・kg$^{-1}$,全氮 3.42~4.04 g・kg$^{-1}$,速效磷 5.02~25.97 mg・kg$^{-1}$,水解氮 171.4~217.2 mg・kg$^{-1}$,速效钾 117.6~198.6 mg・kg$^{-1}$。如表 2-3 所示,土壤重金属测定表明,土壤 Cd、Pb、Cr、Cu 和 Zn 的平均含量分别为 0.27 mg・kg$^{-1}$、42.05 mg・kg$^{-1}$、95.96 mg・kg$^{-1}$、48.10 mg・kg$^{-1}$ 和 159.95 mg・kg$^{-1}$。根据《土壤环境质量:农用地土壤污染风险管控标准》(GB 15618—2018),超过农用地土壤 Cd 污染风险筛选值的样点数有 6 个。试验区农田土壤存在重金属 Cd 轻度污染。

表 2-3　试验区土壤重金属含量测定值

| 元　素 | 范　围/(mg・kg$^{-1}$) | 平均值±标准误/(mg・kg$^{-1}$) | 变异系数/% | 超标样点数 |
|---|---|---|---|---|
| Cd | 0.09~0.44 | 0.27±0.089 | 36.6 | 6 |
| Pb | 31.69~49.10 | 42.05±4.04 | 10.2 | 0 |
| Cr | 82.89~194.21 | 95.96±22.25 | 22.0 | 0 |
| Cu | 27.21~284.69 | 48.10±39.78 | 75.2 | 17 |
| Zn | 137.46~410.96 | 159.95±54.82 | 29.5 | 16 |

利用 ArcGIS 软件,绘制农田土壤中重金属的空间分布图,从重金属元素空间分布图可以直观地了解农田土壤中重金属污染的分布情况。试验区耕地土壤重金属空间分布图表明,土壤重金属含量分布呈现空间变异性。Pb 和 Cr 元素呈现相似的空间分布规律,以试验区中部含量较高;Cd、Cu 和 Zn 元素,以试验区西部含量较高。

## 2.2　耕地土壤重金属污染评价

耕地土壤重金属污染范围广、危害大,科学地评价土壤中重金属污染的程度和相应的生态效应等,是保障粮食安全和生态健康的基础。正确地评价耕地土壤的重金属污染状况,对

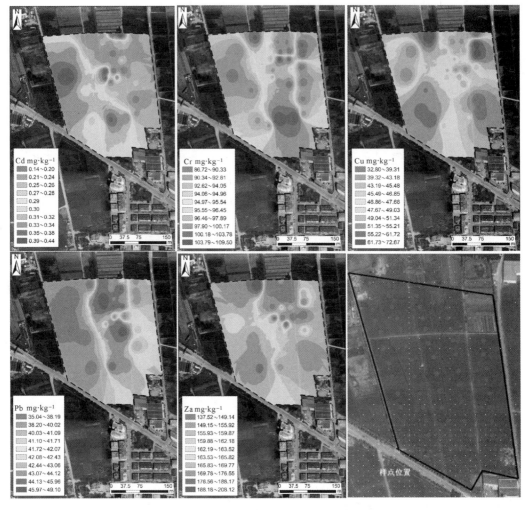

图 2-4    耕地土壤重金属空间分布图

制定科学合理的土壤污染治理措施,具有重要的现实意义。目前,耕地土壤重金属污染评价方法以指数法应用最广,主要的指数法有单因子污染指数法、内梅罗综合污染指数法、地累积指数法、污染负荷指数法、潜在生态危害指数法等。各种方法在实际应用中都存在一定的局限性和不足,在评价过程中往往采取多种评价方法联合运用的方法,才能达到预期的效果。

## 2.2.1    耕地土壤重金属污染的评价方法

### 2.2.1.1    单因子污染指数法

单因子污染指数法是我国通用的一种方法,具有简单、易操作的优点,常用于评价土壤重金属污染状况。在所有重金属污染评价方法中,单因子指数法的运用频率最高。计算公式如下:

$$P_i = \frac{C_i}{S_i} \tag{2-1}$$

式中：$P_i$ 为土壤中重金属元素 $i$ 的污染物单因子指数，$C_i$ 为实测浓度，$mg \cdot kg^{-1}$；$S_i$ 为土壤环境质量标准（评价区域土壤背景值或相关部门土壤质量标准），如《土壤环境质量：农用地土壤污染风险管控标准（试行）》（GB 15618—2018）中的筛选值或者管制值。单因子污染指数评价标准：$P_i \leqslant 1$，无污染；$1 < P_i \leqslant 2$，轻微污染；$2 < P_i \leqslant 3$，轻度污染；$3 < P_i \leqslant 5$，中度污染；$P_i > 5$，重度污染。

根据耕地土壤重金属含量，评价耕地土壤重金属污染的风险，并将其土壤环境质量类别分为三类。

Ⅰ类：$C_i \leqslant S_i$，表示对农产品质量安全、农作物生长或土壤生态环境的风险低，一般情况下可以忽略，基本表示土壤未受到污染，划分为优先保护类。

Ⅱ类：$S_i < C_i \leqslant G_i$，表示土壤对农产品质量安全、农作物生长或土壤生态环境可能存在风险，但风险可控，划分为安全利用类。

Ⅲ类：$G_i > C_i$，表示食用农产品不符合质量安全标准，农用地土壤污染风险高，划分为严格管控类。

对某一点位，若存在多种重金属污染，分别采用单因子污染指数法计算后，取单因子污染指数中最大值。即，

$$P = \mathrm{MAX}(P_i) \tag{2-2}$$

式中：$P$ 为土壤中多项污染物的污染指数；$P_i$ 为土壤中重金属元素 $i$ 的单因子污染指数。

单因子指数法可以快速判断受测区域中的主要污染物，但在现实环境中，土壤污染往往是多种污染因素共同作用的结果，因此该方法主要应用于单一因素污染的特定区域的评价。单因子指数法是评价环境质量指数和其他综合评价方法的基础。

### 2.2.1.2　内梅罗综合污染指数法

综合指数法是一种通过单因子污染指数得出综合污染指数的方法，它能够较全面地评价其重金属污染的程度。其中，内梅罗综合指数法（Nemerow index）是人们评价土壤重金属污染时广泛应用的综合指数法。其计算公式为：

$$P_N = (P_{i\max})^2 + (P_{i\mathrm{avg}})^2 \tag{2-3}$$

式中：$P_N$ 为内梅罗综合污染指数；$P_{i\max}$ 为所有元素污染指数中的最大值；$P_{i\mathrm{avg}}$ 为所有元素污染指数的算术平均值。

$P_N$ 综合污染指数污染程度分级为：$P_N \leqslant 0.7$，清洁；$0.7 < P_N \leqslant 1.0$，尚清洁；$1.0 < P_N \leqslant 2.0$，轻度污染；$2.0 < P_N \leqslant 3.0$，中度污染；$P_N > 3.0$，重度污染。

内梅罗综合指数法同时兼顾了单因子污染指数的平均值和最大值，避免由于平均作用削弱污染重金属的权值，突出了污染指数最大的污染物对环境质量的影响和作用，能反映出各种污染物对土壤的作用，将研究区域沉积物环境质量作为一个整体与外区域或历史资料进行比较。然而，随着该方法的应用，人们发现由于其过分突出污染指数最大的污染物对环境质量的影响和作用，在评价时可能会人为夸大浓度高的因子或缩小浓度低的因子的影响作用，使其对环境质量评价的灵敏性不够高。在某些情况下，内梅罗综合指数法的计算结果难以区分土壤环境质量污染程度的差别。同时，这种方法没有考虑土壤中各种污染物对作

物毒害性的差别,出现异常值时对结果影响较大,在某些地区可能因此偏离客观情况。

### 2.2.1.3　潜在生态危害综合指数法

1980 年,瑞典学者 Hakanson 提出了潜在生态危害综合指数法,不仅考虑了重金属的含量,而且综合考虑了多元素协同作用、毒性水平以及环境对重金属污染的敏感性等因素,因此在环境风险评价中得到广泛应用。计算公式为:

$$RI = \sum E_r^i$$
$$E_r^i = T_r^i \times C_f^i \qquad (2\text{-}4)$$
$$C_f^i = \frac{C_i}{C_n^i}$$

式中:$E_r^i$ 为单项潜在生态风险指数,$RI$ 为综合潜在生态风险指数,$T_r^i$ 为重金属元素的毒性响应系数,Cu、Cd、Hg 和 Pb 的毒性系数分别为 5、30、30 和 5。$C$ 为单项污染系数,$C_i$ 为重金属 $i$ 元素的实测值,$\text{mg} \cdot \text{kg}^{-1}$;$C_n^i$ 为元素 $i$ 的评价标准,$\text{mg} \cdot \text{kg}^{-1}$。Hakanson 潜在生态风险指数评价标准如表 2-4 所示。

表 2-4　重金属污染潜在生态风险指数与分级

| 单个重金属潜在生态风险指数($E_r^i$) | 单因子污染物生态风险程度 | 多种重金属潜在生态风险指数($RI$) | 总的潜在生态风险程度 |
| --- | --- | --- | --- |
| $E_r^i < 40$ | 无风险 | $RI < 150$ | 无风险 |
| $40 \leqslant E_r^i < 80$ | 一般风险 | $150 \leqslant RI < 300$ | 一般风险 |
| $80 \leqslant E_r^i < 160$ | 较重 | $300 \leqslant RI < 600$ | 重 |
| $160 \leqslant E_r^i < 320$ | 重 | $600 \leqslant RI$ | 严重 |
| $320 \leqslant E_r^i$ | 严重 | — | — |

潜在生态风险指数既考虑了多种有害元素的加和作用,又考虑了重金属对生物的毒性不同,引入了毒性因子,使评价更侧重于毒理方面。对潜在的生态风险进行评价,不仅可以为环境改善提供科学依据,还可以为人们健康生活提供科学参照,但这种方法的加权带有一定的主观性。

### 2.2.1.4　地累积指数法

地累积指数($I_{\text{geo}}$)是 1969 年德国科学家 Muller 提出的一种用来表征沉积物中重金属富集程度的常用指标,不仅可以反映重金属的自然变化特征,还可以判别人为活动对环境的影响。计算公式为:

$$I_{\text{geo}} = \log_2 [C_i / 1.5 B_i] \qquad (2\text{-}5)$$

式中:$I_{\text{geo}}$ 为地累积指数;$C_i$ 为重金属元素 $i$ 实测浓度,$\text{mg} \cdot \text{kg}^{-1}$;$B_i$ 为土壤中该元素的背景值,$\text{mg} \cdot \text{kg}^{-1}$;1.5 为 $B_i$ 的修正系数。$I_{\text{geo}}$ 与污染程度的关系如表 2-5 所示。

表 2-5　地累积指数与污染程度的关系

| 级　别 | 指数值 | 污染程度 |
| --- | --- | --- |
| 0 | $I_{geo} < 0$ | 无污染 |
| 1 | $0 < I_{geo} \leqslant 1$ | 轻度污染 |
| 2 | $1 < I_{geo} \leqslant 2$ | 偏中度污染 |
| 3 | $2 < I_{geo} \leqslant 3$ | 中度污染 |
| 4 | $3 < I_{geo} \leqslant 4$ | 偏重度污染 |
| 5 | $4 < I_{geo} \leqslant 5$ | 重度污染 |
| 6 | $I_{geo} > 5$ | 严重污染 |

地积累指数法能够较好地考虑地质背景所带来的影响,它越来越多地被用来评价土壤重金属污染。在评价土壤重金属污染时,公式中 $C_i$ 表示测定土壤中某一给定元素的含量,而 $B_i$ 表示地壳中元素的含量。运用该方法进行评价时,地积累指数的变化可以反映出采样点土壤特性以及污染来源的变化。但是,该方法只能给出各采样点某种重金属的污染指数,无法对元素间或区域间环境质量进行比较分析。因此,可以采用地积累指数与聚类分析相结合的方法进行评价。此外,在应用该方法进行评价时,修正系数值的选择带有一定的主观性。

### 2.2.1.5　污染负荷指数法

污染负荷指数法(pollution load index,PLI)由 Tomlinson 提出。该指数由评价区域所包含的多种重金属成分共同构成,它能直观地反映出多种重金属对环境污染的贡献以及它们在时间、空间上的变化趋势。计算公式如下:

$$CF_i = \frac{C_i}{C_{0i}} \tag{2-6}$$

式中:$CF_i$ 为重金属 $i$ 的最高污染系数;$C_i$ 为沉积物中重金属 $i$ 的实测值;$C_{0i}$ 为重金属 $i$ 的背景值。

某一点的 $PLI$ 值:根据土壤中重金属的实测浓度和该重金属的背景值求出最高污染系数,简称 CF,然后据此求出污染负荷指数 $PLI$。

$$PLI = \sqrt[n]{CF_1 \times CF_2 \times CF_3 \times \cdots \times CF_n} \tag{2-7}$$

式中:$PLI$ 为某点重金属的污染负荷指数;$n$ 为参加评价的重金属种类数。

某一带的 $PLI$ 值求法:

$$PLI_{zone} = \sqrt[n]{PLI_1 \times PLI_2 \times PLI_3 \times \cdots \times PLI_n} \tag{2-8}$$

式中:$PLI_{zone}$ 为某一污染带的污染负荷指数;$n$ 为该污染带所包含的采样点数目。

污染负荷指数通过求积的统计法得出,其指数由评价区域所包含的多种重金属成分共同构成,因此能反映各个重金属对区域污染的贡献程度,还可进一步反映各个重金属污染的时空变化特征。污染负荷指数法不足之处在于该方法没有考虑不同污染源所引起的背景差别。

## 2.2.2　耕地土壤重金属污染评价案例

### 2.2.2.1　耕地土壤重金属含量状况

以呆市耕地土壤为对象,采集了市域范围耕地土壤 94 个样本,分析土壤重金属 As、Cd、Cr、Cu 和 Pb 的含量,结果统计如表 2-6 所示。耕地土壤总 As 浓度为 7.93～28.86 mg·kg$^{-1}$,平均值为 15.77 mg·kg$^{-1}$,变异系数为 31%;总 Cd 含量为 0.07～0.4 mg·kg$^{-1}$,平均值为 0.17 mg·kg$^{-1}$,变异系数为 41%;总 Cr 含量为 18.53～116.65 mg·kg$^{-1}$,平均值为 63.35 mg·kg$^{-1}$,变异系数为 47%;土壤总 Cu 含量为 11.11～251.36 mg·kg$^{-1}$,平均值为 35.30 mg·kg$^{-1}$,变异系数为 86%;总 Pb 含量为 24.58～337.17 mg·kg$^{-1}$,平均值为 56.49 mg·kg$^{-1}$,变异系数为 82%。由耕地土壤重金属含量的频率分布可以看出,土壤重金属 Cr 和 Ni 含量呈近似正态分布;土壤中 Cu、As、Hg 和 Cd 含量呈正偏态分布,偏度为 1.25、1.30、1.74 和 3.28,其中,重金属 Cd 在不同区域土壤中含量差异较大,由此表明局部区域受人为污染影响;土壤中 Pb 和 Zn 的含量,总体上服从正态分布,由此表明土壤中的 Pb 和 Zn 主要来自人为污染。变异系数可以反映出土壤重金属污染与人类活动之间的关系,变异系数越大则说明人类活动的参与度越高,以变异系数为标准对土壤重金属含量变异性进行简单分类:变异系数小于 10%,土壤重金属含量呈现弱变异性;变异系数介于 10%～100%,土壤重金属含量呈现中等变异性;变异系数大于 100%,土壤重金属含量呈现强变异性。本研究中重金属元素的变异系数为 10%～100%,属于中等变异,表明研究区土壤重金属可能受到人为活动的影响。

表 2-6　土壤重金属含量及其分布特征　　　　　　　　　　　单位:mg·kg$^{-1}$

| 元　素 | 样本数 | 最小值 | 最大值 | 中　值 | 平均值 | 标准差 | 变异系数/% | 偏　度 |
|---|---|---|---|---|---|---|---|---|
| As | 94 | 7.93 | 28.86 | 15.91 | 15.77 | 4.81 | 30.53 | 0.503 |
| Cd | 94 | 0.07 | 0.4 | 0.16 | 0.17 | 0.07 | 40.55 | 1.701 |
| Cr | 94 | 18.53 | 116.65 | 70.73 | 63.35 | 29.76 | 46.97 | −0.182 |
| Cu | 94 | 11.11 | 251.36 | 29.04 | 35.30 | 30.50 | 86.41 | 4.725 |
| Pb | 94 | 24.58 | 337.17 | 41.06 | 56.49 | 46.46 | 82.25 | 3.814 |

### 2.2.2.2　耕地土壤重金属污染评价

与温州市土壤元素背景值相比,As、Cd、Cr、Cu 和 Pb 分别有 94、69、58、77 和 41 个点位超过其背景值,说明研究区重金属呈现积累状况。根据《土壤环境质量:农用地土壤污染风险管控标准》(GB 15618—2018)评价耕地土壤污染风险,农田土壤中重金属 As、Cd、Cr、Cu 和 Pb 的浓度均低于《土壤环境质量:农用地土壤污染风险管控标准》规定的风险管控值,表明采集的耕地土壤样品中没有高污染风险农用地。部分样本中 Cd、Cu 和 Pb 含量高于《土壤环境质量:农用地土壤污染风险管控标准》规定的风险筛选值,占比分别为 8.5%、8.5% 和 11.7%,表明可能存在食用农产品不符合质量安全标准的土壤污染风险。

采用单因子污染指数($P_i$)和内梅罗综合污染指数($P_综$),以《土壤环境质量农用地土壤污染风险管控标准(试行)》中相应的筛选值为参比值评价了耕地土壤重金属污染程度,计算结果如表 2-7 所示。从单因子污染指数看,As、Cd、Cr、Cu 和 Pb 的单因子污染指数的均值分别为 0.53、0.57、0.25、0.71 和 0.71,范围分别为 0.26~0.96、0.23~1.34、0.07~0.47、0.22~5.03 和 0.31~4.21。通过 $P_i$ 得出 As 和 Cr 属于无污染,Cd 属于轻微污染,Cu 轻度、中度和重度污染分别为 4.2%、3.2% 和 0.1%;Pb 轻度、中度和重度污染分别为 7.5%、2.1% 和 0.1%。而通过 $P_综$ 可以看出研究区轻度、中度、重度污染所占的比例依次为 63%、8% 和 2%,无污染和轻微污染的样点占 27%。根据内梅罗综合污染指数,研究区 8.6% 的样品内梅罗综合污染指数大于 1,其中 6.4% 属于轻度污染,2.1% 属于中度污染,0.1% 属于重度污染。研究区耕地土壤的平均内梅罗综合污染指数为 0.66,属于清洁水平。

表 2-7　土壤重金属单因子评价结果

| 重金属 | $P_i$ | | | 样品污染指数的分级别/% | | | |
|---|---|---|---|---|---|---|---|
| | 最小值 | 最大值 | 平均值 | 清　洁 | 轻度污染 | 中度污染 | 重度污染 |
| As | 0.26 | 0.96 | 0.53 | 100 | 0 | 0 | 0 |
| Cd | 0.23 | 1.34 | 0.57 | 91.5 | 8.5 | 0 | 0 |
| Cr | 0.07 | 0.47 | 0.25 | 100 | 0 | 0 | 0 |
| Cu | 0.22 | 5.03 | 0.71 | 92.5 | 4.2 | 3.2 | 0.1 |
| Pb | 0.31 | 4.21 | 0.71 | 90.3 | 7.5 | 2.1 | 0.1 |
| $P_综$ | 0.27 | 3.94 | 0.66 | 91.4 | 6.4 | 2.1 | 0.1 |

耕地土壤重金属污染地累积指数评价结果如表 2-8 所示,重金属元素的地累积指数顺序由大到小为 As(0.04)、Cu(0.01)、Pb(−0.07)、Cd(−0.10)、Cr(−0.17)。As 元素的地累积指数最高,其中,属于轻度污染等级的点位数为 56.4%;Cu 元素轻度污染等级的点位数为 48.9;Cr、Pb 和 Cd 轻度污染的点位数分别为 39.4、22.3 和 16.0。这说明研究区耕地土壤重金属含量很可能受到了人类活动的影响,且 As 和 Cu 元素所受影响较大。

表 2-8　土壤重金属污染地累积指数评价结果

| 重金属 | $I_{geo}$ | | | 样品污染点个数 | | | |
|---|---|---|---|---|---|---|---|
| | 最大值 | 最小值 | 平均值 | 无污染 | 轻度污染 | 偏中度污染 | 中度污染 |
| As | 0.32 | −0.24 | 0.04 | 43.6 | 56.4 | 0 | 0 |
| Cd | 0.30 | −0.43 | −0.10 | 84.0 | 16.0 | 0 | 0 |
| Cr | 0.15 | −0.62 | −0.17 | 60.6 | 39.4 | 0 | 0 |
| Cu | 0.93 | −0.42 | 0.01 | 51.1 | 48.9 | 0 | 0 |
| Pb | 0.77 | −0.33 | −0.07 | 77.7 | 22.3 | 0 | 0 |

### 2.2.2.3　耕地土壤重金属生态风险评价

耕地土壤重金属潜在生态风险指数水平评价结果见表 2-9。综合潜在生态风险指数的变化范围为 9.88～87.82,平均值为 25.30。总体上无风险。

表 2-9　土壤重金属潜在生态风险指数水平评价结果

| 重金属 | $E_r^i$ | | | 样品污染点个数 | | | |
|---|---|---|---|---|---|---|---|
| | 最大值 | 最小值 | 平均值 | 无风险 | 一般风险 | 中等风险 | 高风险 |
| As | 0.96 | 0.26 | 0.53 | 100 | 0 | 0 | 0 |
| Cd | 40.19 | 6.89 | 17.10 | 99.9 | 0.1 | 0 | 0 |
| Cr | 0.47 | 0.07 | 0.25 | 100 | 0 | 0 | 0 |
| Cu | 25.14 | 0.11 | 3.73 | 100 | 0 | 0 | 0 |
| Pb | 21.07 | 1.54 | 3.69 | 100 | 0 | 0 | 0 |
| RI | 87.82 | 9.88 | 25.30 | 100 | 0 | 0 | 0 |

### 2.2.2.4　耕地土壤重金属空间分布

由于土壤是一个不均匀、具有高度空间变异性的混合体,预测采集的土壤样品不能代表整个区域的土壤,只能代表样品点本身的土壤质量状况。利用 ArcGIS 软件结合 Kriging 可了解研究区重金属污染和生态风险的空间分布。从重金属元素空间分布图可以直观地了解研究区耕地土壤中重金属污染的分布情况。As 元素的空间分布呈带状分布,主要分布在研究区域靠近海岸的地区,属于工业企业主要聚集地,人为活动频繁。Pb 元素的空间分布呈现岛状式分布,出现几处 Pb 含量高值区块,然后向四周扩散递减,可能与工业点源污染有关。Cd 的空间分布主要呈斑点状分布,在研究区域有多个高浓度分布区,主要原因是工业生产活动排放造成 Cd 富集。Cr 元素呈带状分布,高值区出现在沿海岸地区,可能与工业活动有关。Cu 元素的空间分布呈现出南高北低,东高西低的分布管理,与历史上涉 Cu 工业企业分布有关。

一般情况下,重金属元素之间的浓度显著相关,说明它们出自同一污染源的可能性较大。因此,通过对耕地土壤重金属元素间的相关性分析,可以初步判断 As、Cd、Cr、Cu 和 Pb 污染源情况。研究区域耕地土壤重金属元素相关性分析结果如表 2-10 所示,结果表明土壤重金属元素 As 与 Cd、Cr 之间,以及 Cd 与 Pb 之间都有极显著的相关性,由此表明它们具有同源性;Cr 与 Cu 之间具有显著的相关性,表明土壤中 Cr 的来源途径较多。

表 2-10　土壤重金属元素间的相关性

| 重金属 | As | Cd | Cr | Cu | Pb |
|---|---|---|---|---|---|
| As | 1 | | | | |
| Cd | 0.314** | 1 | | | |
| Cr | 0.540** | 0.258* | 1 | | |
| Cu | 0.093 | 0.165 | 0.451** | 1 | |
| Pb | −0.125 | 0.427** | −0.196 | −0.038 | 1 |

** $P<0.01$;* $P<0.05$。

# 2.3 耕地土壤环境质量类别划分

《土壤污染防治行动计划》(土十条)要求对农用地实施分类管理,保障农业生产环境安全。土十条要求将农用地划分为优先保护类、安全利用类和严格管控类。根据生态环境部和农业农村部颁布的《农用地土壤环境质量类别划分技术指南(试行)》,温州市在 2020 年底全面完成了耕地土壤环境质量类别划分工作,建立优先保护类、安全利用类和严格管控类分类清单,绘制分类图件,落实耕地土壤环境质量分类管控措施。

## 2.3.1 概 述

### 2.3.1.1 目的和意义

全面开展受污染耕地的安全利用是保障农产品质量安全和人民群众身体健康的重要举措,也是加强耕地质量建设,改善生态环境,实施藏粮于地战略,全面建设高水平绿色农业强市,实施乡村振兴战略的必然要求。按照《农用地土壤环境质量类别划分技术指南》《浙江省耕地土壤环境质量类别划分实施方案》等文件,开展土壤环境质量类别划分,是实施耕地分类管理的基础和前提,是推进受污染耕地安全利用的重要基础。开展耕地土壤环境质量类别划分是落实《中华人民共和国土壤污染防治法》和《土壤污染防治行动计划》的一项重要内容。依据相关文件精神和技术规范,开展耕地土壤环境质量类别划定,逐步建立农用地分类管理清单和图表,实施耕地土壤环境质量分类管理。

温州市耕地土壤环境质量类别划分,以 2015 年全国农用地土壤污染状况详查数据为基础,将耕地土壤环境质量划分为优先保护类、安全利用类和严格管控类,并建立分类清单,绘制分类图件,落实耕地土壤环境质量分类管控措施。根据类别划分成果,加强分类管控,精准施策,推进受污染耕地安全利用和严格管控,确保完成省市下达的受污染耕地安全利用目标和任务,不断改善耕地土壤环境质量,切实保障农产品质量安全,促进市乡村振兴和农业绿色发展。

### 2.3.1.2 区域概况

1. 基本情况:包括地理区位,地形地貌,气候特征,河网水系,土壤类型,三次产业情况,行政区划,户籍人口,国内生产总值(GDP)、城镇居民和农村居民人均可支配收入,等等。

2. 耕地类型、面积及分布情况:包括土地面积、土地类型及占比,耕地面积、耕地类型及占比,粮食作物种类、种植面积及粮食产量,等等。

3. 污染源分布情况:包括污染行业,污染物排放,污染类型与分布,污染物处置,环境污染历史,污染事故,耕地污染,等等。

### 2.3.2 编制依据

《中华人民共和国土壤污染防治法》，国务院《土壤污染防治行动计划》（国发〔2016〕31号），浙江省人民政府《浙江省土壤污染防治工作方案》（浙政发〔2016〕47号），《农用地土壤环境质量类别划分技术指南》（环办土壤〔2019〕53号），《土壤环境质量 农用地土壤污染风险管控标准（试行）》（GB 15618—2018），《食品安全国家标准 食品中污染物限量》（GB 2762—2017）等相关国家法律、法规、标准和文件；其他政府部门规范性文件、专项规划；等等。

### 2.3.3 基础数据准备

#### 2.3.3.1 基础数据

在耕地土壤环境质量类别划分工作初期，对全市各县（市、区）耕地分布现状、河流水系、地形地貌、土壤分布以及遥感影像数据进行搜集整理，并绘制相应图件，掌握全市耕地、河流水系分布情况，并通过地形地貌和遥感影像数据初步了解全市土地利用情况，为耕地土壤环境质量类别划分工作的顺利开展奠定基础。土壤环境和农产品质量资料收集，主要包括温州市域涉及的农产品产地土壤重金属污染普查数据，各级土壤环境监测网监测结果以及其他相关土壤环境和农产品质量数据、污染成因分析和风险评估报告等资料。土壤污染源信息包括区域内土壤污染重点行业企业污染情况，农业投入品的使用情况及畜禽养殖废弃物处理处置、固体废物堆存处理处置场所分布及其对周边土壤环境质量的影响情况等。

温州市农业生产状况收集，包括区域农业生产土地利用状况、农作物种类、布局、面积、产量、种植制度和耕作习惯等。

#### 2.3.3.2 土壤点位及数据

根据农用地土壤污染详查数据成果，在温州市详查区域内，按照点位的代表性、采样的可行性、布点精度要求布设土壤样点。土壤样点布设按照《耕地土壤污染状况详查点位布设技术规定》的要求，根据《耕地土壤污染状况详查点位核实工作手册》，由市级环境保护、农业、国土资源等部门具体负责，县级环境保护、农业、国土资源、工业、水利等部门及乡镇工作人员直接参与，开展耕地土壤污染状况详查点位核实，具体包括土壤污染重点行业企业核实、土壤污染问题突出区域梳理、耕地详查基本单元划定、耕地详查点位核实调整与补充。温州市级详查负责部门组织专家技术组，结合温州市实际情况和要求，优化布点方案，最终形成了温州各县（市、区）耕地土壤污染详查布点方案。温州市农用地土壤污染状况详查共布设点位 2405 个。

#### 2.3.3.3 农产品点位及数据

温州市长期在定位监测点开展农产品监测分析，根据全省统一布点，温州市建立了长期定位监测网络，包括常规监测点、综合监测点等。已于 2017—2019 年连续三年开展了土壤和农产品监测。

## 2.3.4　划分流程

耕地土壤环境质量类别划分按照浙江省耕地质量与肥料管理总站关于印发《浙江省耕地土壤环境质量类别划分实施方案》的通知(浙耕肥发〔2020〕13 号)进行。具体划分流程如图 2-5 所示。

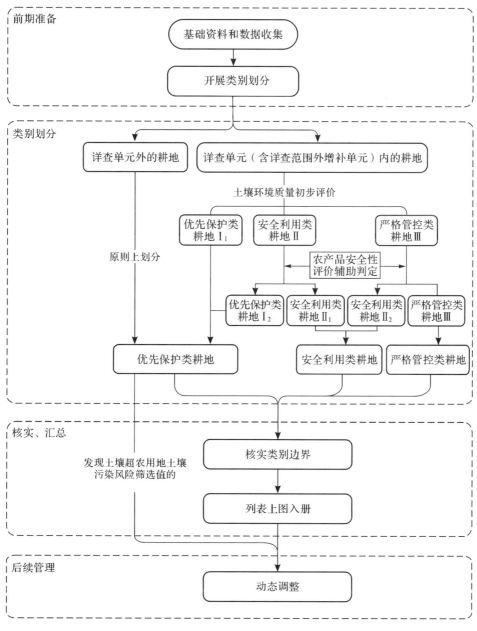

图 2-5　温州市耕地土壤环境质量类别划分流程示意

1.基础准备。各县(市、区)农业农村部门收集本行政区域基础图集(行政区划、土地利用、土壤类型、地形地貌、水系等),了解工业、农业等土壤污染源信息;收集土壤和农产品监测数据以及区域三产情况等等。开展耕地土壤环境质量类别划分技术培训,培训内外业操作规范与程序等。

2.制定实施方案、确定技术支撑单位。制定温州市耕地土壤环境质量类别划分实施方案,明确质量类别划分目标任务、工作内容、时间安排等,确定类别划分技术支撑单位。组织指导各县(市、区)农业农村部门开展类别划分工作。要求耕地面积大、安全利用任务重的县(市、区)单独制定实施方案。

3.开展类别评定。按照浙耕肥发〔2020〕13号文件和《农用地土壤环境质量类别划分技术指南》等要求,指导各县(市、区)开展类别划分。同时,开展农产品质量状况辅助评定。

4.边界核实踏勘。对初步划定的安全利用类和严格管控类耕地采取高清遥感图像、无人机等手段,对两类耕地进行现场核查。对严格管控类耕地核实每个地块,完成现场调查表,拍摄每个地块的现场照片。安全利用类耕地完成每个单元现场调查表和拍摄现场照片。同时,按要求进行种植利用现状调查。

5.形成初步结果。在上述工作基础上,根据国家相关标准将耕地划分优先保护、安全利用和严格管控三个类别,建立耕地土壤环境质量类别分类清单,编制分类统计表、制作耕地土壤环境质量类别划分图集。编写技术报告和工作报告,由各县(市、区)农业农村局组织自查,根据成果完整性、成果规范性、成果准确性方面对类别划分成果进行全面自查和总结。

6.成果验收与审核报送。各县(市、区)耕地土壤环境质量类别划分结果须经设区市农业农村部门组织专家会审通过后,报县级人民政府审定。确认后的划定结果由县级农业农村、生态环境部门正式行文联合报送市级农业农村、生态环境部门汇总,市级汇总并审核本行政区域内类别划分结果后正式行文联合上报省级农业农村生态环境部门。

7.后续管理。各级农业农村部门要建立土壤环境例行监测制度,根据土地利用变更、农产品产地环境监测结果、受污染耕地安全利用与治理修复效果等,对各类耕地面积、分布等信息及时进行更新,按程序调整"三类区",及时报送省级农业农村、生态环境部门。

### 2.3.4 耕地土壤环境质量类别划分与辅助判定

#### 2.3.4.1 划分单因子评价单元并初步判定土壤环境质量类别

详查单元是详查布点时基于耕地利用方式、污染类型和特征、地形地貌等因素的相对均一性划分的调查单元。如果详查单元内点位土壤环境质量类别一致,详查单元即为评价单元;否则应根据详查单元内点位土壤环境质量评价结果,依据聚类原则,利用空间插值法结合人工经验判断,将详查单元划分不同的评价单元。尽量使每个评价单元内的点位的土壤环境质量类别保持一致。

按照以下4个原则初步判定评价单元内耕地土壤环境质量类别。

(1)一致性原则:当评价单元内点位类别一致时,该点位类别即是该评价单元的类别。

(2)主导性原则:当评价单元内存在不同类别点位时,某类别点位数量占比超过80%,其他点位(非严格管控类点位)不连续分布,该单元则按照优势点位的类别计;如存在2个或以上非优势类别点位连续分布,则划分出连续的非优势点位对应的评价单元。

(3)谨慎性原则:对孤立的严格管控类点位,根据影像信息或实地踏勘情况划分出严格管控类对应的范围;如果无法判断边界,则按最靠近的地物边界(地块边界、村界、道路、沟渠、河流等),划出合理较小的面积范围。

(4)保守性原则:当评价单元内存在不连续分布的优先保护类和安全利用类点位且无优势点位时,可将该评价单元划为安全利用类。

#### 2.3.4.2　多因子综合评价初步判定评价单元内耕地土壤环境质量类别

在单因子评价单元划分及耕地土壤环境质量类别初步判定的基础上,多因子叠合形成新的评价单元,评价单元内部耕地土壤环境质量综合类别按最差类别确定。

根据本项目的需要最终形成 5 种重金属(Cd、Hg、Pb、As、Cr)的耕地土壤环境质量初步判定结果。

#### 2.3.4.3　耕地土壤环境质量类别的辅助判定原则

对重金属高背景、低活性(仅限于 Cd,其他重金属不考虑活性)地区,在区域内无相关污染源存在或者无污染历史的情况下,可根据农产品(水稻或蔬菜)安全性评价结果或表层土壤 Cd 活性评价结果,按照谨慎原则,对初步判定为安全利用类或严格管控类的评价单元进行辅助判定。

对土壤 Cd 环境质量评价,有农产品数据的采用农产品安全性评价结果辅助判定,没有农产品数据的采用土壤 Cd 活性评价结果辅助判定;其他重金属仅用农产品评价结果辅助判定,若没有农产品数据,则维持初步判定结果不变。初步判定及辅助判定的结果均需保留。

#### 2.3.4.4　单因子辅助判定的方法

利用农产品安全性评价结果进行辅助判定。根据评价单元农产品安全性评价结果辅助判定评价单元内耕地土壤环境质量类别,判定依据如表 2-11 所示。

表 2-11　利用农产品安全评价结果辅助判定评价单元单因子土壤环境质量类别

| 评价单元土壤环境质量类别初步判定 | 判定依据(评价单元内或相邻单元农产品重金属超标情况) | | 辅助判定后单因子土壤环境质量类别 |
| --- | --- | --- | --- |
| | 评价单元内农产品点位 3 个及以上 | 单元内农产品点位小于 3 个 | |
| 优先保护类 | — | — | 优先保护类($I_1$) |
| 安全利用类 | 均未超标 | 均未超标;且周边相邻单元农产品点位未超标 | 优先保护类($I_2$) |
| | 上述条件都不满足的其他情形 | | 安全利用类($II_1$) |
| 严格管控类 | 未超标点位数量占比≥65%,且无重度超标的点位 | 均未超标,且周边相邻单元农产品点位未超标 | 安全利用类($II_2$) |
| | 上述条件都不满足的其他情形 | | 严格管控类($III$) |

利用土壤 Cd 活性评价结果进行辅助判定。如果严格管控类评价单元内没有农产品协同调查点位,则按照单元内耕地土壤 Cd 活性评价结果,辅助判定土壤 Cd(环境质量类别)。辅助判定依据如表 2-12 所示。其他重金属单因子土壤环境质量类别不变。

表 2-12　利用土壤 Cd 活性辅助判定评价单元土壤镉环境质量类别

| 评价单元土壤环境质量类别初步判定 | 土壤 pH | 单元或区域辅助判定依据 | 污染风险 | 辅助判定后土壤镉环境质量类别 |
|---|---|---|---|---|
| 严格管控类 | pH≤6.5 | 单元内或区域内所有点位土壤可提取态镉均≤0.04 mg·kg$^{-1}$ | 风险可控 | 安全利用类Ⅱ$_2$ |
| | | 其他情形 | 风险较高 | 严格管控类Ⅲ |
| | pH>6.5 | 单元内或区域内所有点位土壤可提取态镉均≤0.01 mg·kg$^{-1}$ | 风险可控 | 安全利用类Ⅱ$_2$ |
| | | 其他情形 | 风险较高 | 严格管控类Ⅲ |

## 2.3.5　受污染耕地种植现状调查

全国农用地土壤污染详查确定了温州市受污染耕地土壤面积及分布。在全国农用地土壤污染详查结果的基础上,针对温州市受污染耕地开展耕地种植利用现状调查,核实详查单元内受污染耕地土壤的面积和分布情况,查明温州市受污染耕地种植利用现状,为全面开展温州市受污染耕地分类管控和动态调整工作提供理论基础。

2020 年 5 月上中旬和 6 月上旬,对温州市严格管控类和安全利用类耕地进行了现场踏勘,调查采用手机两步路户外助手导航,结合无人机进行,通过拍照、无人机拍摄照片、制作现场勘查笔记等方法记录踏勘情况。野外现场核实技术流程如图 2-6 所示。

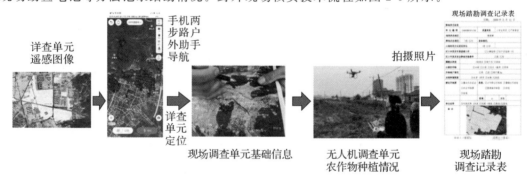

图 2-6　野外现场核实技术流程示意

现场踏勘内容包括调查区域的位置、范围、道路交通状况、地形地貌、自然环境与农业生产现状等情况,对已有资料中存疑和不完善处进行核实和补充。调查区域土壤污染源情况,主要包括固体废物堆存、畜禽养殖废弃物处理处置、灌溉水及灌溉设施、工矿企业的生产及污染物产排情况等,以全面了解温州市安全利用类耕地的种植利用现状及农产品长势等情况。

通过现场踏勘完成温州市安全利用类耕地每个详查单元 1 张调查表和对应的现场照片,严格管控类耕地每个地块 1 张照片。共完成全市安全利用类耕地 108 个详查单元调查表和对应的现场照片,严格管控类耕地 27 个详查单元调查表和对应每个地块的现场照片。

初步划分耕地类别。详查单元以内的耕地,类别划分方法参照《农用地土壤环境风险评价技术规定(试行)》的相关规定。全国土壤污染状况详查农用地详查单元以外的耕地,原则上直接划为优先保护类耕地。

边界核实与现场踏勘。开展耕地类别边界核实,在矢量地图和高分遥感影像上划定耕地类别边界。重点踏勘边界划分时的重要依据(如行政边界、灌溉水系等)是否发生重大调整,划分结果与当地历年农产品质量监测数据、群众反映情况等是否吻合。在现场踏勘基础上,对耕地类别分类清单及相关图件进行调整与补充。

## 2.3.6　耕地土壤环境质量类别划分结果汇总

对划分所涉及耕地进行类别编码,并对耕地所属行政区、地理位置、常年主栽农作物、面积及质量类别等信息进行汇总,汇总表见耕地土壤环境质量类别划分清单(见表 2-13)。

按 Cd、Hg、Pb、As 和 Cr 5 种重金属综合类别统计行政区内所有耕地的不同类别的面积与比例。

附图:包括行政区划图、环境背景图(地形图、河流水系分布图、土壤类型分布图)、耕地分布图、土壤环境评价点位图、耕地土壤环境质量类别分布图等。

**表 2-13　耕地土壤环境质量类别划分清单**

| 序号 | 行政区 | | | | 类别编码 | 地理位置 | 面积/亩 | 常年主栽农作物 | 土壤目标污染物 | 质量类别 | 现场为非农用 |
| --- | --- | --- | --- | --- | --- | --- | --- | --- | --- | --- | --- |
| | 省(区、市) | 市 | 县(市、区) | 乡镇(街道) | | | | | | | |
| | | | | | | | | | | | |
| | | | | | | | | | | | |

注:1. 类别编码格式:(1)第一至第六位码(行政区划代码),按照《中华人民共和国行政区划代码》(GB/T 2260—2015)和国家统计局于 2017 年 3 月发布的最新县及县以上行政区划代码(截至 2016 年 7 月 31 日)进行编码;(2)第七至第十二位码(耕地土壤环境质量类别单元代码),以县(市、区)为单位,按照从北至南、从西至东编码,从“000001”开始编码;(3)第十三位码(耕地土壤环境质量类别代码),优先保护类为Ⅰ,安全利用类为Ⅱ,严格管控类为Ⅲ。

2. 地理位置格式:用类别单元的外包矩形边界描述(即经纬度范围),填写格式如下:经度($x_{min}-x_{max}$),纬度($y_{min}-y_{max}$)。采用坐标系 CGCS_2000,十进制经纬度,小数点保留 6 位数,默认为东经与北纬。

3. 面积:指该边界核实和优化调整后的类别划分单元耕地面积,结果需四舍五入后保留整数。

4. 常年主栽农作物:常年主栽的作物类别代码,水稻(A);小麦(B);其他(C)。

5. 土壤目标污染物:填写镉、汞、砷、铅和铬等 5 种重金属中超标程度最重的元素。

6. 质量类别:优先保护类为Ⅰ,安全利用类为Ⅱ,严格管控类为Ⅲ。

7. 现场为非农用:指边界核实后耕地是否发生土地变更转为非农用地,如果发生,填写“是”;如果未发生,无需填写。

### 2.3.7 耕地分类信息汇总

#### 2.3.7.1 划分所涉及的耕地类别信息汇总情况

对汇总表进行统计分析,统计全市耕地总面积、优先保护类耕地面积及其在全市各县(市、区)分布、严格管控类耕地面积及其在全市各县(市、区)分布。温州市耕地土壤目标污染物主要为重金属 Cd,小部分耕地污染物为重金属 Hg 和 Pb。温州市耕地土壤环境质量整体良好。

#### 2.3.7.2 行政区域内不同类别耕地面积统计

根据《土壤环境质量 农用地土壤污染风险管控标准(试行)》对耕地质量类别的判定方法,对 Cd、Hg、Pb、As 和 Cr 5 种重金属元素的综合判定结果进行统计分析。

统计分析温州市各县(市、区)区严格管控类和安全利用类耕地分乡镇、街道分布情况。根据 5 种重金属元素综合划分 3 类耕地土壤环境质量类别的空间分布。从结果来看,温州市耕地的环境状况整体良好,大范围为优先保护类,温州南部苍南、平阳等县的优先保护类耕地分布广泛;安全利用类耕地主要分布在温州中部;严格管控类耕地零星分布在 6 个县(市、区)。

#### 2.3.7.3 耕地土壤污染空间分布特征与成因分析

根据温州市耕地土壤环境质量类别分布图与各县(市、区)安全利用类耕地分布分析,温州市安全利用类耕地呈现明显的空间分布规律,主要表现为以温州市区为中心,重点镇为核心的分布模式。从污染物的类型分布看,呈现平原区耕地以重金属 Cd 污染为主,城镇附近以重金属 Cd、Hg 和 Pb 污染为主,山区以重金属 Pb 污染为主的分布特征。

温州市严格管控类耕地污染可能成因包括工业污染源,系由工业活动排放的重金属污染引起,这些地块往往分布在工业企业附近,受到工业排放的直接影响;历史工业活动残留的污染,虽然企业已经关闭或搬迁,但土壤中存在重金属残留;交通活动、河道淤泥、固体废弃物淋溶等。

温州市安全利用类耕地分布区往往工业发达、人口密度大,尽管直接排放重金属的工业企业已得到有效治理,工业排放污染源得到控制,但历史上有许多涉重金属的乡镇企业(如电镀),推测潜在污染源可能主要是工业污染的历史遗留。耕地土壤污染成因与历史上涉重金属工业类型有一定的关系,早期工业生产过程排放的重金属残留是重要成因。针对部分历史上没有工业活动的区域,重金属污染可能与大气沉降具有一定关系。

### 2.3.8 总体结论与建议

#### 2.3.8.1 动态调整

耕地土壤环境质量类别划分完成后,应根据最新土地用途变更情况、耕地土壤环境质量及食用农产品质量的变化情况(如突发事件等导致的新增受污染耕地或已完成治理与修复的耕地等),对各类别耕地面积、分布等信息及时进行更新,动态调整耕地土壤环境质量类别。根据调查,温州市安全利用类耕地范围内,有一定比例的耕地现已改为建设用地,在今后土地利用类型调整中可结合考虑。此外,建议加强受污染耕地土壤-农产品质量的协同调查与监测,为今后的受污染耕地动态调整提供数据档案。

### 2.3.8.2 农用地分类管控措施

依据《土壤污染防治计划》和《浙江省土壤污染防治工作方案》等规定实施农用地分类管控,保障农业生产环境安全。对轻中度污染的土壤,制定实施受污染耕地安全利用方案,采取农艺调控、替代种植等措施,降低农产品超标风险;对重度污染土壤,严格管控其用途,依法划定特定农产品禁止生产区域,严禁种植食用农产品;制订实施重度污染耕地种植结构调整计划。

1. 优先保护类耕地

针对优先保护类耕地,实行严格保护,确保其面积不减少、土壤环境质量不下降。除法律规定的重点建设项目选址确实无法避让外,其他任何建设不得占用。同时,制定土壤环境保护方案,高标准农田建设项目要向优先保护类耕地集中的地区倾斜。

政策上,要将未污染耕地纳入永久基本农田,切实加大保护力度。各地农业部门要根据《永久基本农田划定工作方案》,积极配合国土等部门将符合条件的优先保护类耕地划为永久基本农田,从严管控非农建设占用永久基本农田,一经划定,任何单位和个人不得擅自占用或改变用途。在优先保护类耕地集中的地区,优先开展高标准农田建设项目,确保其面积不减少,质量不下降。高标准农田建设项目向优先保护类耕地集中的地区倾斜。优先发展绿色优质农产品。

技术上,因地制宜推行秸秆还田、增施有机肥、少耕免耕、稻菜轮作、农膜减量与回收利用等措施,提升耕地质量。对于未污染耕地的工作重点是实施优先保护,合理施用化肥农药,加强灌溉水的监测,避免在耕作利用中引入重金属造成土壤质量下降。同时布设土壤环境质量监控点位,开展耕地土壤污染和农产品超标情况协同检测,掌握土壤重金属环境质量变化情况。及时排查农产品质量出现超标的优先保护类耕地,及时实施安全利用类措施。

管理上,加大环保监管监测,防控企业污染。推动水利等有关部门和地方加强农田灌溉水检测与净化治理,确保水源符合农田灌溉水质标准,严禁未经达标处理的工业和城市污水直接灌溉优先保护类耕地。配合环保部门加强环境督查,督导地方在优先保护类耕地集中区域严格控制新建涉重金属行业企业,已建成的相关企业应当按照有关规定采取措施,采用新技术、新工艺,加快提标升级改造步伐,构建防控设施,防止对耕地造成污染。

行政上,市政府对本行政区域内优先保护类耕地面积减少或土壤环境质量下降的街道,进行预警提醒并依法采取环评限批等限制性措施。同时各部门要全力配合,把工作落到实处。农业农村部门的工作重点加强农田基础设施建设、耕地地力培肥、土壤污染监测等工作;生态环境部门的工作重点是源头防控,包括禁止新建涉污企业、污染企业关停搬迁等;水利部门加强农业灌溉用水的监测等。

2. 安全利用类耕地

根据省市受污染耕地安全利用实施方案,2020 年温州市全市受污染耕地安全利用率要达到92%左右。对安全利用类耕地的利用要根据具体的情况具体分析,根据污染元素、浓度及农产品超标情况等采取相应的土壤污染防治策略,通过调整种植结构,选择低累积的农作物种类,降低农产品污染风险;利用农艺调控技术,改善土壤水分和肥料管理,以降低和控制耕地土壤中的重金属含量水平。针对安全利用类耕地面积大任务重的重点县(市、区),要根据土壤污染状况和农产品超标情况,结合主要作物类型和种植习惯等,制定安全利用方案,重点采取农艺调控、替代种植等措施。对产出的农产品污染物含量超标的,采取原位钝化、农艺修复、植物提取等治理修复类措施。

对于安全利用类耕地,在耕地土壤环境质量类别划定现场勘察基础上,进行土地利用方式和农作物种植情况补充调查,根据调查结果将安全利用类耕地分为水稻种植、旱地作物和其他利用(建设用地、园林苗木等)等类型,重点开展水稻、旱地作物(蔬菜)种植区安全利用,按照中轻度污染和农产品超标情况,因地制宜开展受污染耕地安全利用工作,确保农产品不超标。

3. 严格管控类耕地

针对严格管控类耕地,加强用途管理,依法划定农产品禁止生产区域(特定农产品种植结构调整区);依法划定为特定农产品禁止生产区,对污染特别严重且难以修复的,依规退耕还林或调整用地功能;调整种植结构,对不宜种植食用农产品的重度污染耕地,为确保其农用地性质,用非食用农作物进行替代种植,通过切断食物链以减少重金属对人畜的危害。

集中流转严格管控类耕地,并向土地承包权所有者发放补偿资金,其金额参照当地镇、街道农用地流转标准;在禁产区内种植的多年生果树,由当地镇、街道按合适的价格补偿农户,将其移除。开展土壤和农产品协同监测与评价,根据农产品和土壤监测结果,经论证,按程序进行动态调整耕地类别,并因地制宜制定安全利用或治理方案,实施治理修复。

# 2.4 耕地土壤重金属污染与农产品安全

## 2.4.1 稻米食品安全

### 2.4.1.1 稻米重金属含量

温州市疾病预防控制中心曾于2012—2015年间采集温州市10个县(市、区)农户、农贸市场和超市销售的本地种植籼米、粳米共403份,用以监测温州市本地种植大米中的Cd含量,评估当地居民大米Cd暴露风险。结果403份大米样品Cd含量中位数为0.045 mg·$kg^{-1}$,检出率为95.3%,超标率为3.7%。在某市域范围采集了80个水稻稻谷样本,来测定稻米中的Cd含量。参照稻谷等农产品安全质量要求《食品中污染物限量》(GB 2762—2012)规定的限量值要求,采集的80个稻谷样本中,超过限量值0.2 mg·$kg^{-1}$的样本个数为6个,超标率为7.5%。超标的6个样本中,有3个样本Cd含量值为0.3 mg·$kg^{-1}$,超标1.5倍;其余3个样本中Cd的含量分别为0.2、0.2和0.23 mg·$kg^{-1}$,接近安全限量值,趋于临界值。

### 2.4.1.2　水稻对 Cd 的积累与转移

水稻对重金属 Cd 具有较强的吸收与积累能力,是温州地区农产品安全的重要问题。为了解水稻对 Cd 的积累情况,采集了 18 份不同的水稻土,采用盆栽试验研究了水稻对 Cd 的积累规律及其影响因素,以明确水稻植株中 Cd 含量的主控土壤因子,并建立稻米 Cd 含量的预测模型。采集的水稻土 pH 从强酸性(4.3)到强碱性(8.1),pH 平均值为 6.1。土壤有机质含量为 6.13～33.43 g·kg$^{-1}$,平均值为 20.98 g·kg$^{-1}$。全磷含量为 0.39～6.42 g·kg$^{-1}$,平均值为 1.33 g·kg$^{-1}$。阳离子交换量为 8.33～37.83 cmol·kg$^{-1}$,平均值为 18.45 cmol·kg$^{-1}$。游离锰含量为 0.03～0.82 g·kg$^{-1}$,平均值为 0.30 g·kg$^{-1}$。这表明试验土壤的理化特性差异较大,有可能影响土壤中 Cd 的生物有效性。试验由自然土壤(T0)、低浓度 Cd (T1)处理和高浓度 Cd (T2)处理土壤 3 种组成。自然土壤系采集的水稻土,18 种供试土壤 Cd 平均含量为 0.222 mg·kg$^{-1}$,接近自然背景均值。低浓度 Cd 处理土壤采用《土壤环境质量标准》(GB 15618—1995)二级标准,高浓度 Cd 处理土壤为二级标准的两倍(GB 15618—1995 已废止)。低浓度 Cd 处理土壤:pH<7.5 土壤,Cd 含量 0.3 mg·kg$^{-1}$;pH>7.5 土壤,Cd 含量 0.6 mg·kg$^{-1}$。高浓度 Cd 处理土壤:pH<7.5 土壤,Cd 含量 0.6 mg·kg$^{-1}$;pH>7.5 土壤,Cd 含量 1.2 mg·kg$^{-1}$。外源 Cd 添加以 CdSO$_4$·8/3H$_2$O 溶液形式添加,保持 80% 田间持水量老化 90 天后,盆栽种植水稻。试验设置 3 个重复,供试水稻品种为中浙优 8 号。水稻生长期间保持水面高度 2 cm。水稻成熟后,采集水稻植株和相对应的土壤样品。

盆栽试验水稻籽粒 Cd 含量如图 2-7 所示。T0、T1 和 T2 处理的水稻籽粒 Cd 含量范围分别为 0.031～0.237 mg·kg$^{-1}$、0.106～0.821 mg·kg$^{-1}$ 和 0.159～1.642 mg·kg$^{-1}$,平均值分别为 0.095 mg·kg$^{-1}$、0.309 mg·kg$^{-1}$ 和 0.685 mg·kg$^{-1}$。比较不同的水稻土,发现酸性土壤种植的稻米中 Cd 含量显著高于中性和碱性土壤种植的稻米中 Cd 含量,如 2 号和 8 号土壤种植的稻米中 Cd 含量分别达到 0.237 mg·kg$^{-1}$ 和 0.216 mg·kg$^{-1}$。在 T2 处理中,尽管土壤的 Cd 含量很高,但中性和碱性土壤种植的稻米中 Cd 含量普遍较低且未超标。而在高浓度外源 Cd 处理时,酸性土壤种植的稻米中 Cd 含量大幅度超标,水稻籽粒超标最高值达 8.21 倍。

盆栽试验中 T0、T1 和 T2 处理的水稻秸秆 Cd 含量范围分别为 0.117～1.464 mg·kg$^{-1}$、0.391～3.953 mg·kg$^{-1}$ 和 0.668～8.012 mg·kg$^{-1}$,平均值分别为 0.520 mg·kg$^{-1}$、1.544 mg·kg$^{-1}$ 和 2.953 mg·kg$^{-1}$(见图2-7)。和稻米中 Cd 含量相比,水稻秸秆中 Cd 含量显著提高,平均含量高达稻米中 Cd 含量的4～6倍。同样地,土壤 pH 对水稻秸秆中 Cd 含量有显著影响,酸性土壤种植的秸秆中 Cd 含量明显要比其在中性和碱性土壤种植的含量高。T0、T1 和 T2 处理下的水稻根系 Cd 含量范围分别为 0.341～7.363、1.163～21.489 和 1.865～33.737 mg·kg$^{-1}$,平均值分别为 2.430、7.014 和 11.366 mg·kg$^{-1}$(见图 2-8)。酸性土壤种植 T0 组的根部 Cd 平均含量远高于中性和碱性土壤种植相对应的数值。尽管按照 GB 15618—1995 添加在碱性土壤种植的 Cd 含量是酸性和中性土壤种植的两倍,但是仍可以观察到大部分的中性和碱性土壤种植水稻根系 Cd 含量要低于其在酸性土壤种植的值,说明土壤 pH 对水稻根部吸收 Cd 存在较为显著的影响,在酸性土壤种植水稻根系吸收 Cd 的能力较强。

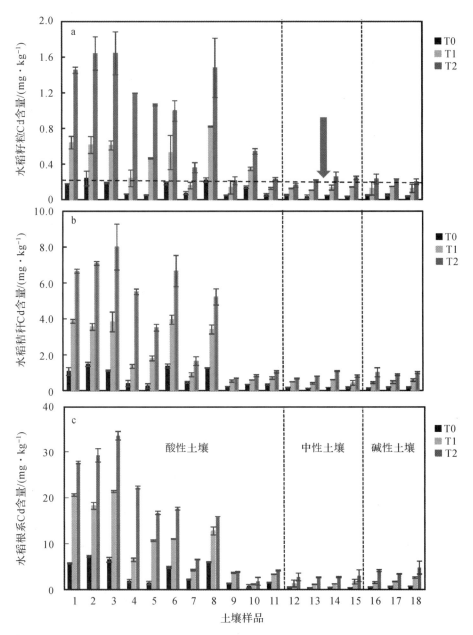

T0,自然土壤;T1,人工添加土壤环境质量标准二级标准 1 倍的 Cd;T2,人工添加土壤环境质量标准二级标准 2 倍的 Cd

图 2-7　水稻植株(籽粒、秸秆和根系)中的 Cd 含量

　　Cd 含量在水稻体内的积累由高到低依次是:根、茎叶、籽粒。对水稻各部分 Cd 含量进行相关性分析,水稻稻米、秸秆和根系之间的 Cd 含量都呈现出极显著相关的关系,其中秸秆和根系的 Cd 含量相关性最高,籽粒和根系的 Cd 含量相关系数则较小。土壤中的 Cd 在土壤—水稻系统中的富集、转运过程一般可以描述为 Cd 元素先被根部富集吸收,再向地上部的茎部和籽粒转运。在水稻的不同生育周期,对 Cd 的吸收、富集是一个动态变化的过程。水稻在分蘖期对 Cd 的积累最大;分蘖期过后,水稻根、茎叶中重金属的吸心、富集呈现下降

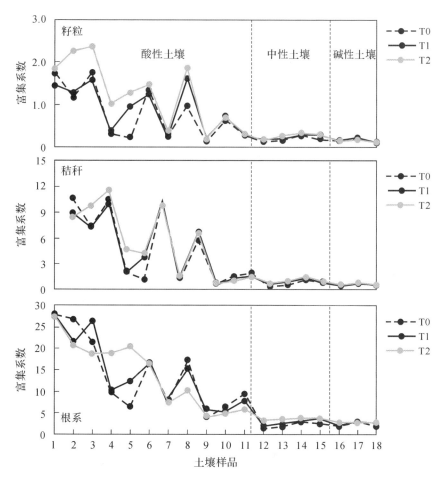

T0，自然土壤；T1，人工添加土壤环境质量标准二级标准 1 倍的 Cd；T2，人工添加土壤环境质量标准二级标准 2 倍的 Cd

图 2-8　水稻（籽粒、秸秆和根系）的 Cd 富集系数

趋势。水稻在生长过程中，会不断地吸收土壤中的有效 Cd，但 Cd 最主要还是在水稻根部富集，向地面上转运的相对有限。

### 2.4.1.3　土壤—水稻系统中 Cd 的富集和转运

通过计算得到水稻的 Cd 富集系数和转运系数。Cd 在水稻植物体内的富集系数（BCF）：BCF＝水稻籽粒或茎叶或根系中的 Cd 含量/土壤中 Cd 含量。计算结果如图 2-8 所示。T0 处理中，水稻不同组织内 Cd 的富集系数值差异较大。籽粒的 Cd 富集系数为 0.102～1.751；秸秆，0.457～10.675；根系，1.409～27.879。水稻植株各部位的 Cd 富集系数大小表现为：根系＞秸秆＞籽粒。在相同的环境条件下，酸性土壤中水稻植株各部位的 Cd 富集系数显著高于中性和碱性土壤。然而，外源 Cd 污染土壤（T1 和 T2 处理）中水稻植株各部位的 Cd 富集系数和自然土壤比较差异较小，尤其在中性和碱性土壤中，不同 Cd 含量的土壤上水稻籽粒、秸秆和根系的 Cd 富集系数基本相同。水稻植株内的 Cd 转运系数则表现为秸秆—根系和稻米—根系的转运系数分别为 0.156～0.366 和 0.028～0.098，平均值分别是 0.243 和 0.056。可见，水稻植株中 Cd 的转运系数均较低，即水稻根系吸收的大部分 Cd 保留在根部,只有小部分 Cd 被转运到稻米中,根系到籽粒的转移能力是影响稻米 Cd 积累量的重要因素之一。

### 2.4.1.4　影响稻米 Cd 含量的土壤性质

稻米 Cd 含量与土壤 Cd 含量和理化性质的关系分析表明,在自然土壤中,稻米中 Cd 含量与 EDTA 和 HNO$_3$ 提取态 Cd 均呈显著正相关($r = 0.570$, $P < 0.05$; $r = 0.584$, $P < 0.05$),而与土壤总 Cd 含量呈极显著相关($r = 0.601$, $P < 0.01$)。而在 T1 和 T2 处理组,稻米 Cd 含量与 3 种土壤 Cd 含量数据间相关系数均有所降低。稻米 Cd 含量与土壤基本理化性质的相关性分析则显示,稻米 Cd 含量与土壤 pH 及游离氧化锰含量呈极显著负相关,而与电导率、有机质、全磷、阳离子交换量等存在弱相关关系,由此表明土壤 pH 和氧化锰是影响稻米 Cd 含量的主控因子。大量研究证明,土壤 pH 是控制农作物吸收累积重金属元素的最主要因素之一,它影响或控制着土壤中多种生物过程,包括不同形态重金属的溶解和沉淀、与有机物质的络合以及微生物活动等。稻米 Cd 含量也随着土壤中游离锰含量的增加而降低。

### 2.4.1.5　稻米 Cd 含量预测模型

为量化土壤的 Cd 含量与基本理化性质和稻米食品安全的关系,应用经验回归分析,建立影响稻米 Cd 含量的预测模型。土壤 Cd 含量选择土壤总 Cd 和有效态 Cd 含量来构建预测模型,土壤性质包括 pH、有机质、全氮、全磷、CaCO$_3$、阳离子交换量、黏粒含量、有效硅、游离氧化铁、锰和铝、无定形氧化铁、锰和铝等指标。采用 SPSS 20.0 建立了逐步多元回归模型,如表 2-14 所示。预测模型分别采用土壤总 Cd,EDTA 和 HNO$_3$ 提取态 Cd 含量为自变量,结合土壤基本理化指标来表征稻米中 Cd 含量(因变量)。模型结果表明,经验模型可以较好地预测稻米中 Cd 的积累情况。为了进一步比较,对土壤总 Cd、EDTA 和 HNO$_3$ 提取态 Cd 各自选取了通过检验的 3 个方程。其中,模型 3、6、9 可决系数分别是基于土壤总 Cd、EDTA 和 HNO$_3$ 提取态 Cd 含量建立的模型中最高的,但这 3 个模型预测因子中土壤理化性质指标较多(pH、游离锰、总磷(TP)或总氮(TN)),在实际应用时测定与计算过程烦琐,适用性较差。模型 1、4、7 中理化性质预测因子虽然只有土壤 pH,但可决系数均不高于 0.7,准确性欠佳。故而模型 2、5、8 是基于土壤总 Cd、EDTA 和 HNO$_3$ 提取态 Cd 含量建立的模型中较为合适的,尽管 $R^2$ 相比于模型 3、6、9 有所下降,但同样可以较好地预测稻米中 Cd 含量。另外,3 个模型中土壤理化指标相同,均为土壤 pH 和游离锰。回归方程表明,根据土壤总 Cd、EDTA 和 HNO$_3$ 提取态 Cd 含量建立的稻米 Cd 积累模型分别解释了 82.9%、76.2% 和 72.4% 的稻米 Cd 含量变异。因此,稻米中 Cd 含量可以通过测定土壤 pH 和游离氧化锰(因变量),结合土壤总 Cd、EDTA 和 HNO$_3$ 提取态 Cd 含量等数据之一来预测。

表 2-14　水稻稻米 Cd 含量预测模型

| 模　型 | | 多元线性回归模型 | $R^2$ |
|---|---|---|---|
| 总 Cd | 1 | lnCd[稻米]＝3.560＋1.032 lnCd[total]－0.712 pH | 0.683 |
| | 2 | lnCd[稻米]＝1.380＋1.128 lnCd[total]－0.474 pH－0.523 lnMn | 0.829 |
| | 3 | lnCd[稻米]＝1.134＋1.115 lnCd[total]－0.442 pH－0.556 lnMn－ 0.256 lnTP | 0.857 |
| EDTA-Cd | 4 | lnCd[稻米]＝3.523＋0.887 lnCd[EDTA]－0.642 pH | 0.650 |
| | 5 | lnCd[稻米]＝1.551＋0.934 lnCd[EDTA]－0.424 pH－0.460 lnMn | 0.762 |
| | 6 | lnCd[稻米]＝1.783＋0.937 lnCd[EDTA]－0.447 pH－0.446 lnMn－ 0.280 lnTN | 0.786 |
| HNO₃-Cd | 7 | lnCd[稻米]＝3.110＋0.824 lnCd[HNO₃]－0.605 pH | 0.603 |
| | 8 | lnCd[稻米]＝1.065＋0.886 lnCd[HNO₃]－0.379 pH－0.477 lnMn | 0.724 |
| | 9 | lnCd[稻米]＝1.391＋0.913 lnCd[HNO₃]－0.409 pH－0.462 lnMn－ 0.363 lnTN | 0.765 |

## 2.4.2　小麦食品安全

小麦作为我国仅次于水稻的第二大谷类作物,也是易受重金属污染影响的农作物。小麦易从土壤中吸收、积累 Cd,造成小麦籽粒 Cd 污染。杨玉敏等(2010)通过盆栽试验表明,在 Cd 含量为 0.4 mg·kg⁻¹的土壤中,不同品种的小麦籽粒 Cd 含量均超过了国家食品安全标准。根据 139 份小麦材料测定,小麦籽粒 Cd 含量为 0.002～0.343 mg·kg⁻¹(明毅等,2018)。污染调查数据计算小麦籽粒对 Cd 的富集系数为 0.030～2.110,平均为 0.190(张红振等,2010)。小麦对 Cd 的吸收、积累除受到遗传因素控制外,还易受到土壤环境的影响,土壤中 Cd 含量及有效性、土壤 pH、有机碳、施肥措施等均在不同程度上影响小麦中 Cd 的积累,且不同小麦品种的 Cd 含量存在显著差异。

### 2.4.2.1　小麦植株的 Cd 含量与积累

采集了 19 份不同土壤类型的耕层土壤,按照 2.4.1 小节的处理,采用温室盆栽试验研究土壤 Cd 污染对小麦食品安全的影响。选用的小麦品种为中麦 825,小麦成熟后,采集土壤和小麦植株样品进行测定。结果如图 2-9 所示。T0、T1 和 T2 处理的小麦籽粒 Cd 含量分别为 0.005～0.057、0.03～0.152 和 0.052～0.262 mg·kg⁻¹,平均值分别为 0.0209、0.0683 和 0.1334 mg·kg⁻¹。比较不同土壤中小麦的 Cd 含量,可以发现酸性土壤上小麦籽粒 Cd 含量明显较高。自然土壤上种植的小麦籽粒中 Cd 含量都低于国家食品安全限量标准(0.1 mg·kg⁻¹)。T1 处理中,酸性土壤上的小麦籽粒 Cd 含量大多超标,而碱性土壤上的小麦籽粒 Cd 含量则没有超标;而在 T2 中,多数土壤上小麦籽粒的 Cd 含量超标。可以看到,土壤 pH 对小麦籽粒 Cd 含量的影响较为明显,酸性土壤中的小麦籽粒 Cd 含量要显著高于碱性土壤。

T0、T1、T2 处理的小麦茎叶中 Cd 含量依次为 0.027～0.226、0.149～0.579 和 0.223～

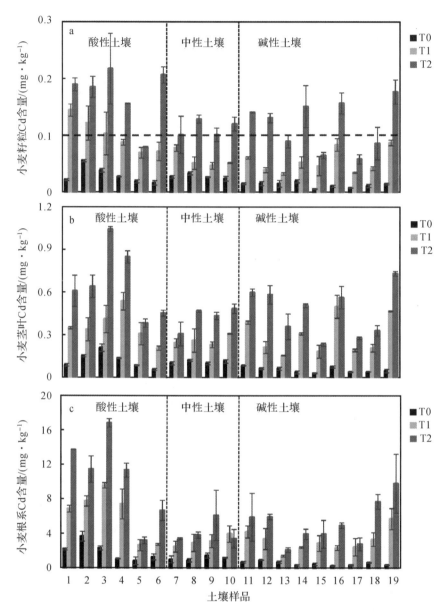

T0,自然土壤;T1,人工添加土壤环境质量标准二级标准 1 倍的 Cd;T2,人工添加
土壤环境质量标准二级标准 2 倍的 Cd

图 2-9　小麦籽粒、茎叶和根系中的 Cd 含量

1.055 mg·kg⁻¹,平均值分别为 0.085、0.304 和 0.517 mg·kg⁻¹,相比于小麦籽粒中的 Cd
平均含量,小麦茎叶的 Cd 含量明显增高,大致为籽粒中 Cd 含量的4~5倍。T0、T1 和 T2 处理
的小麦根部 Cd 含量分别为 0.219~4.04、1.334~9.78 和 1.895~17.145 mg·kg⁻¹,平均值
分别为 1.07、4.066 和 6.668 mg·kg⁻¹。结果表明,小麦体内各部位中 Cd 的分配并不均
衡,Cd 在小麦植株中总体分布趋势表现为:根>茎>籽粒。有学者做了试验研究,结果表明
小麦根部吸收的 Cd 含量大约是小麦茎干中 Cd 含量的数倍至数十倍,而与小麦籽粒中的
Cd 含量相比,甚至达到了惊人的数十倍乃至上百倍。小麦根部吸收 Cd 含量很大程度上会

受到土壤基本理化性质的影响。大田条件下的土壤－小麦系统中重金属迁移与土壤基本理化性质的关系研究，表明 pH、有机质、黏粒含量、阳离子交换量等与小麦根部 Cd 吸收含量的关系密切。对小麦各部分（根部、茎叶、籽粒）中 Cd 含量做相关性分析，小麦籽粒、茎叶和根部中的 Cd 含量相互之间均呈极显著性相关，其中以小麦籽粒与根部的相关性最高。

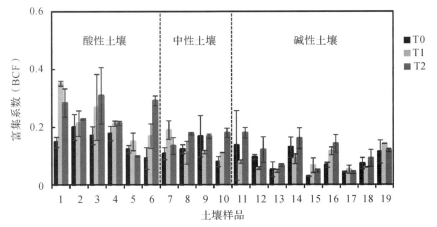

T0，自然土壤；T1，人工添加土壤环境质量标准二级标准 1 倍的 Cd；T2，人工添加土壤环境质量标准二级标准 2 倍的 Cd

图 2-10　小麦籽粒的 Cd 富集系数

图 2-10 是 T0、T1 和 T2 处理小麦籽粒的 Cd 富集系数。3 个处理的小麦籽粒 Cd 富集系数分别为 0.0288～0.1996、0.0472～0.351 和 0.0426～0.309，平均值分别为 0.1121、0.1366 和 0.1606。3 种处理中小麦根系的 Cd 富集系数分别为 1.71～15.21、1.06～24.59 和 2.98～23.81，平均值分别为 5.69、6.78 和 10.33，可以看到小麦根部的 Cd 富集能力很强，明显高于小麦籽粒。而在酸性土壤中，小麦根系的 Cd 富集系数明显高于中性和碱性土壤。T0、T1 和 T2 处理小麦籽粒－根系的 Cd 转运系数分别为 0.0099～0.0601、0.0108～0.0358 和 0.0110～0.0427，平均值分别为 0.0247、0.0191 和 0.0244，表明小麦植株体内 Cd 的转运很低，大多数 Cd 积累在小麦根部。

### 2.4.2.2　小麦植株 Cd 含量的预测模型

小麦籽粒 Cd 含量与土壤中总 Cd 以及有效态 Cd 含量相关性分析表明，在自然土壤中，小麦籽粒 Cd 含量与总 Cd 含量、EDTA 和 $HNO_3$ 提取态 Cd 含量显著相关（$P<0.05$），相关系数分别为 0.561、0.498 和 0.595。而在污染土壤中，两者的相关性较差。而 EDTA 和 $HNO_3$ 提取的土壤有效态 Cd 则与土壤类型有关，不同 pH 土壤中 EDTA 提取的有效态 Cd 含量与总 Cd 含量呈显著正相关关系（$P<0.001$）。而 $HNO_3$ 提取的有效态 Cd 含量则在碱性土壤中明显下降，$HNO_3$ 提取态 Cd 含量只在 T0 中与总 Cd 含量有显著的线性正相关（$P<0.01$），在污染土壤中（T1 和 T2）相关性较差。

采用逐步线性回归法拟合小麦籽粒 Cd 含量与土壤总 Cd 和 EDTA 与 $HNO_3$ 提取态 Cd 含量，以及土壤理化性质（pH、有机质、碳酸钙、总磷、黏粒含量、无定形铁、游离铁、无定形锰、游离锰）的多元线性回归方程，构建出小麦籽粒 Cd 吸收、积累预测模型，结果见表 2-15。可以看到，除了土壤 Cd 含量（总 Cd 或 EDTA 和 $HNO_3$ 提取态 Cd 含量）之外，多元线性回归方程中的主要参数为 pH、总磷和游离锰。3 种模型中以 EDTA 提取态 Cd 含量构建的模型拟合效果最好,总 Cd 构建的模型次之,HNO$_3$ 提取态 Cd 含量构建的模型较差,但决定系数也达到了 0.820。汤莉玲(2007)采用多元线性回归分析,对采自江苏省南京、扬州和苏州郊区的水稻和小麦籽粒及相对应的土壤样品进行了研究,构建了小麦籽粒 Cd 含量模型:log(小麦 Cd)=0.624−0.164 pH+0.421 log(土壤 Cd)($r$=0.565)与水稻籽粒 Cd 含量模型:log(水稻 Cd)=−0.369−0.068 pH+0.153 log(土壤 Cd)($r$=0.623)。结果表明土壤 pH 是影响小麦 Cd 含量的主控因子,随着土壤 pH 升高,小麦籽粒的 Cd 含量下降。

**表 2-15　小麦籽粒 Cd 吸收预测模型**

| 模　型 | 多元线性回归分析 | $R^2$ |
|---|---|---|
| 1 | $Cd_{籽粒}$=0.203+0.115 Total Cd−0.020 pH−0.071 Mn−0.044 TP | 0.836 |
| 2 | $Cd_{籽粒}$=0.139+0.227 EDTA-Cd−0.011 pH−0.046 Mn−0.064 TP | 0.865 |
| 3 | $Cd_{籽粒}$=0.155+0.144 HNO$_3$-Cd−0.010 pH−0.083 Mn−0.058 TP | 0.820 |

### 2.4.3　蔬菜食品安全

蔬菜是人们日常饮食中最重要的食物之一。蔬菜可提供人体所必需的多种维生素、矿物质等营养物质,同时也是重要的经济作物。随着生活水平的提高,人们对食品安全性和农产品绿色生产的要求越来越高。然而,目前蔬菜土壤重金属污染问题日益凸显,尤其是城市郊区蔬菜基地土壤重金属污染事件频发,成为人类健康的重大潜在威胁。土壤重金属通过食物链迁移是人体重金属暴露的重要途径。重金属一旦通过各种途径进入蔬菜地,就有可能在蔬菜作物中积累,从而给人体健康带来威胁。由于蔬菜作物在我国居民膳食结构中占有重要地位,因此重金属污染菜地的安全利用对保障蔬菜作物的安全生产和人体健康均有十分重要的意义。大量研究发现,蔬菜作物对重金属的吸收、积累作用,不仅与作物的基因型、生育期和组织部位有关,还与土壤因素及环境要素紧密相关。因此,了解蔬菜农产品和土壤中的重金属污染情况以减少其对人体健康的危害十分必要。为此,开展了蔬菜地土壤重金属现状调查,同时采集蔬菜作物和土壤样品,通过土壤和农作物的重金属含量分析,探明蔬菜可食部分的重金属积累情况和安全性以及土壤—蔬菜农产品中重金属的对应关系。

#### 2.4.3.1　蔬菜重金属污染调查

针对温州地区的主要蔬菜开展了不同蔬菜品种积累重金属的调研。以某区域蔬菜生产基地为研究区,采集各种蔬菜样品,在市域范围内采集蔬菜及其对应的土壤样品,进行蔬菜与土壤的重金属含量同步分析。采集的蔬菜包括花菜、小白菜、包心菜、芥菜、雪里蕻、香菇菜、通菜、快菜、油菜、花椰菜、油麦菜、油冬菜、生菜、广东菜心、榨菜叶、菠菜、荸荠、油冬菜、韭菜、苏米青、蒿菜、苜蓿、盘菜、草莓、油菜苗、台湾桔、秋葵、番茄、红萝卜、圣女果、辣椒、梨、柚子、莴苣、大蒜、藕、芹菜、香菜等,共采集蔬菜样品 140 个。根据蔬菜可食部分的差异,将蔬菜分成 4 类,分别为叶菜类、果实类、茎类和根类。蔬菜样品采集后,洗干净表面附着的泥土,碾磨成匀浆,储于洁净的塑料瓶中,并注明标记,于−16～18℃冰箱中保存备用。同时,采集对应的表层土壤样品(0～20 cm),土壤采集按照《农田土壤环境质量监测技术规范》(NY/T 395—2012)进行采样。采集的土壤样本风干研磨后过 0.149 mm 尼龙筛,装入玻璃瓶供测试。

表 2-16 为 140 个蔬菜样本中 5 种重金属元素的统计结果,结果表明蔬菜样品中 Ni 的平均含量为 0.63 mg·kg$^{-1}$,变异系数为 113.5%;Cu 的平均含量为 4.55 mg·kg$^{-1}$,变异系数为 197.0%;Zn 的平均含量为 8.87 mg·kg$^{-1}$,变异系数为 142.2%;Cd 的平均含量为 0.05 mg·kg$^{-1}$,变异系数为 79.3%;Pb 的平均含量为 0.08 mg·kg$^{-1}$,变异系数为 162.3%。以《食品安全国家标准 食品中污染物限量》(GB 2762—2017)为标准计算不同蔬菜样品的重金属超标率。从蔬菜样品中重金属含量的频率分布可以看出,采集的蔬菜样品中重金属均有不同程度的超标,其中 Cd、Cu、Zn 和 Ni 的超标个数分别为 7、4、9 和 16,超标率分别为 5.0%、2.9%、6.4% 和 11.4%。

表 2-16　蔬菜样品中重金属元素含量分析结果　　　　　　单位:mg·kg$^{-1}$

| 重金属 | 样本数 | 最小值 | 最大值 | 平均值 | 标准差 | 变异系数/% |
|---|---|---|---|---|---|---|
| Ni | 140 | 0.01 | 3.71 | 0.63 | 0.56 | 113.5 |
| Cu | 140 | 0.09 | 14.46 | 4.55 | 2.31 | 197.0 |
| Zn | 140 | 0.12 | 43.37 | 8.87 | 6.24 | 142.2 |
| Cd | 140 | 0.001 | 0.35 | 0.05 | 0.06 | 79.3 |
| Pb | 140 | 0.001 | 0.28 | 0.08 | 0.05 | 162.3 |

表 2-17 为不同蔬菜食用部位重金属含量的统计结果。结果表明重金属 Ni 在叶菜类、果实类、根类、茎类等不同可食部分蔬菜中的浓度分别为 0.62 mg·kg$^{-1}$、0.81 mg·kg$^{-1}$、0.68 mg·kg$^{-1}$ 和 0.65 mg·kg$^{-1}$,表现为果实类>根类>茎类>叶菜类,相对蔬菜其他可食部分,果实类蔬菜较容易富集 Ni。Cu 在不同类型蔬菜中差异不大,其中叶菜类、果实类、根类和茎类等蔬菜中的浓度分别为 4.76 mg·kg$^{-1}$、4.72 mg·kg$^{-1}$,4.73 mg·kg$^{-1}$ 和 5.40 mg·kg$^{-1}$,表现为茎类>叶菜类≈根类≈果实类的关系;Zn 在不同类型蔬菜中的浓度分别为叶菜类 10.68 mg·kg$^{-1}$、茎类 11.68 mg·kg$^{-1}$、果实类 5.75 mg·kg$^{-1}$ 和根类 7.01 mg·kg$^{-1}$,表现为茎类>叶菜类>根类>果实类,在茎类蔬菜可食部分较易累积;Cd 在根、茎、果实以及叶菜类中的浓度分别为 0.04 mg·kg$^{-1}$、0.06 mg·kg$^{-1}$、0.03 mg·kg$^{-1}$ 和 0.06 mg·kg$^{-1}$,表现为茎类≈叶菜类>根类>果实类,在块茎类蔬菜中较容易富集;Pb 在不同可食类型蔬菜中的浓度分别为叶菜类 0.09 mg·kg$^{-1}$、茎类 0.11 mg·kg$^{-1}$、果实类 0.07 mg·kg$^{-1}$ 和根类 0.07 mg·kg$^{-1}$,表现为茎类>叶菜类>根类≈果实类,在茎类蔬菜可食部分累积明显。总体来说,不同蔬菜可食部分重金属的差异较为明显,Cu、Zn、Cd 和 Pb 更容易在茎类蔬菜中富集,而 Ni 在果实类富集较明显。

表 2-17　不同蔬菜食用部位重金属含量　　　　　　　单位:mg·kg$^{-1}$

| 蔬菜类型 | 统计项目 | Ni | Cu | Zn | Cd | Pb |
|---|---|---|---|---|---|---|
| 果实类 | 平均值 | 0.81 | 4.72 | 5.75 | 0.03 | 0.07 |
| | 标准差 | 0.72 | 3.18 | 2.86 | 0.06 | 0.06 |
| | 最小值 | 0.17 | 0.87 | 1.67 | 0.00 | 0.02 |
| | 最大值 | 3.25 | 14.46 | 12.06 | 0.29 | 0.22 |
| 叶菜类 | 平均值 | 0.62 | 4.76 | 10.68 | 0.06 | 0.09 |
| | 标准差 | 0.53 | 1.96 | 6.64 | 0.06 | 0.05 |
| | 最小值 | 0.17 | 1.63 | 2.80 | 0.00 | 0.04 |
| | 最大值 | 3.71 | 14.27 | 43.37 | 0.35 | 0.28 |
| 根　类 | 平均值 | 0.68 | 4.73 | 7.01 | 0.04 | 0.07 |
| | 标准差 | 0.55 | 1.56 | 3.05 | 0.04 | 0.03 |
| | 最小值 | 0.22 | 2.91 | 3.54 | 0.00 | 0.03 |
| | 最大值 | 2.64 | 8.77 | 15.31 | 0.17 | 0.12 |
| 茎　类 | 平均值 | 0.65 | 5.40 | 11.68 | 0.06 | 0.11 |
| | 标准差 | 0.34 | 2.82 | 6.80 | 0.08 | 0.05 |
| | 最小值 | 0.16 | 2.10 | 3.81 | 0.01 | 0.05 |
| | 最大值 | 1.42 | 12.25 | 26.22 | 0.30 | 0.19 |
| 限量标准 | | 1.0 | 10 | 20 | 0.2 | 0.3 |

温州某城郊蔬菜对土壤中 Cd 和 Pb 吸收能力的种间差异调查表明,不同蔬菜可食部分对 Cd 的富集能力表现为青菜＞萝卜＞莴苣＞四季豆＞黄瓜＞番茄;对 Pb 的富集能力表现为青菜＞四季豆、萝卜＞黄瓜＞番茄、莴笋。与其他作物相比,番茄对 Cd 和 Pb 富集能力均较小,在轻度 Cd 和 Pb 污染土壤中种植的食品安全风险较低。番茄作为南方一种具备较高经济价值和较广种植面积的作物,不同部位对土壤 Cd 和 Pb 吸收富集能力差异十分显著,其中,Cd 呈现为根≥叶＞茎＞果实,果实中的 Cd 远远低于其他部位;而在 Pb 胁迫土壤中,番茄根部对 Pb 的富集能力极显著地高于其他部位,其累积量接近果实的 50 倍。因此,根据不同蔬菜可食部分对重金属富集能力的差异,根据土壤的污染情况来合理安排蔬菜种植结构,可以有效降低人体摄入重金属元素的风险。

土壤中的重金属含量是造成蔬菜重金属污染的主要原因,是影响其在蔬菜中富集的主要因素,并与蔬菜重金属含量呈一定的相关性。根据蔬菜可食部分和土壤重金属的相关性分析表明,蔬菜可食部分中的 Cd、Cu 和 Pb 含量与土壤中的 Cd、Cu 和 Pb 浓度呈极显著正相关($P<0.01$),相关系数分别为 0.657、0.507 和 0.593。由此表明,蔬菜吸收这些重金属的数量与土壤中重金属的浓度密切相关,土壤中重金属浓度越高,意味着有更多的重金属可以被蔬菜吸收。研究表明,蔬菜对重金属的富集系数以 Cd 最高,Zn、Cu 次之,Pb、Hg、Cr 居后,这与重金属元素的迁移强弱顺序是一致的,Cd、Zn、Cu 等元素较易被蔬菜吸收。然而,

蔬菜与土壤之间重金属的定量关系受许多因素影响,某些情况下它们之间不完全成正比例关系,主要原因是蔬菜重金属含量不仅与土壤重金属总量有关,而且更重要的是与土壤中重金属形态有关。

### 2.4.2.2　蔬菜 Cd 含量预测模型

笔者按照 2.4.1 小节的方法,开展了蔬菜积累 Cd 的盆栽试验,以研究不同土壤对蔬菜积累 Cd 的影响。试验蔬菜品种为辣椒,选用的辣椒品种为杭椒 7 号。盆栽试验全程都在网室中进行,保持通风与足够的光照,且辣椒生长全程均使用去离子水浇灌,保障盆栽中辣椒与土壤不会受到外部的 Cd 污染。图 2-11 展示了辣椒果实、茎和根的 Cd 含量。T0、T1 和 T2 处理的辣椒果实中 Cd 含量分别为 $0.007 \sim 0.049$ mg・$kg^{-1}$、$0.045 \sim 0.260$ mg・$kg^{-1}$ 和 $0.076 \sim 0.345$ mg・$kg^{-1}$,平均值分别为 $0.024$ mg・$kg^{-1}$、$0.113$ mg・$kg^{-1}$ 和 $0.180$ mg・$kg^{-1}$。在 T0 中,酸性土壤上辣椒果实中的 Cd 含量明显高于碱性土壤,呈显著性差异。与《国家食品安全标准》(GB 2762—2017,$0.05$ mg・$kg^{-1}$)相比,T0 处理的辣椒果实 Cd 含量均在安全界限内。在 T1 中,除了 18 号土壤外,其他土壤上辣椒果实的 Cd 含量全部超标。在 T2 中,所有土壤中辣椒果实 Cd 含量均超标。

T0、T1 和 T2 处理的辣椒茎 Cd 含量分别为 $0.074 \sim 0.480$ mg・$kg^{-1}$、$0.353 \sim 2.035$ mg・$kg^{-1}$ 和 $0.838 \sim 4.445$ mg・$kg^{-1}$,均值分别为 $0.225$ mg・$kg^{-1}$、$1.084$ mg・$kg^{-1}$ 和 $1.971$ mg・$kg^{-1}$。与果实的 Cd 含量相比,辣椒茎中 Cd 含量明显增高。对 T0 组,酸性和中性土壤上辣椒茎中 Cd 含量较高,随着 pH 值增大,辣椒茎中的 Cd 含量降低;但是在外源添加 Cd 的两个处理来看,情况却相反,酸性和中性土壤上辣椒茎中的 Cd 含量接近。T0、T1 和 T2 处理的辣椒根部 Cd 含量分别为 $0.163 \sim 0.707$ mg・$kg^{-1}$、$0.534 \sim 4.052$ mg・$kg^{-1}$ 和 $1.249 \sim 6.416$ mg・$kg^{-1}$,均值分别为 $0.406$ mg・$kg^{-1}$、$1.718$ mg・$kg^{-1}$ 和 $3.092$ mg・$kg^{-1}$。可以发现,辣椒根中的 Cd 含量较茎中 Cd 含量又有明显增高。辣椒各部位的 Cd 含量表现为根>茎>果实。对辣椒各部分(根部、茎干和果实)做相关性分析,结果表明 T0、T1 和 T2 处理的辣椒根、茎和果实 Cd 含量之间皆呈极显著性相关,且外源添加 Cd 浓度时,相关性有所降低。T0 组中茎与根之间的相关系数为 0.983,果实与茎的相关系数为 0.992。

辣椒果实 Cd 含量与土壤基本理化性质的相关分析表明,辣椒果实 Cd 含量与土壤 pH、阳离子交换量(CEC)、碳酸钙、总磷、游离铁、电导率(EC)、有效硅等相关性较好。pH 同样是影响辣椒果实 Cd 含量的首要因子。用逐步线性回归法拟合辣椒果实 Cd 含量,土壤总 Cd、EDTA 和 $HNO_3$ 提取态 Cd 含量,以及土壤理化性质(pH、CEC、碳酸钙、总磷、游离铁、电导率、有效硅等)的关系,结果如表 2-18 所示。建立的模型 1 使用了土壤总 Cd、pH 和土壤电导率值构建回归方程,拟合系数 $R^2 = 0.558$;模型 2 利用 EDTA 提取态 Cd、pH、总磷以及有效硅含量构建方程,拟合系数 $R^2 = 0.660$;模型 3 使用 $HNO_3$ 提取态 Cd、pH、土壤电导率值以及碳酸钙含量构建方程,拟合系数 $R^2 = 0.327$。与水稻、小麦试验结果对比,土壤 pH 是所有模型中共有的影响因子,表明土壤 pH 是影响农作物 Cd 吸收的首要因素。

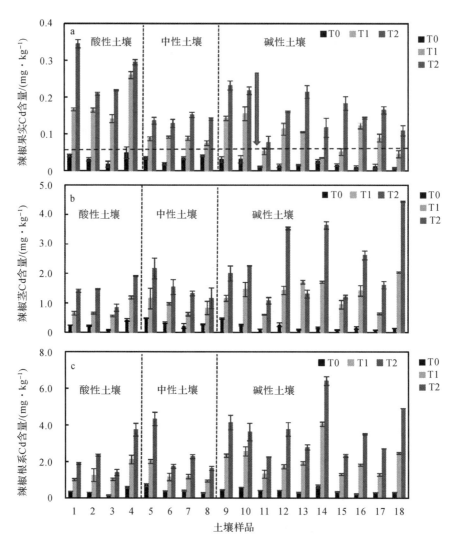

T0,自然土壤;T1,人工添加土壤环境质量标准二级标准 1 倍的 Cd;T2,人工添加土壤环境质量标准二级标准 2 倍的 Cd

图 2-11　辣椒果实、茎和根系中的 Cd 含量

表 2-18　辣椒果实 Cd 吸收预测模型

| 模　型 | 多元线性回归分析 | $R^2$ |
|---|---|---|
| 1 | $Cd_{辣椒} = 0.267 + 0.083\ Total\ Cd - 0.031\ pH - 0.025\ EC$ | 0.558 |
| 2 | $Cd_{辣椒} = 0.355 + 0.111\ EDTA\text{-}Cd - 0.037\ pH - 0.019\ TP - 0.00023\ ASi$ | 0.660 |
| 3 | $Cd_{辣椒} = 0.327 + 0.089\ HNO_3\text{-}Cd - 0.036\ pH - 0.032\ EC + 0.00061\ CaCO_3$ | 0.327 |

# 第 3 章　耕地土壤重金属污染修复技术

过去 40 多年间,随着工业、农业、城市等生产与生活活动向环境中排放的污染物增加,耕地土壤重金属污染日益严重,并危害农产品安全和人民健康,影响社会经济发展和生态环境,因此,对重金属污染耕地土壤的治理成为我国重大的民生和环境问题。重金属污染耕地土壤的修复是指实施一系列的技术来消除土壤中的重金属或者降低土壤中重金属的有效性,以期恢复土壤生态系统的正常结构和功能,减少土壤中重金属向食物链和地下水迁移。根据土壤修复后重金属的归宿,重金属污染耕地土壤的修复技术可以分为两大类:一类以降低重金属的污染风险为目的,即通过改变重金属在土壤中的存在形态,降低其在环境中的移动性与生物有效性;另一种以消减重金属总量为目的,即将重金属从土壤中去除,从而减少其在土壤中的总量。

## 3.1　耕地土壤重金属污染修复技术概况

### 3.1.1　耕地土壤重金属污染修复原理

耕地土壤重金属污染修复的主要原理是:通过改变污染物在土壤中的存在形态或同土壤的结合方式,降低其在环境中的可迁移性与生物可利用性,使重金属尽可能固定(钝化)在土壤中,而不是进入作物,特别是食用和饲用作物的可食部分;通过各种修复技术,将重金属污染物从土壤中移除,以降低土壤中有害物质的总浓度。

常见的耕地土壤重金属污染修复技术可分为物理、化学和生物方法修复 3 个大类。物理方法包括深耕法、排土法、客土法等;化学方法主要有施用钝化剂、化学淋洗法、电动修复法等;生物方法包括植物修复、动物修复和微生物修复等。与工业场地土壤重金属污染相比,农田土壤重金属污染面积大,但主要以中轻度污染为主,其修复技术与方式的选择需要考虑农业生产方式和类型,并兼顾有效、经济性和推广性。

建立在重金属"移除策略"上的污染土壤修复技术并不完全适合农田污染的情况。考虑到受污染的农田面积大,土方量多,如采用异位修复,不仅工程量大,施工成本高,周期长,对土壤的扰动很大,还会破坏耕作层的性状,更重要的是影响农事耕种。因此,耕地土壤的重金属修复技术必须建立在原位修复的基础上,才能得到大面积的应用。基于这一原则建立的原位修复技术,具有高效、省时、可操作性强和经济成本适宜的特点,适合于轻度或中度重金属污染耕地土壤修复。

重金属在土壤中的活性和对农作物的危害不仅与总量有关,而且与土壤中重金属的形态密切相关,土壤对农作物危害最大的重金属形态是生物有效态重金属,即土壤中能够被植物吸收利用的那部分重金属。土壤中重金属的不同形态之间可以相互转化,如在稻田淹水条件下土壤中的 Cd 处于还原环境,部分有效 Cd 与硫化物反应形成 CdS 沉淀,降低了土壤中有效 Cd 的浓度,增加了残渣态 Cd 的比例。因此,通过物理化学或生物手段来调控土壤环境,可以降低重金属的生物有效性,减少作物对重金属的吸收,实现生产和修复同步。建立在重金属有效态理论上的重金属污染土壤修复,是向土壤中加入钝化剂,使土壤中的重金属与钝化剂发生离子交换吸附/解吸、络合/离解、溶解/沉淀、氧化/还原等一系列反应,改变土壤中重金属的化学形态,降低重金属的迁移性、生物有效性和生物毒性,最终减少重金属在农产品的累积。建立在降活性基础上的修复原理,形成了耕地土壤重金属污染修复的基础。

### 3.1.2 重金属污染耕地修复的主要技术

#### 3.1.2.1 物理修复

耕地土壤重金属污染的物理修复技术主要有客土、换土、深耕翻土等传统物理方法,用清洁土壤替换、混掺污染土壤或直接将污染土壤挖走。其中,客土法是向污染土壤中加入干净土进行稀释;换土法是用干净土壤替代污染土壤;深耕翻土是通过深翻用深层的土壤来稀释上层污染土壤。但是所用清洁土壤要求土质要好。客土法对重金属污染重、面积小的农田,特别是设施农业局部大棚土壤重金属污染具有非常明显的修复效果,不受外界条件限制,治理效果彻底;翻耕混匀法治理效果不明显;去表土法和表层洁净土壤覆盖法效果较好,但仍然需要注意下层重金属污染。物理修复技术可以彻底、稳定地修复污染土壤,但实施起来工程量大、费用高,挖走的污染土壤可能产生二次污染风险,且物理扰动容易破坏土体结构,导致土壤肥力的下降。对于大面积重金属污染耕地土壤修复涉及工程量大,费用高,难以应用,只适宜用于小面积的、污染严重的土壤修复。

#### 3.1.2.2 化学或物理－化学修复

化学或物理－化学修复包括化学淋洗、热解吸、电动修复等技术。化学淋洗技术是通过淋洗液对重金属的解吸、螯合、溶解或固定的化学作用,将土壤中的重金属转移到土壤液相中,从而去除吸附在固相颗粒上的可溶性重金属,再对淋洗液进行处理,可永久性去除土壤中的污染物。淋洗技术修复效率高、周期短、工艺简单,特别适用于多孔隙、易渗透的土壤,缺点是淋洗剂成本高,可能会造成下层土壤和地下水的污染,以及土壤营养元素流失。化学淋洗剂的选择是化学淋洗技术的关键,淋洗剂既要能提取污染土壤中的重金属,又不能导致土壤结构和理化性质被破坏。化学淋洗剂主要有无机淋洗剂、有机酸、螯合剂、表面活性剂等。无机淋洗剂主要有硝酸、盐酸、磷酸、硫酸等;有机酸主要是通过与重金属络合促进难溶态重金属溶解,增加重金属从土壤中的解析量,常用的有机酸有柠檬酸、苹果酸、草酸、丙二酸等;常用的螯合剂主要有乙二胺四乙酸(EDTA)、二乙烯三胺五乙酸(DTPA)等;表面活性剂常用的有化学表面活性剂和生物表面活性剂。其中,EDTA 和柠檬酸是重金属污染土壤化学淋洗修复中最常用的淋洗剂。目前,开发环境友好、可生物降解的淋洗剂及其淋洗废液回收与处理是化学淋洗技术修复重金属污染土壤的主要方向。化学淋洗技术常与植物修复或微生物修复技术联合使用。

热解吸法是对重金属污染土壤进行连续加热(常用的加热方法有蒸气、红外辐射、微波和射频),达到一定的临界温度时某些重金属(如 Hg、Se 和 As)挥发,收集挥发产物集中处理。该方法的缺点是能耗高,需要特定设备,成本高,影响土壤性质。

电动修复是近几十年来发展的一项新型"绿色"土壤重金属污染治理技术。电动修复法是向重金属污染土壤中插入电极,施加直流电压导致重金属离子在电场作用下发生电迁移、电渗流、电泳等电化学过程,使污染物迁移出土壤,从而达到去除污染物的目的。该方法的缺点是引起土壤 pH 不平衡与水解反应,产生二次污染,设计复杂,技术水平要求高。

### 3.1.2.3　原位钝化修复技术

该技术是通过向土壤中添加有机、无机或具有杂化功能的修复材料并充分混匀,通过修复材料与土壤中的重金属发生的沉淀、吸附、络合、螯合、氧化—还原等一系列物理化学反应,使重金属向低溶解、稳定的形态转化,改变土壤中重金属的化学形态,降低重金属在土壤中的迁移性、有效性和环境风险,减少其在农产品中的累积(见图 3-1)。如 Cd 污染土壤的原位钝化修复,通过向土壤中施入不同类型的土壤钝化剂,改变土壤 pH、阳离子交换量、氧化还原电位等理化性质,改变 Cd 在土壤中的赋存形态和有效性,进而降低作物对 Cd 的吸收,达到修复重金属污染土壤的目的。

常用的钝化材料可分为有机和无机两类。有机钝化剂如腐殖质、有机肥、生物炭等,可以增加土壤有机质含量,同时产生络合作用吸附重金属,生成难溶性络合物,达到降低作物吸收的重金属含量的目的。生物炭具有丰富的孔隙结构和能够络合重金属的官能团,同时能够提升土壤 pH,增强重金属在土壤中的钝化效果。无机钝化剂有石灰及含有石灰成分物质、磷灰石等含磷物质和海泡石、沸石等黏土矿物等。如在 Cd 污染农田中施入石灰,可显著提高土壤 pH,从而降低土壤中 Cd 的生物有效性,但长期施用可能造成土壤板结、耕地质量下降;磷酸盐中包含的钙镁离子的取代作用是阳离子交换吸附的重要组成部分,同时解离出的磷酸根又可以与 Cd 离子结合,生成难溶态的 Cd,进而达到降低重金属的生物有效性的效果。

### 3.1.2.4　农艺调控修复技术

农艺调控修复主要通过土壤水分管理、作物品种筛选、合理的土壤耕作、科学的施肥技术等方式来实现,适用于对轻微或轻度重金属污染农田土壤的修复。农艺措施主要是指通过改变土壤水肥条件和种植方式等措施来降低作物对重金属的吸收及向可食部分的转移,达到修复重金属污染耕地的目的。以农艺技术为核心的修复技术能在很大程度上简化耕地土壤重金属污染修复的田间实践,也更易被农民接受。合理的农艺措施不会对土壤性质、结构、肥力等产生明显的影响,而且对植物的生长发育状况、农产品产量和品质都有积极的作用,可有效减轻重金属对农作物的危害,降低重金属通过"土壤—作物"系统进入食物链的风险。

以 Cd 为例,土壤水分调控可以影响土壤中 Cd 的有效性,影响植物对 Cd 的吸收、累积,

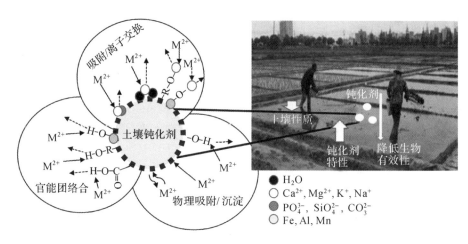

图 3-1　土壤中重金属钝化过程示意

土壤淹水程度的提高可以显著降低水稻根系、茎叶和糙米各部分的 Cd 含量。研究表明，水稻全生育期淹水能降低水稻对 Cd 的吸收，抑制 Cd 向籽粒的转移和累积。肥料的施用可以通过改善植物的营养状况来影响植物对 Cd 的吸收，同时肥料进入土壤后还可以与土壤胶体进行反应，影响 Cd 在土壤中的形态和有效性。与施肥相比，喷施叶面肥料在用量更少的情况下，也能达到减少作物 Cd 含量的效果。喷施的叶面肥料，主要成分多为亚硒酸盐、硅酸盐和锌肥等，喷施这些肥料可以减轻植物细胞过氧化水平，抑制作物体内 Cd 转运蛋白的表达，降低 Cd 转运系数，进而抑制 Cd 由地下部分向籽粒中的转运。改变耕作制度也是修复 Cd 污染耕地土壤的一个重要措施，例如在 Cd 污染较严重的地区种植经济作物或观赏作物，以及利用超积累植物和粮食作物进行间作，在保证粮食安全生产的前提下，减少土壤污染带来的经济损失，同时又能利用超积累植物的富集能力减少土壤中 Cd 的含量，达到修复的目的。农艺调控措施具有操作简单、费用较低、技术较成熟的优点，缺点是修复效果有限，仅适用于重金属轻微和轻度污染耕地土壤的修复，并且种植结构调整有可能导致农民难以接受及影响粮食产量安全。为了降低土壤砷的毒性，可采用水田改旱地种植等修复措施，但在镉砷复合污染下，水田改旱地会增加 Cd 的生物有效性，所以 Cd、As 污染农田修复需要统筹考虑，以免在降低 Cd 污染的同时，却增加了 As 污染。在农田 Cd 含量处于污染临界值附近或已受 Cd 污染的土壤上，应避免施用大量的酸性肥料如尿素、氯化铵、普钙，以及其他酸性肥料。在常用磷、钾肥中，磷酸二铵和硫酸钾在 Cd 污染土壤上施用更为适合。

低积累品种筛选。不同物种的作物对于 Cd 的吸收情况存在差异，同一物种间不同品种的 Cd 积累量也有很大差异，且同一品种在不同地区也会产生吸收能力上的差别，故需因地制宜，结合当地的气候和土壤条件对已有的品种进行验证或筛选。目前主要是针对小麦、水稻、玉米等粮食作物及蔬菜品种的筛选。此外，通过基因改造技术，调控作物与 Cd 积累相关的基因位点，也可获得较好的低积累品种。其中"作物低积累"的研究受到关注，它是指某些作物除可食部位外，其余地上部分可以富集重金属，而可食部分中的含量低于国家限量，这样可以在保证生产能力的同时达到修复土壤污染的目的。在轻度重金属污染的农田种植低积累作物品种可以明显降低作物地上部分重金属积累量，但低积累作物品种对重金属含量稍高的土壤不适应，需要与诸如化学钝化修复技术进行联合使用。对蔬菜作物来说，Cd 在不同蔬菜作物中的累积表现为：葱蒜类＞叶菜类＞根茎类＞豆类＞茄果类＞瓜类，所以对菜地重金属 Cd 污染,可以通过调整农作物品种达到一定的修复效果。

### 3.1.2.5　生物修复技术

生物修复是指利用各种生物降低土壤中重金属的毒性或者将重金属从土壤中移除,这种修复措施对环境友好,简便经济。生物修复主要有植物修复、微生物修复、动物修复以及联合修复,目前主要应用的为植物修复和微生物修复两类。植物修复包括植物的提取、挥发、降解、固定等多种方式。Cd 污染农田中常用到的方式为植物提取,它是利用重金属超积累植物以及高富集大生物量植物吸收土壤中的 Cd 元素,然后对地上部分进行收集后集中处理。应用潜力较大的为超积累植物,这类植物对重金属的吸收、富集能力远超普通植物,同时转运系数较大,目前我国发现的 Cd 超积累植物超过 21 种。植物修复的经济成本较低,容易实施,不会干扰、破坏土壤的理化性质,但植物生长具有地域要求,且生长周期长,在耕地土壤中进行长期的植物修复不利于农民经济利益。植物修复二次污染极小、费用低,但植物生长缓慢,受外界因素干扰多,专一性强,不适合修复受多种重金属污染的土壤,因此规模化推广应用有限。

微生物在修复土壤重金属污染方面也有独特的作用,在污染严重的矿区筛选出的高抗性微生物可以分泌胞外聚合物,吸附固定重金属,使其形成难溶物质,降低有毒离子的迁移性和生物可利用性;或通过改变植物根际的微环境,促使土壤中难溶态重金属向有效态转化,进而提升植物去除的效率。受重金属污染的土壤中的微生物通过各种生命机制来抵抗重金属的胁迫和危害,利用微生物对重金属的耐受性可实现对重金属污染土壤的修复,其作用主要是通过微生物对重金属的溶解、转化与固定来实现土壤中重金属的生物有效性和可迁移性的降低。因大规模应用场景中干扰因素复杂,所以微生物修复存在一系列有待解决的现实问题,该技术大多处于科研和不同规模的实验阶段。

### 3.1.2.6　联合修复技术

由于土壤性质的差异性、土壤污染的非均质性等特点,一种技术往往不能有效地实现修复效果,需要采用联合修复技术,如微生物－植物联合修复、化学/物化－生物联合修复、原位钝化联合农艺措施修复等技术,共同实施对重金属污染耕地土壤进行修复。充分利用物理化学修复速度快、生物修复破坏性小的特点,发展联合修复技术是最具应用前景和潜力的修复方法之一。

联合修复技术可以在不同技术间进行优势互补的搭配,能够因地制宜地进行兼具修复效果和可实施性的工艺、技术和钝化剂的选择,如原位钝化－农艺调控修复技术,从而实现可推广性。综合分析重金属污染耕地土壤修复技术发现,重金属污染耕地修复是一项较为复杂的工作,既要考虑修复技术路线本身的可操作性、系统的复杂程度和修复效果,又要关注修复工作的实施对土壤环境的影响,同时修复周期、修复成本也是影响和制约技术推广的关键因素。通过对比分析得出,原位钝化修复以其较好的效果、合适的周期和相对较低的修复成本而表现出较好可推广性。在实际工程中,规模化的耕地土壤重金属修复往往采用"重金属稳定化/钝化＋低积累作物品种＋农艺调控"相结合的联合修复技术。

### 3.1.3　重金属污染耕地修复技术应用

耕地土壤重金属污染修复是一项长期工程,对于轻中度重金属污染耕地应根据具体情况,采用原位钝化修复、生物修复、农艺调控技术等措施降低农产品超标风险,实现重金属污染耕地安全利用。温州市重金属污染耕地主要以轻中度污染为主,重度污染占比较小。目前对轻中度污染耕地无法弃之不用,因此,重金属污染耕地土壤的修复具有重要的现实意义。寻求适宜的重金属污染耕地修复技术,以降低污染程度、减少土壤中重金属进入作物可食部分的数量,进而保障生产安全和人体健康是亟待解决的问题。

目前推广应用的重金属污染耕地修复技术中,原位钝化技术具有修复效果好、对土壤影响小等特点,对土壤环境、农产品安全和人体健康的风险较低。同时,撒施钝化剂操作简单,与基本的农艺措施没有差别,而且在农作物种植前期可与基肥共同撒施使用,更易于被农民接受,可以实现污染农田的"边生产边修复"。因此,在大面积的 Cd 污染农田土壤中,原位钝化技术被认为是一种风险可接受、技术可操作、经济可承受的最佳修复方式。但原位钝化修复也有一些缺点,如目前采用的大多数土壤钝化剂无法同时调节土壤酸碱度、土壤结构,平衡土壤营养元素;一般土壤钝化剂需要多次或者是多季的施用,但大量、长期使用石灰这样的土壤钝化剂会导致土壤的板结,进而导致钾、钙、镁等元素失衡,土壤营养状况会直接影响农作物的质量与产量;施用量增加易将钝化剂中的有害成分和潜在风险转移到土壤与植物中,并增加钝化修复成本。若施用的钝化剂由废弃物通过资源化利用所得,则能大幅度降低原位钝化修复的修复成本。在 Cd 污染土壤中添加石灰、炉渣、赤泥、磷肥等是一种传统的土壤修复方法,主要是通过吸附、螯合和络合反应来降低土壤中 Cd 的可移动性。此外,多种钝化剂复合处理比单一材料处理对土壤 Cd 污染的修复效果好。有机肥能通过改变 Cd 在水稻各器官的分配比例来降低糙米中 Cd 的含量。近年,通过添加对水稻生长有益的元素,例如硅、锌、硒等来控制水稻 Cd 污染也引起了重视。

与场地土壤污染修复不同,农田土壤修复必须考虑到修复后土壤的可耕种性,并保障农田的可持续生产能力。在诸多的修复技术中,由于淋洗剂会在一定程度上破坏土壤结构和营养成分,化学淋洗技术虽然理论上可行,在场地修复中应用较广,但很少有该技术在农田土壤修复中规模化应用的报道。电动修复技术受施工难度大、电极材料成本高等因素的影响,在耕地土壤修复中尚未形成规模化应用。热解析修复技术适合汞、砷等沸点相对较低的重金属或重金属与持久性有机污染物(如石油烃、多环芳烃、多氯联苯等)复合污染的土壤修复,该技术需要通过专业的设备来实现,装备价格昂贵、处理成本高,需要挖出待修复的土壤进行异位或原地异位来处理,尚有许多待解决和优化的工程、技术和成本问题,不适用于规模化的耕地土壤修复。客土、翻耕和表层剥离法在技术上操作简单,见效快,但修复成本高,客土所需的清洁土壤难以获得,且不同土壤间性质差异大,易影响土壤的理化性质和肥力;同时,受污染的旧土需要处置,工程量大,成本较高,是限制该技术推广的关键因素。目前,该技术仅用于污染严重的、规模较小的污染土壤的修复。耕地土壤重金属污染修复技术的优劣势比较如表 3-1 所示。

表 3-1　重金属污染耕地土壤修复技术对比

|  | 客土法 | 化学淋洗 | 热解吸 | 电动修复 | 原位钝化 | 农艺调控 | 生物修复 | 联合修复 |
|---|---|---|---|---|---|---|---|---|
| 工程量 | 大 | 中 | 大 | 中 | 小 | 小 | 小 | 小 |
| 对土壤的干扰 | 大 | 大 | 大 | 中 | 中 | 低 | 低 | 低 |
| 对农作物的影响 | 大 | 大 | 大 | 大 | 低 | 低 | 低 | 低 |
| 对地下水的影响 | 小 | 大 | 中 | 小 | 小 | 小 | 小 | 小 |
| 技术难度 | 高 | 高 | 高 | 高 | 中 | 低 | 中 | 中 |
| 修复效率 | 高 | 高 | 高 | 高 | 高 | 中 | 中 | 高 |
| 修复周期 | 短 | 中 | 中 | 中 | 中 | 长 | 长 | 中 |
| 修复成本 | 高 | 高 | 高 | 高 | 低 | 低 | 低 | 低 |
| 可推广性 | 差 | 中 | 中 | 差 | 好 | 好 | 中 | 好 |

# 3.2　耕地土壤重金属污染溯源与控制技术

为能够有效地对重金属污染土壤进行修复,首先需要查明污染地区的受污染情况和土壤中重金属的来源,并进行重金属输入输出平衡分析,在此基础上制定和采取相应的源头消减与阻控措施,这是保护耕地土壤质量和农产品安全的根本措施。由于土壤介质的复杂性、土壤中重金属分布的高度空间异质性以及重金属来源的多样性,耕地土壤重金属污染源解析十分困难。目前国内外尚缺乏完善和系统的耕地土壤重金属污染源解析方法。

## 3.2.1　耕地土壤重金属污染溯源方法

当前,重金属污染源解析的方法主要有定性分析和定量分析两大类。定性分析主要判断污染物的类型及来源,又称为源识别;定量分析主要参照受体模型中污染物含量来估算各污染源的影响程度(贡献率),又称为源解析。定性分析通常通过重金属化学形态、剖面分布、地统计学、多元统计分析、示踪技术等方法来识别污染源。其中,地统计学方法可直观判断重金属分布成因,多元统计分析可定性区分自然和人为来源。土壤作为一个复杂介质,适用的源解析方法呈多元化,主要有扩散模型中的污染源排放清单法、受体模型中的化学质量平衡模型法(CMB)、正定矩阵因子分解法(PMF)、UNMIX 模型等。土壤重金属来源解析的主要目的在于认识不同自然和人为过程中特定来源对土壤重金属含量的贡献。

### 3.2.1.1　重金属化学形态和剖面分析法

重金属化学形态分析是指测定与表征重金属元素在土壤中实际存在的物理和化学形态,通过重金属元素的化学形态分析,判断土壤中重金属污染物的来源是自然还是人为活动。人为活动输入的重金属不但增加了土壤中重金属的含量,还改变了其化学形态分布。例如,自然来源的 Pb 主要以铝硅酸盐和铁氧化物结合态存在,碳酸盐结合态和有机结合态含量较少,而人为污染源的 Pb 与之相反。外源 $CuSO_4$ 加入土壤时,主要增加水溶性和交换态 Cu 含量;而外源 CuO 加入土壤时,显著增加氧化物结合态 Cu 含量;以含重金属 Cu 的污泥形式加入土壤时,有机结合态 Cu 含量显著增加。

重金属在土壤剖面的分布中,外源重金属往往富集在土壤表层,比较难于向下迁移。因此,可以根据土壤剖面中的重金属分布规律来判别土壤重金属成因。从温州某地土壤剖面 Cd 含量分布(见图 3-2)可以看出,土壤中 Cd 呈明显的表聚现象,表层 0~20 cm 的 Cd 含量显著高于心、底土层。相反,土壤 pH 随土壤深度呈增加的趋势,至底土层基本上呈中性,表层土壤呈明显的酸化趋势。

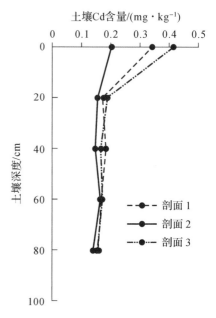

图 3-2　土壤 Cd 含量的剖面分布

### 3.2.1.2　污染源排放清单法

污染源排放清单法是一种基于污染源重金属投入通量的解析方法,通过调查和统计各污染源的状况,根据不同污染源的活动水平和排放因子模型,建立污染源清单数据库,从而对不同污染源的排放量进行评估,确定主要污染源。建立污染源排放清单主要程序如下。①确定区域土壤重金属输入途径。耕地土壤重金属的主要输入途径包括大气沉降、灌溉和施用化肥、有机肥等。②数据收集。通过统计报表、科研文献、区域农业统计数据、土壤信息系统和模型计算等途径获得。收集的数据主要包括研究区域的耕地面积、农作物播种面积、作物产量等,各输入源的重金属浓度和通量。③计算各输入源的输入量。

污染源排放清单法能够直接反映不同来源的投入情况,且能找出重点污染源及其进入途径。但是,该方法采集全面、可靠的数据存在困难;排放因子不确定性大、人类污染活动水平资料缺乏,排放清单往往具有不完整性;不同来源的重金属在土壤中的累积能力也有差异,难以准确统计各种污染源对土壤重金属累积量的贡献。

### 3.2.1.3　多元统计分析

多元统计分析是在统计学基础上发展起来的,是目前土壤重金属污染源解析研究中的常用方法。这类方法通过识别具有相似分布特征的重金属来定性判定某些重金属的来源,即假定来自同一污染源的重金属之间具有相似性。多元统计分析法主要有相关分析、主成分分析、聚类分析、因子分析、多元线性回归分析等。但是该类方法并不能给出准确的源成分谱数据,且数据量需求大,鉴别因子也很有限。此外,由于不是对具体数值进行分析,使用该类方法容易产生偏差。

### 3.2.1.4　受体模型分析

受体模型最初是用于大气污染物污染源解析的一种模型,它主要通过分析污染源和受体中污染物的物理化学特征来识别污染源并量化污染源的贡献率。由于受体模型不需要分析污染物在环境介质中的迁移转化路径,所以使用比较方便有效。该类模型包括化学质量平衡(chemical mass balance,CMB)、正定矩阵因子分解(positive matrix factorization,PMF)、因子得分－多元回归(principal component score-multivariate linear regression,PCS-MLR)、绝对主成分分析－多元回归(absolute principal component analysis-multivariatelinear regression,APCA-MLR)、UNMIX 模型和潜在贡献因子(potential source contribution function,PSCF)。常用的有 CMB、PMF 和 APCA-MLR。

化学质量平衡模型(CMB)是基于质量守恒法则最基本的受体模型。它通过分析受体中污染物含量和污染源排放的源成分谱,利用多元回归进行污染源与受体的拟合,从而确定污染源的贡献率。该方法由于需要源成分,检测难度大,因此其推广受到限制。PMF 是一种利用样本组成或者指纹对污染源进行定量分析的方法,该方法的优点是无须测定源成分谱,可以处理遗漏和不精确的数据;而其局限性是需要对排放源的数量或者类型进行事先假定,通常需要配合其他方法以判断污染源数量。然而,由于重金属在土壤中迁移转化比较复杂,各种受体模型需要根据重金属的迁移转化特性进行相应的改进,才能更好地被应用到土壤污染溯源解析中。

#### 3.2.1.5　空间分析法

空间分析法利用地理信息系统技术分析污染源与异常空间分布的关系,常与地统计学、遥感技术(remote sensing,RS)、地理信息系统(geographic information system,GIS)、全球定位系统(global positioning systems,GPS)等"3S"技术以及各种定量模型等结合应用。在空间分析中,常见的插值法有反距离加权(inverse distance weighted,IDW)插值法、克里金(Kriging)插值法、自然邻点(natural neighbor)插值法等。该类分析技术可以反映污染源在空间上的变化趋势,并可以根据空间结构进行污染源解析,但需要大面积取样,工作量大,且大部分属于定性分析,不能明确其污染源贡献率。

#### 3.2.1.6　同位素分析法

同位素分析法基于同位素的质量守恒原理,利用不同污染源中某重金属元素的不同同位素比值具有差异性的特点,通过测定受体样品中相应同位素的组成来对污染源的来源及贡献程度进行定量区分。当前,Zn、Pb、Cu、Hg、Cd 等稳定同位素常被用于污染源鉴别。自然界中,Cd 的稳定同位素有 8 种:$^{106}$Cd、$^{108}$Cd、$^{110}$Cd、$^{111}$Cd、$^{112}$Cd、$^{113}$Cd、$^{114}$Cd 和$^{116}$Cd。由于$^{106}$Cd、$^{108}$Cd 和$^{116}$Cd 丰度较低,且$^{116}$Cd 还易受$^{116}$Sn 的干扰,检测较困难,而在其他几种稳定同位素中,$^{114}$Cd/$^{110}$Cd 具有较大的质量差,因此,$^{114}$Cd/$^{110}$Cd 常被用来表示 Cd 同位素组成的质量变化。Pb 有 4 种稳定同位素:$^{204}$Pb、$^{206}$Pb、$^{207}$Pb 和$^{208}$Pb。其中,$^{206}$Pb/$^{207}$Pb、$^{207}$Pb/$^{206}$Pb 和$^{208}$Pb/$^{206}$Pb 不易发生矿物学变化,因此常被用于识别人为 Pb 源。

### 3.2.2　耕地土壤重金属污染调查

#### 3.2.2.1　污染源调查内容

耕地土壤重金属污染源调查主要包括污染源名称、污染源位置、污染源类型、排放的污染物种类及排放量等。污染源调查主要通过一对一访谈、问卷调查、实地核实等,结合潜在污染源数据初步分析结果,向当地居民、相关部门工作人员了解受污染耕地和潜在污染源有关情况。

工业污染源调查:包括涉重金属污染工业企业位置信息、产品和原料信息、废水排放信息(废水来源、排污口、排污管道、废水去向等)、废气(粉尘)排放信息(废气来源、排放方式、土导风向等)、废水和废气(粉尘)防治设施运行情况、废水和废气(粉尘)达标情况等信息;相关企业生产工艺、生产原料、废渣等;固体废物堆存场所,包括固体废物堆存位置、种类和堆存量;排查固体废物堆存场所贮存位置、防渗漏(扬散、流失等)措施、渗滤液处理等信息。

农业污染源调查内容包括灌溉水、农业投入品、畜禽粪便等。灌溉水调查内容包括灌溉水源位置、灌溉方式、灌溉范围,防治措施以及洪水泛滥淹没耕地情况等。农业投入品包括肥料(包括有机肥和化肥)、土壤调理剂种类、施用范围、施用量、施用方式、施用频率、来源等。畜禽粪便包括畜禽种类、数量、饲料投入、粪便排放量、处理方式等。

其他:包括环境污染事件(如尾矿库溃坝)发生地点、污染物类型、影响范围等。地质高背景重点关注土壤酸化引起重金属活性增加、残坡积、次生风化富集等情形,以及成矿带、碳酸岩、玄武岩分布等。还有一些其他可能引起耕地重金属污染的情况。

还需调查区域历史遗留污染情况。温州市污染耕地分布区工业发达、人口密度大,尽管直接排放重金属的工业企业已得到有效治理,工业排放污染源得到控制,但历史上有许多涉重金属的乡镇企业(如电镀),推测潜在污染源可能主要是工业污染的历史遗留。温州市安全利用类耕地的污染物类型以 Cd 污染和 Cd、Pb 复合污染面积为主,说明耕地土壤污染成因与历史上涉重金属工业类型有一定的关系,早期工业生产过程排放的重金属残留是重要成因。调查收集各个历史时期区域内的工业企业、乡镇企业等分布与生产情况及其污染产生、排放和处理情况。

### 3.2.2.2 污染源初步定性判断

基于耕地土壤重金属污染分布规律以及上述实地踏勘等信息,综合大气沉降、灌溉水、固废堆积、农业投入品、地质高背景等因素对耕地的影响,排查确定污染源和疑似污染源。

针对大气沉降,根据在受污染耕地周边 5 km(或目力所及)范围内,是否存在排放废水或废气的重点行业企业,或是否位于重点行业企业大气沉降影响范围内进行判断。

针对灌溉水,根据是否存在以下情形:历史上采用污水灌溉、洪水夹杂污染物淹没耕地、现用灌溉水水质超标[《农田灌溉水质标准》(GB 5084—2005)]、灌溉河流底泥重金属超标[《土壤环境质量 农用地土壤污染风险管控标准(试行)》(GB 15618—2018)]进行判断。

针对农业投入品,根据历史上或当前受污染耕地施用肥料等农业投入品是否符合《肥料中有毒有害物质的限量要求》(GB 38400—2019)进行判断。

针对固废堆存场所,根据是否存在以下情形:固体废物堆存于耕地上,或固体废物堆存于耕地周边,且雨水冲淋固体废物后流入耕地进行判断。

针对地质高背景,根据受污染耕地是否位于成矿区带、碳酸盐岩区和玄武岩区等进行判断。基于专家判断,借助相关性分析、空间分析和主成分分析等手段辅助确定,进一步明确、排除部分污染源。

## 3.2.3　耕地土壤污染监测

### 3.2.3.1　监测布点

耕地土壤污染监测布点主要参考《环境空气 降尘的测定 重量法》(GB/T 15265—1994)、《农用水源环境质量监测技术规范》(NY/T 396—2000)、《畜禽粪便监测技术规范》(GB/T 25169—2010)、《区域生态地球化学评价规范》(DZ/T 0289—2015)等标准规范,从耕地土壤污染源、污染途径、受体三方面,分析典型地块影响因素,结合典型地块背景值,确定调查样品类型。根据典型地块耕地土壤污染特征,进行污染监测布点。

污染源:河流水、底泥、工业企业(电镀、金属表面处理、发电企业及区域内其他涉重企业)排放污染物、畜禽饲料。其中,企业污染源按以下类别进行样品采集:在产企业,废水、废气、废渣、雨水沟外排水;关闭企业,尾矿库、废水、固废、矿石。

污染途径:大气干湿沉降、灌溉水、底质、肥料(复混肥、有机肥、磷肥等)、畜禽粪便。

自然背景:成土母质(基岩)。

受体:土壤剖面、收集水稻品种。耕地土壤监测布点数量要满足《土壤环境监测技术规范》(HJ/T 166—2004)样本容量的基本要求。污染企业对耕地土壤环境质量的影响,参照《农用地土壤污染状况详查点位布设技术规定》(环办土壤函〔2017〕1021 号)的要求,在企业周边放射状布设土壤监测点位。土壤环境质量调查同时要对农产品进行协同采样,协同采样点位与土壤点位保持一致。

点位布设遵循以下原则。

①规范性。根据国家、行业相关标准,以及各污染源、土壤背景值等对耕地土壤环境质量有影响的因素,确定点位布设密度。

②实用性。重点开展涉 Cd 行业企业对耕地土壤污染的成因分析工作,点位布设尽量具有针对性、简单、实用,可操作性强。如地质高背景区,仅监测与地质相关指标,不监测污染源及降尘等指标。

③代表性。从空间分布角度,点位布设在典型地块上尽量具有代表性。

④全面性。为综合分析重点行业企业及背景因素对耕地土壤污染成因,尽量全面考虑土壤污染影响因素,对所有可能影响到耕地土壤环境质量的污染源、污染途径及环境介质均进行点位布设。

### 3.2.3.2　样品采集与分析

大气沉降样品采集:样品采集方法主要参照《环境空气降尘的测定 重量法》(GB/T 15265—1994)、《区域生态地球化学评价规范》(DZ/T 0289—2015)及《酸沉降监测技术规范》(HJ/T165—2004)。通过设置大气沉降试验,监测分析在空气环境条件下依靠重力自然沉降在集尘缸中的颗粒物。大气沉降监测点位布设以是否受企业、尾气等污染端大气排放影响为依据,主要分污染影响区及清洁对照区进行布点。污染影响区主要选择在污染端、耕地受体及传输路径布点,清洁对照点位应布设于人为活动影响甚微的地方。集尘缸一般放置在低矮建筑物屋顶或电线杆上,放置高度应在距离地面合理高度内(一般 5～15 m)。各采样点集尘缸的放置高度保持大致相同,且一般至少需放置 1 年,但也可根据实际情况进行调整。在不同季节,干湿沉降物质的量和所含重金属浓度不同,一般样品采集时间为 1 年,降尘量较大的地区,可按不同季节采集回收一次样品。

大气沉降通过降尘重金属浓度与沉降量的乘积得出集尘面积内的重金属沉降量,进一步通过典型地块面积与集尘缸面积计算得出经大气干湿沉降进入该区域耕地土壤的重金属元素年沉降量。计算公式如下:

$$Q_{A,i} = C_i \times m/S \tag{3-1}$$

式中:$Q_{A,i}$ 为重金属元素 $i$ 年沉降通量,mg·m$^{-2}$·a$^{-1}$;$C_i$ 为降尘中重金属的浓度,mg·kg$^{-1}$;$m$ 为降尘总重量,kg;$S$ 为沉降缸面积,m$^2$。通过进一步分析不同距离大气沉降输入通量,可探究企业大气污染排放的传输规律。

灌溉水与底泥样品采集:监测点位主要布设于灌溉渠系,用于灌溉的地下水,影响农区的河流、湖(库)和污(废)水排放沟渠。底泥点位与地表水采样垂线相结合,布设方法参照《区域生态地球化学评价规范》(DZ/T 0289—2015)。其中,河流、灌溉渠系底泥监测点位应选择在水流平缓、冲刷作用较弱的地方;湖(库)底泥监测点位应尽量选择远离岸边区域;水样一般采集瞬时样,采集过程参照《农用水源环境质量监测技术规范》(NY/T 369—2000)。耕地如定期进行大规模农田灌溉,则在灌溉期间同步取样。江、河、湖、库等水系分枯水期、平水期、丰水期采样。

灌溉水数据分析:通过测试典型地块内灌溉水样品中重金属浓度以及估算年灌溉量,得出灌溉进入耕地土壤的重金属元素年输入量。元素 $i$ 的灌溉输入通量($q_{i,I}$,mg·m$^{-2}$·a$^{-1}$)计算公式如下:

$$q_{i,I} = \sum_{j=1}^{n}(C_{i,j} \times W_j) \tag{3-2}$$

式中:$C_{i,j}$ 是元素 $i$ 在作物 $j$ 灌溉水中的浓度,μg·L$^{-1}$;$W_j$ 是作物 $j$ 的灌溉水量,m$^3$·a$^{-1}$;$n$ 是作物种类。同时,可结合区域水网分布、地势情况、灌溉水监测数据和土壤监测数据,分析污染物在不同介质中的迁移过程。

固废样品采集(含肥料、调理剂和畜禽粪便):固体废弃物样品的采集方法通常采用简单随机采样法。通过采集可能影响污染农田的固体废物样品,测定固体废物重金属含量及含水率,得出随固体废物而进入耕地土壤的重金属元素年输入量。

肥料(土壤调理剂)数据分析:通过测试典型地块内施用的代表性肥料、调理剂样品重金属浓度以及每种肥料、调理剂的年施用量,得出随肥料、调理剂施用而进入耕地土壤的重金属元素输入量。元素 $i$ 的化肥输入通量($q_{F,i}$,mg·m$^{-2}$·a$^{-1}$)计算公式如下:

$$q_{F,i} = \sum_{j=1}^{n}(C_{i,j} \times q_j) \tag{3-3}$$

式中:$C_{i,j}$ 是元素 $i$ 在化肥 $j$ 中的浓度,mg·kg$^{-1}$;$q_j$ 是化肥 $j$ 的年施用量,kg;$n$ 是化肥品种数量。

### 3.2.3.3　监测项目与分析方法

将监测项目分为 3 类,即必测项目、特定项目和选测项目。

必测项目为《土壤环境质量 农用地土壤污染风险管控标准(试行)》(GB 15618—2018)要求测定的 12 个项目。

特定项目是根据监测地区环境污染状况,确认在土壤中积累较多、对农业危害较大、影响范围广、毒性较强的污染物,或者污染事故对土壤环境造成严重不良影响的物质,具体项目由各地根据实际情况确定。

选测项目指新纳入的在土壤中积累较少的污染物,由于环境污染导致土壤性状发生改变的土壤性状指标和农业生态环境指标,具体项目根据实际情况确定。

土壤环境质量监测项目如表 3-2 所示。

表 3-2　土壤监测项目

| 项目类别 | | 监测项目 |
|---|---|---|
| 必测项目 | 基本项目 | pH、镉、汞、砷、铅、铬、铜、镍、锌、六六六总量、滴滴涕总量、苯并[a]芘 |
| 特定项目(污染事故) | | 特征项目 |
| 选测项目 | 影响产量项目 | 全盐量、硼、氟、氮、磷、钾等 |
| | 污水灌溉项目 | 氰化物、六价铬、挥发酚、烷基汞、有机质、硫化物、石油类等 |
| | 持久性有机污染物(POPs)与高毒类农药 | 苯、挥发性卤代烃、有机磷农药、多氯联苯(PCB)、多环芳烃(PAH)等 |
| | 其他项目 | 结合态铝(酸雨区)、硒、钒、氧化稀土总量、钼、铁、锰、镁、钙、钠、铝、硅、放射性比沽度等 |

土壤分析监测方法优先选择国家标准、行业标准的分析方法,其次选择由权威部门规定或推荐的分析方法。如表 3-3 所示为常见监测项目的分析方法,根据实际情况,自选等效分析方法。

表 3-3　土壤监测项目分析方法

| 污染物项目 | 分析方法 | 标准编号 |
|---|---|---|
| 镉 | 《土壤质量　铅、镉的测定　石墨炉原子吸收分光光度法》 | GB/T 17141 |
| 汞 | 《土壤和沉积物汞、砷、硒、铋、锑的测定　微波消解/原子荧光法》 | HJ 680 |
| | 《土壤质量　总汞、总砷、总铅的测定　原子荧光法　第 1 部分:土壤中总汞的测定》 | GB/T 22105.1 |
| | 《土壤质量　总汞的测定　冷原子吸收分光光度法》 | GB/T 17136 |
| 砷 | 《土壤和沉积物 12 种金属元素的测定　王水提取——电感耦合等离子体质谱法》 | HJ 803 |
| | 《土壤和沉积物汞、砷、硒、铋、锑的测定　微波消解/原子荧光法》 | HJ 680 |
| | 《土壤质量　总汞、总砷、总铅的测定　原子荧光法　第 2 部分:土壤中总砷的测定》 | GB/T 22105.2 |
| 铅 | 《土壤质量　铅、镉的测定　石墨炉原子吸收分光光度法》 | GB/T 17141 |
| | 《土壤和沉积物无机元素的测定　波长色散 X 射线荧光光谱法》 | HJ 780 |
| 铬 | 《土壤总铬的测定　火焰原子吸收分光光度法》 | HJ 491 |
| | 《土壤和沉积物无机元素的测定　波长色散 X 射线荧光光谱法》 | HJ 780 |

续表

| 污染物项目 | 分析方法 | 标准编号 |
|---|---|---|
| 铜 | 《土壤质量　铜、锌的测定　火焰原子吸收分光光度法》 | GB/T 17138 |
| | 《土壤和沉积物无机元素的测定　波长色散 X 射线荧光光谱法》 | HJ 780 |
| 镍 | 《土壤质量　镍的测定　火焰原子吸收分光光度法》 | GB/T 17139 |
| | 《土壤和沉积物无机元素的测定　波长色散 X 射线荧光光谱法》 | HJ 780 |
| 锌 | 《土壤质量　铜、锌的测定　火焰原子吸收分光光度法》 | GB/T 17138 |
| | 《土壤和沉积物无机元素的测定　波长色散 X 射线荧光光谱法》 | HJ 780 |
| 六六六总量 | 《土壤和沉积物有机氯农药的测定　气相色谱－质谱法》 | HJ 835 |
| | 《土壤质量　六六六和滴滴涕的测定　气相色谱法》 | GB/T 14550 |
| 滴滴涕总量 | 《土壤和沉积物有机氯农药的测定　气相色谱－质谱法》 | HJ 835 |
| | 《土壤质量六六六和滴滴涕的测定　气相色谱法》 | GB/T 14550 |
| 苯并[a]芘 | 《土壤和沉积物多环芳烃的测定　气相色谱－质谱法》 | HJ 805 |
| | 《土壤和沉积物多环芳烃的测定　高效液相色谱法》 | HJ 784 |
| | 《土壤和沉积物半挥发性有机物的测定　气相色谱－质谱法》 | HJ 834 |
| 水溶性盐 | 《土壤水溶性盐总量的测定》 | NY/T 1121.16 |
| 氟化物 | 《土壤质量 氟化物的测定 离子选择电极法》 | GB/T 22104 |
| 氮 | 《土壤全氮测定法（半微量凯氏法）》 | NY/T 53 |
| 磷 | 《全磷测定法》 | NY/T 88 |
| 钾 | 《土壤全钾测定法》 | GB 9836 |
| PCB | 《气相色谱－质谱法》 | HJ 743—2015 |
| 多环芳烃 | 《高效液相色谱法》 | GB 6260 |
| pH | 《土壤 pH 的测定》 | NY/T 1377 |

　　农产品分析监测方法优先选择国家标准、行业标准的分析方法，其次选择由权威部门规定或推荐的分析方法。如表 3-4 所示为常见监测项目的分析方法，根据实际情况，自选等效分析方法。

表 3-4　农产品监测项目分析方法

| 污染物项目 | 分析方法 | 标准编号 |
|---|---|---|
| 镉 | 《食品安全国家标准 食品中镉的测定》 | GB 5009.15—2014 |
| 汞 | 《食品安全国家标准 食品中总汞及有机汞的测定》 | GB 5009.17—2014 |
| 砷 | 《食品安全国家标准 食品中总砷及无机砷的测定》 | GB 5009.11—2014 |
| 铅 | 《食品安全国家标准 食品中铅的测定》 | GB 5009.12—2017 |

| 污染物项目 | 分析方法 | 标准编号 |
|---|---|---|
| 铬 | 《食品安全国家标准 食品中铬的测定》 | GB 5009.123—2014 |
| 铜 | 《食品安全国家标准 食品中铜的测定》 | GB 5009.13—2017 |
| 镍 | 《食品安全国家标准 食品中镍的测定》 | GB 5009.138—2017 |
| 锌 | 《食品安全国家标准 食品中锌的测定》 | GB 5009.14—2017 |
| 综合 | 《食品安全国家标准 食品中多元素的测定》 | GB 5009.268—2016 |

灌溉水主要监测 pH 及重金属含量,相关方法参照《农田灌溉水质标准》(GB 5084—2005)进行。

固废、底泥、肥料(土壤调理剂)监测项目及分析方法:主要监测 pH 及镉、汞、砷、铅、铬、铜、锌、镍 8 种重金属含量等相关指标,底泥分析测试方法参照土壤,肥料(土壤调理剂)分析测试方法参照《肥料中砷、镉、铅、铬、汞生态指标》(GB/T 23349—2009),固废分析测试方法参照《固体废物 22 种金属元素的测定 电感耦合等离子体发射光谱法》(HJ 781—2016)。

## 3.2.4　研究区耕地土壤重金属污染源分析

耕地土壤的重金属污染源除受到土壤母质的影响外,主要的人为污染源有工业污染、大气沉降、灌溉水、水稻秸秆、肥料(化肥、有机肥、畜禽粪便等)农药、还田底泥等。目前,关于大气沉降对耕地土壤重金属的贡献未有系统研究,对农业投入品、灌溉水、水稻秸秆、肥料及底泥等的重金属进行了初步监测,同时对灌溉水、化肥、投入品、还田秸秆等的数量进行计量。

### 3.2.4.1　工业污染

重金属污染严重的耕地土壤主要分布在工业发达和城镇附近,涉重金属企业是耕地土壤重金属污染的主要来源之一。特别是早期乡镇企业、个体小作坊、家庭工厂等数量多、分布广,排放的废气、废水、废渣等使周围水体和耕地受到污染。如金属冶炼过程中废气的排放,导致 Cd 伴随粉尘扩散,并最终伴随降雨或以自然沉降的方式进入土壤。而含 Cd 的工农业废水处理不达标即排放,则会通过灌溉流入农田或渗到地下,造成土壤的污染。

### 3.2.4.2　大气沉降

工业与交通运输业的发展,产生了含有重金属的气体和粉尘,经过长距离的迁移最后颗粒物通过干湿沉降进入农田生态系统,最终沉降并累积在土壤表层,其累积程度与所在地区的工业、交通、人口密度及其气象条件有密切的关系。在工业污染源附近,距污染源越近,重金属含量就越高,且大气流动使重金属的污染范围更广。此外,汽车尾气的排放和部件的磨损都会造成 Cd 释放,进而对公路周边的土壤造成污染。同时在高速公路和铁路沿线等交通区域,大气沉降对土壤 Cd 污染具有较高的贡献率。该种大气沉积物中 Cd 的生物有效性高于相应的表层土壤,而由于土壤表面颗粒的吸收能力较强,土壤成为环境中的主要污染物汇。研究表明大气颗粒物可以与重金属结合后通过气孔进入叶片细胞，同时还会改变土壤中 Cd 的生物有效性。以某地 Cd 和 Pb 中轻度污染耕地为例，对其主要输入源（大气沉降、灌溉、肥料和农药）的 Cd 和 Pb 输入通量以及输出通量（水稻秸秆与籽粒移出）开展了长期监测与定量平衡分析。结果表明，大气沉降通量无显著季节变化，由大气沉降导致的 Cd 和 Pb 年均输入量分别为 3.18 g·hm$^{-2}$ 和 54.46 g·hm$^{-2}$，输入量分别达到 34.98% 和 34.95%。

### 3.2.4.3　农业投入品

农业生产过程中投入的化肥、有机肥、农药、土壤调理剂等都含有一定数量的重金属。其中有机肥和磷肥是土壤重金属污染的重要来源，其他肥料中也有不同含量的重金属。有机肥来源广泛，包括畜禽粪便、农业废弃物、污泥、加工废弃物等，这些原料不可避免地含有一定量重金属等有害物质，且在家畜饲养过程中用到的饲料或生长促进剂中通常含有很多重金属，已有研究在家畜动物的肝和肾产品中检测到 Cd 的存在，而这些动物的粪便常被用作有机肥料直接施入土壤，也增加了农田土壤中 Cd 的数量。对采集的 32 个有机肥料样品，经 70℃ 下烘干，并磨细过 0.149 mm 筛，ICP-MS 测定其 Cd、Pb、Zn、Cu、Cr、Ni 含量，结果如表 3-5 所示，样品中 Cr、Ni、Cu、Zn、Cd 和 Pb 的含量分别是 31.33 mg·kg$^{-1}$、7.24 mg·kg$^{-1}$、265.69 mg·kg$^{-1}$、752.73 mg·kg$^{-1}$、0.49 mg·kg$^{-1}$、6.46 mg·kg$^{-1}$，其中 Cu 和 Zn 的含量特别高，远超过农业上要求的最高限度［见《农用污泥污染物控制标准》（GB 4284—2018）］，同时也远高于中国土壤重金属含量背景值，与中国土壤背景值相比，所测定的样品中 Cu 和 Zn 含量已超标 10 多倍。从表 3-5 中可见，Ni、Cu 和 Cd 接近正态分布，其他元素多向低浓偏斜，也就是说这些重金属元素的中位数明显低。

表 3-5　有机肥中重金属含量的统计描述　　　　　　　单位：mg·kg$^{-1}$

| | Cr | Ni | Cu | Zn | Cd | Pb |
|---|---|---|---|---|---|---|
| 最低值 | 5.23 | 2.70 | 22.43 | 136.89 | 0.11 | 1.00 |
| 最高值 | 122.98 | 14.65 | 677.03 | 2396.08 | 1.19 | 33.59 |
| 平均值 | 31.33 | 7.24 | 265.69 | 752.73 | 0.49 | 6.46 |
| 标准误 | 24.64 | 2.90 | 229.96 | 595.43 | 0.27 | 5.81 |
| 中 值 | 22.93 | 7.02 | 225.19 | 618.24 | 0.44 | 4.82 |
| 峰 值 | 2.14 | 0.49 | 0.40 | 1.36 | 0.86 | 3.21 |
| NY 525—2012 | ≤150 | — | — | — | ≤3 | ≤50 |

资料来源：中华人民共和国农业行业标准《有机肥》（NY 525—2012）。

长期施用农家肥或磷肥等肥料会造成 Cd 在土壤中的积累。磷酸盐肥料的主要来源为磷矿石，在全球范围内，沉积型磷矿石 Cd 的平均含量为 21 mg·kg$^{-1}$，由该种矿石所生产的磷肥约占总产量的 85%。收集了研究区 10 个市售磷肥样品进行重金属含量分析，测定方法应用《肥料中砷、镉、铅、铬、汞生态指标》（GB/T 23349—2009）中的标准方法，结果如表 3-6 所示。从表 3-6 可以看出，肥料中重金属 Cd 含量为 0.01～2.36 mg·kg$^{-1}$，平均为 0.47 mg·kg$^{-1}$；其他重金属平均含量为：Cr 16.01 mg·kg$^{-1}$，Cu 26.53 mg·kg$^{-1}$，Zn 113.35 mg·kg$^{-1}$，As 19.15 mg·kg$^{-1}$ 和 Pb 8.61 mg·kg$^{-1}$。按照每 667 m$^2$ 每种植季施 30 kg 磷肥，一年两季估算,由磷肥携带入的 Cd 最高可达 131.6 mg。

表 3-6　磷肥中重金属含量测定结果　　　　　　　　　单位:mg·kg⁻¹

| 样品号 | Cr | Cu | Zn | As | Cd | Pb |
|---|---|---|---|---|---|---|
| 1 | 11.59 | 14.23 | 87.09 | 10.55 | 0.33 | 15.13 |
| 2 | 9.42 | 18.04 | 104.34 | 12.51 | 0.38 | 3.04 |
| 3 | 11.16 | 4.53 | 103.51 | 13.74 | 0.48 | 38.56 |
| 4 | 19.74 | 17.53 | 182.91 | 19.58 | 0.53 | 6.08 |
| 5 | 21.01 | 29.97 | 333.75 | 56.36 | 0.47 | 2.35 |
| 6 | 15.80 | 15.55 | 10.33 | 15.07 | 0.01 | 2.32 |
| 7 | 6.84 | 10.84 | 15.47 | 11.63 | 0.07 | 3.52 |
| 8 | 15.20 | 105.99 | 275.31 | 21.33 | 2.36 | 8.72 |
| 9 | 15.91 | 13.46 | 9.49 | 17.26 | 0.02 | 4.36 |
| 10 | 33.45 | 35.12 | 11.28 | 13.48 | 0.05 | 2.02 |
| GB/T 23349—2009 | 500 | — | — | 50 | 10 | 200 |

中华人民共和国国家标准(GB/T 23349—2009):肥料中砷、镉、铅、铬、汞生态指标。

　　我们在 2016 年采集了温州地区肥料生产企业和农资销售点的 37 个肥料样品,按主要成分分为氮肥、磷肥、钾肥、复混(合)肥和有机肥 5 类。其中,氮肥 3 个、过磷酸钙 4 个、钙镁磷肥 4 个,钾肥 3 个、复混(合)肥 10 个和商品有机肥 13 个。测定了肥料中的重金属 As、Cd、Pb、Cr 和 Hg 的含量。测定方法根据《肥料中砷、镉、铅、铬、汞生态指标》(GB/T 23349—2009)国家标准和《肥料汞、砷、镉、铅、铬含量的测定》(NY/T 1978—2010),结果如表 3-7 所示。采集的肥料中 As 含量平均值均远低于标准限值。肥料中 As 含量平均值以过磷酸钙最高,达到 16.9 mg·kg⁻¹,As 含量平均值从大到小依次为:过磷酸钙、钙镁磷肥、复混(合)肥、有机肥、氯化钾、尿素。采集肥料中 Hg 含量都较低,各类肥料中 Hg 含量都未超标。尿素、氯化钾以及部分复混(合)肥和部分有机肥中未检测出 Hg 含量,Hg 含量平均值从大到小依次为:过磷酸钙、钙镁磷肥、有机肥、复混(合)肥。不同种类肥料中的 Pb 含量变异较大,钙镁磷肥和有机肥中 Pb 含量平均值明显高于其他肥料,以钙镁磷肥最高达 29.3 mg·kg⁻¹,其次有机肥达 17.91 mg·kg⁻¹。各种肥料中 Pb 含量平均值从大到小依次为:钙镁磷肥、有机肥、复混(合)肥、过磷酸钙、氯化钾、尿素。肥料中 Cd 的含量差异也较大,尿素、氯化钾和部分复混(合)肥未检测出 Cd,过磷酸钙 Cd 含量平均值达 6.5 mg·kg⁻¹,且存在 Cd 超标样品,样品超标率为 12.5%。肥料中 Cd 含量平均值从大到小依次为:过磷酸钙、钙镁磷肥、有机肥、复混(合)肥。常用肥料中 Cr 含量平均值差异也比较明显。钙镁磷肥中 Cr 含量极高,达 3781.03 mg·kg⁻¹,所调查的样品存在 Cr 超标现象,Cr 最高含量达 9303.7 mg·kg⁻¹,是标准限值的近 19 倍;其次是复混(合)肥,Cr 含量平均值为 59.18 mg·kg⁻¹,调查的样品中有 1 个超标,Cr 含量最高达 506.8 mg·kg⁻¹;再次是有机肥,Cr 含量平均值为 58.24 mg·kg⁻¹,调查的样品中有 2 个超标,Cr 最高含量为 270.6 mg·kg⁻¹,是标准限值近 2 倍;而尿素、过磷酸钙和氯化钾中 Cr 含量平均值远小于标准限值。肥料中 Cr 含量平均值从大到小依次为:钙镁磷肥、复混(合)肥、有机肥、过磷酸钙、氯化钾、尿素。以上测定结果表明,温州地区常用肥料中尿素、氯化钾重金属含量较低,基本处于安全范围内。而过磷酸钙、钙镁磷肥、商品有机肥、复混(合)肥存在一定的重金属超标现象。过磷酸钙 Cd 样品超标率为 12.5%,钙镁磷肥 Cr 样品超标率为 37.5%,商品有机肥 Pb、Cr 超标率分别为 8% 和 15.4%,复混(合)肥 Cr 超标率为 10%。因此,要注意肥料施用导致的重金属富集给土壤带来的生态环境问题,尤其是应警惕过磷酸钙带来的 Cd 风险,钙镁磷肥和复混(合)肥带来的 Cr 风险,以及商品有机肥带来的 Pb 和 Cr 风险。

表 3-7　常用肥料重金属元素含量范围值　　　　　　　　单位:mg·kg$^{-1}$

| 肥料类型 | As | Hg | Pb | Cd | Cr |
|---|---|---|---|---|---|
| 氮　肥 | ND | ND | 1～1.1 | ND | ND-1 |
| 过磷酸钙 | 12.4～21.4 | 0.8～2.2 | 1.0～1.9 | 2.4～14.3 | 8.7～33.7 |
| 钙镁磷肥 | 5.5～25.9 | 0.1～1.6 | 1.2～57.9 | 0.2～6.2 | 11.2～9303.7 |
| 钾　肥 | 0.1～0.2 | 未检出 | 0.9～1.4 | ND | ND～1.7 |
| 复混(合)肥 | 1.2～10.9 | ND～0.4 | 1.3～3.9 | 0～0.6 | 2.1～506.8 |
| 有机肥 | 1.2～8.9 | ND～1.4 | 2.1～70.9 | 0.1～2.2 | 6.4～270.6 |

ND:表示低于检出限。

　　肥料中的重金属含量与生产原料、生产工艺密切相关。如尿素,其原料为液态 $NH_3$ 和 $CO_2$,同时合成过程中也有部分重金属通过其他渠道流失,因此各类重金属含量较低。氯化钾主要以可溶性钾盐矿采用溶解结晶法、浮选法生产,重金属含量也较低。过磷酸钙和钙镁磷肥都是以含有一定量重金属元素的磷矿石为原料。过磷酸钙是通过酸法使用硫酸、硝酸、盐酸或磷酸分解磷矿石而制成的,使磷矿石中的重金属同样也被分解,因此磷矿石品质直接影响过磷酸钙重金属含量。钙镁磷肥则是通过热法,在高温下加入硅石、白云石、焦炭等或不加入其他配料分解磷矿石而制成的磷肥,热法在锻炼过程中会挥发掉一部分重金属,但是,用铬渣代替蛇纹石制钙镁磷肥是化工、冶金部门将铬渣"化害为利"综合利用的有效途径之一,钙镁磷肥中铬超标可能与用铬渣作熔剂生产钙镁磷肥有关。由于复混(合)肥由氮磷钾为基础养分通过化学方法和(或)掺混方法制成,添加磷肥的复混(合)肥会带入部分重金属,这样使得复混(合)肥重金属含量比单纯氮肥和钾肥要高甚至超标。有机肥是以畜禽粪便、动植物残体和以动植物产品为原料加工的下脚料为原料,并经发酵腐熟后制成的有机肥料,目前很多饲养厂和养殖场使用含有重金属元素的饲料添加剂,通过生物重金属富集作用,畜禽粪便中的重金属含量又要比饲料中的高。城市污泥和垃圾中重金属含量也比较高,部分企业在生产有机肥时添加城市污泥和垃圾导致有机肥料原料的污染,最终使得肥料中重金属的含量也较高。因此,肥料生产中应严格把关生产原料的品质和生产工艺,确保生产肥料的质量安全。

　　我们也对温州地区 2017 至 2020 年重金属污染耕地治理中使用的钝化剂/调理剂进行了重金属含量检测,分析投入品中的重金属 Cd、Cr、Cu、Zn、Pb 和 Ni 的含量,结果如表 3-8所示。可见不同钝化剂/调理剂的重金属含量存在较大差异。大多数钝化剂/调理剂的 Cd含量低于国家标准(GB/T 23349—2009),但水稻秸秆生物炭的 Cd 高达 12.02 mg·kg$^{-1}$,

这主要与水稻秸秆生物炭的原料有关,可能所测样品的生产原料秸秆含有较高的重金属积累。因此,对水稻秸秆为原料的生物炭应慎重应用,施用前应进行重金属含量检测。此外,农用塑料薄膜等其他农用物资中往往也含有一定量的重金属 Cd 和 Pb,在大量使用塑料薄膜的温室大棚和保护地中,如果不及时清除残留在土壤中的农膜,其中的重金属可能在土壤中积累。

表 3-8　土壤钝化剂/调理剂产品的重金属含量　　　　单位:mg·kg⁻¹

| | Cd | Cr | Cu | Ni | Pb | Zn |
|---|---|---|---|---|---|---|
| 硅钙镁钾 | 0.08 | 19.23 | 200.12 | 11.71 | 3.18 | 38.36 |
| 过磷酸钙 | 2.77 | 29.36 | 23.07 | 16.93 | 2.97 | 58.56 |
| 钙镁磷肥 | 0.06 | 43.80 | 8.89 | 20.25 | 0.75 | 7.20 |
| 羟基磷灰石 | 0.02 | 4.14 | 7.62 | 2.53 | 0.69 | 195.78 |
| 石　灰 | 1.97 | 45.63 | 13.06 | 7.94 | 2.08 | 32.77 |
| 硅　肥 | 1.63 | 3.91 | 7.68 | 26.43 | 0.80 | — |
| 复合肥 | 0.19 | 11.43 | 8.42 | 5.35 | 3.38 | 62.47 |
| 竹　炭 | 0.48 | 22.06 | 22.86 | 9.78 | 6.25 | 37.61 |
| 玉米生物炭 | 0.65 | 6.00 | 16.80 | 3.25 | 0.80 | 15.75 |
| 小麦生物炭 | 0.58 | 19.82 | 15.96 | 9.50 | 2.19 | 28.23 |
| 水稻生物炭 | 12.02 | 29.03 | 24.33 | 14.15 | 25.62 | 347.76 |
| 木　炭 | 1.24 | 6.84 | 17.36 | 5.00 | 25.80 | 236.09 |
| 谷壳生物炭 | 1.89 | 1.50 | 11.85 | 3.92 | 4.55 | 103.43 |

#### 3.2.3.4　灌溉水

灌溉水也是耕地土壤重金属的来源途径。随着环境保护与污染控制工作的深入,严格禁止了污水直排河道与污水灌溉,主要水系的重金属含量稳定达标。我们采集了温州地区典型水系与农田灌溉水样,测定了水样的重金属浓度,农田灌溉水采样点布设在主要灌溉取水口和试验区周围河流。表 3-9 所示结果表明灌溉水中 Cr、Ni、Cu、Zn、Cd 和 Pb 的平均浓度分别是 0.0170 mg·L⁻¹、0.0100 mg·L⁻¹、0.0100 mg·L⁻¹、0.0700 mg·L⁻¹、0.0002 mg·L⁻¹ 和 0.0210 mg·L⁻¹。按照国家标准《农田灌溉水质标准》(GB 5084—2005),所有水样符合标准;按照国家标准《地表水环境质量标准》(GB 3838—2002),符合 V 类水标准。田间灌溉水监测表明,稻田年灌溉用水在 200~250 t,按照 667 m² 农田每年需要 250 t 水进行计算,灌溉水中 Cd 的平均浓度 0.021 mg·L⁻¹,灌溉水每年可以向每亩田中引入 Cd 0.05 g。

表 3-9　灌溉水中重金属含量测定结果　　　　　　　单位:mg・L⁻¹

| 编号 | Cr | Ni | Cu | Zn | Cd | Pb |
|---|---|---|---|---|---|---|
| 1 | 0.0201 | 0.0111 | 0.0088 | 0.0632 | 0.0001 | 0.0177 |
| 2 | 0.0179 | 0.0108 | 0.0110 | 0.0727 | 0.0002 | 0.0259 |
| 3 | 0.0168 | 0.0103 | 0.0110 | 0.0808 | 0.0002 | 0.0243 |
| 4 | 0.0129 | 0.0068 | 0.0074 | 0.0663 | 0.0001 | 0.0177 |
| 5 | 0.0156 | 0.0089 | 0.0079 | 0.0724 | 0.0003 | 0.0232 |
| 6 | 0.0165 | 0.0098 | 0.0115 | 0.0643 | 0.0001 | 0.0211 |
| 7 | 0.0184 | 0.0120 | 0.0115 | 0.0655 | 0.0001 | 0.0192 |
| 8 | 0.0179 | 0.0107 | 0.0083 | 0.0728 | 0.0002 | 0.0252 |
| 9 | 0.0222 | 0.0142 | 0.0215 | 0.0863 | 0.0006 | 0.0190 |
| 10 | 0.0118 | 0.0066 | 0.0062 | 0.0635 | 0.0001 | 0.0173 |
| 11 | 0.0204 | 0.0141 | 0.0117 | 0.0618 | 0.0001 | 0.0191 |
| 12 | 0.0135 | 0.0070 | 0.0080 | 0.0649 | 0.0002 | 0.0257 |
| 标准 1 | 0.1 | — | 0.5 | 2.0 | 0.01 | 0.2 |
| 标准 2 | 0.1 | 0.02 | 1.0 | 2.0 | 0.01 | 0.1 |

标准 1:《地表水环境质量标准》(GB 3838—2002)。
标准 2:《农田灌溉水质标准》(GB 5084—2005)。

　　表 3-10 是试验区附近河流底泥中的重金属含量,可见底泥的重金属含量取决于当地农田的重金属含量状况。采集自无工业污染区(A 区)的河道底泥符合污泥农用标准,底泥中 Cd、Cr、Cu、Ni、Pb 和 Zn 的重金属含量平均为 0.07 mg・kg⁻¹、90.17 mg・kg⁻¹、21.65 mg・kg⁻¹、30.98 mg・kg⁻¹、21.00 mg・kg⁻¹ 和 87.07 mg・kg⁻¹;而采集自历史上受电镀工业污染区(B)区的底泥中 Cd、Cr、Cu、Ni、Pb 和 Zn 的重金属含量平均为 1.25 mg・kg⁻¹、21.75 mg・kg⁻¹、317.45 mg・kg⁻¹、68.25 mg・kg⁻¹、68.80 mg・kg⁻¹ 和 179.63 mg・kg⁻¹,底泥中 Cu 的浓度超过《农用污泥污染物控制标准》。

表 3-10　试验区周围河流污泥重金属含量分析结果　　　　单位:mg・kg⁻¹

| 编号 | Cd | Cr | Cu | Ni | Pb | Zn |
|---|---|---|---|---|---|---|
| A1 | 0.07 | 98.61 | 24.31 | 34.27 | 22.61 | 95.77 |
| A2 | 0.07 | 81.72 | 18.99 | 27.68 | 19.40 | 78.36 |
| B1 | 1.28 | 22.00 | 321.81 | 69.04 | 69.48 | 179.76 |
| B2 | 1.22 | 21.50 | 313.08 | 67.46 | 68.11 | 179.49 |
| 国家标准 | <5 | <600 | <250 | <100 | <300 | <500 |

国家标准《农用污泥污染物控制标准》(GB 4284—2018)。

　　稻草还田是提高水稻产量的主要农艺措施之一,但重金属污染稻田中产出的秸秆的重金属含量较高,秸秆还田会提高土壤重金属的活性和水稻对重金属的累积,也是稻田土壤中重金属的来源之一。因此,尽管稻草还田能够增加土壤养分和植物所需营养元素,促进水稻增产,但重金属污染的稻草进入土壤会提高土壤中重金属积累,而稻草移除有利于降低农田土壤的重金属积累,尤其是重金属重度污染农田产出的稻草还田应慎重考虑。采集了重度重金属污染耕地和优先保护类耕地两个区块的水稻秸秆,比较了不同 Cd 污染程度农田收集的水稻秸秆的 Cd 含量。两个区块秸秆的 Cd 含量存在很大差异(见图 3-3),轻微 Cd 污染农田(土壤 Cd 含量$<0.3$ mg·kg$^{-1}$)的水稻秸秆 Cd 平均含量为 1.59 mg·kg$^{-1}$;重度污染区(土壤 Cd 含量为 $0.9\sim1.0$ mg·kg$^{-1}$)的水稻秸秆 Cd 平均含量为 20.9 mg·kg$^{-1}$。经过测定两季水稻秸秆量为 $13500\sim18000$ kg·hm$^{-2}$,按照两季水稻平均秸秆量约 15000 kg·hm$^{-2}$计算,每年每公顷农田通过水稻秸秆移除大约可以带走的 Cd,优先保护类农田为 23.85 g,重度污染农田为 313.5 g。该地种植制度为双季稻,水稻采用收割机收割,在收割过程中秸秆直接打碎还田,因此秸秆还田量为 100%。每年通过秸秆参与 Cd 循环的数量占最大比例。对水稻种植农田秸秆的处理途径是影响土壤重金属平衡的重要途径。

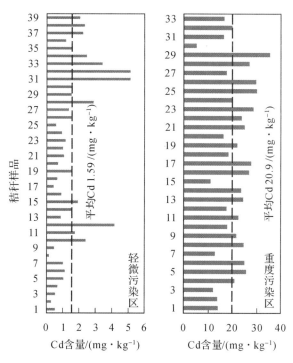

图 3-3　试验区水稻秸秆中的 Cd 含量

### 3.2.3.5　固体废物堆放与处置

固体废物中重金属极易移动,以辐射状、漏洞状向周围土壤、水体扩散。对垃圾堆放场附近耕地土壤中重金属进行测定,发现 Cd、Hg、Cr、Zn、Cu、Pb 等质量分数均高于当地土壤背景值。电子电器及其废弃物中含有大量 Cu、Zn、Cr、Hg、Cd、Pb 等,对其拆解、回收利用及处置过程中会产生重金属污染。对长江三角洲某典型废旧电子产品拆解场地周边水稻土测定结果显示其 pH 平均为 4.1,存在着严重的酸化现象,农田土壤中 Cu、Cd 全量平均值分别达到土壤环境质量二级标准值的 8.6 倍和 31.0 倍,综合污染指数为 32.3,已达严重污染程度。土壤 pH 降低可提高重金属的活性，Cu、Cd 的 0.1 mol·L$^{-1}$ HCl 提取率分别达到了 72.0% 和 50.8%。在该地的水稻籽粒中，Cd 的含量已达到国家粮食卫生标准的 2 倍多。

以某重金属污染治理示范区农田重金属 Cd 投入和输出平衡分析，对轻度 Cd 污染农田，肥料、灌溉水和秸秆还田再循环输入的 Cd 分别是 1.974 g·hm$^{-2}$、0.75 g·hm$^{-2}$ 和 23.85 g·hm$^{-2}$，按照农田有机肥施用量 15000 kg·hm$^{-2}$，年输入 7.35 g·hm$^{-2}$ 预计。化肥和灌溉水输入只占秸秆还田输入的 8.3% 和 3%。农田重金属的输出主要取决于秸秆，如果秸秆全部移出，则移出 23.85 g Cd·hm$^{-2}$。因此，农田重金属输入输出平衡分析表明控制 Cd 高富集秸秆还田是污染防控的关键，同时防止高 Cd 有机肥施用。

### 3.2.5　耕地土壤重金属污染源控制技术

在查明耕地土壤重金属污染源和污染途径的基础上，采取有效措施，实施耕地土壤不同污染来源的源头污染管控与污染途径阻断对策，从源头上防止重金属进入耕地土壤。当前，随着污染控制管理与技术的进步，结合产业结构调整，有序搬迁或依法关闭对土壤造成污染的工矿企业、工业污染源实施严格管控，从而使土壤重金属污染加重趋势得到了有效遏制。今后要进一步加强"三废"治理，发展清洁生产工艺，有效地控制和消除重金属污染源。

一方面，加强农业污染源头控制技术、削减由农业投入品导致的重金属污染。肥料尤其是有机肥生产过程中由于部分原料含有重金属，大量施用可能会导致耕地土壤重金属积累。按表 3-5 有机肥的重金属平均含量估算，以每年有机肥用量 15000 kg·hm$^{-1}$ 计算，则一年内通过有机肥输入的重金属量为：Pb 96.9 g·ha$^{-1}$，Cd 7.35 g·ha$^{-1}$，Cr 470 g·ha$^{-1}$，Cu 3.99kg·ha$^{-1}$，Zn 11.29 kg·ha$^{-1}$，Ni 108.6 g·ha$^{-1}$。如果按照每季施用化学肥料 50 kg ha$^{-1}$、一年两季计算，则一年内通过化学肥料输入的重金属量为：Cd 0.705 g·ha$^{-1}$，Cr 24 g·ha$^{-1}$，Pb 12.9 g·ha$^{-1}$，As 28.8 g·ha$^{-1}$，Cu 39.75 g·ha$^{-1}$，Zn 170.0 g·ha$^{-1}$。可见，肥料尤其是有机肥将增加土壤重金属的积累。地膜的施用也可能造成耕地土壤重金属累积，因为在地膜生产过程中需增添以 Cd 和 Pb 等为主要原料的重金属盐类稳定剂。然而，有关地膜重金属含量及其使用对农田土壤重金属的贡献还难以估算。

另一方面，控制大气沉降重金属输入。目前，大气沉降是耕地土壤重金属的重要输入源。浙江省某区域人为输入源（大气沉降、灌溉水、秸秆还田、肥料农药）研究表明，大气沉降输入了 24.7% 的 Cd 和 49.6% 的 Pb。可见，大气沉降已经成为我国耕地土壤重金属污染的主要输入源，尤其是在工业化、城市化比较发达的区域。大气沉降重金属的主要来源为工矿业、交通和人类活动等排放的重金属进入大气，控制这些途径的排放是耕地土壤重金属污染源头控制的重要内容。

## 3.3　耕地土壤重金属污染的物理修复技术

物理修复措施主要有两种。一是采用工程手段，以深耕翻土为主。深耕翻土主要是将表层重金属浓度过高的土壤与深层土经过深翻混匀，进而达到耕层土壤重金属浓度降低的目的。二是客土法和土壤置换。客土法是在污染土壤中加入大量的清洁土壤，让其与原来的污染土壤混匀,使污染物浓度降低,或将清洁客土覆盖于污染土表层,以减少污染物与作物根系的接触,从而达到减轻危害的目的。土壤置换是将原先重金属含量过高的土壤移走,然后用洁净的土壤替代,以达成修复的目标。客土应尽量选择比较黏重或有机质含量比较高的土壤,以增加土壤对重金属的负载容量,增强土壤的自净能力。

物理修复措施适用于有毒金属元素污染严重、范围小的田地,对其具有显著的修复效果,但费用昂贵。深耕翻土往往会破坏土壤结构,降低表层土壤有机质和养分含量,影响土壤肥力。客土法能够快速而有效地修复重金属污染土壤,但由于其成本高、工程量大,所以多用于重度重金属污染土壤。

# 3.4　耕地土壤重金属污染的原位钝化修复技术

## 3.4.1　原位钝化修复技术

原位钝化修复技术指通过调节土壤理化性质以及吸附、沉淀、离子交换、氧化-还原等一系列反应,将土壤中的有毒重金属固定起来,或者将重金属转化成化学性质不活泼的形态,降低其生物有效性,从而阻止重金属从土壤通过植物根部向农作物地上部的迁移累积,以达到治理污染土壤的一种修复技术。如在受 Cd 污染的土壤中施用石灰性物质,如氢氧化钙、碳酸钙、生物炭等来提高土壤 pH,提高土壤 pH 可明显降低土壤溶液中 Cd 的活度,从而降低作物对 Cd 的吸收和积累。钝化修复技术具有修复速率快、稳定性好、费用低、操作简单等特点,同时不影响农业生产,可以实现边修复边生产,尤其适用于修复大面积轻中度重金属污染农田土壤,被认为是修复重金属污染土壤经济有效的方法之一。大量研究表明,土壤经钝化修复后,有效态重金属 Cd 可降低 20%～70%,农作物(稻米、蔬菜地上部)中 Cd 等含量可降低 30%～70%;一般土壤中 Cd、Pb 等钝化修复稳定性可以达到 3 年以上。但该项修复技术可能会影响土壤环境质量,修复长期稳定性需要进行长期监控评估。目前开展的农田重金属污染修复主要以化学钝化修复为主,辅助以农艺调控措施等,以达到重金属污染农田的安全生产,解决稻米等农产品重金属超标问题。

目前,原位钝化修复采用的重金属钝化材料主要有无机钝化剂、有机钝化剂、微生物钝化剂和新型与复合材料等。常用的无机钝化剂主要为石灰类、磷酸盐类、黏土矿物类、工业副产品类等。石灰类物质主要有生石灰、熟石灰、石灰石、白云石、牡蛎壳等;磷酸盐类包括磷酸、可溶性磷酸盐和磷酸钙、磷灰石、磷矿粉、骨粉等难溶材料;黏土矿物常用的有膨润土、蒙脱石、高岭土、海泡石、沸石等;而工业副产品包括赤泥、粉煤灰、磷石膏、白云石残渣、钢渣等。无机钝化剂价格相对低廉、对重金属固定效果较好,在温州地区被广泛应用于重金属污染农田土壤的修复。无机钝化剂的作用主要通过提高土壤 pH,使土壤重金属与碳酸盐及氢氧化物形成沉淀,并增大土壤对重金属的吸附量,以降低重金属的生物有效性及移动性,减少农作物的吸收累积。有机钝化剂主要包括农作物秸秆、生物炭、有机肥、堆肥、畜禽粪便等,其修复机理主要是通过有机钝化剂表面官能团与土壤重金属产生络合作用,减少重金属的移动性和有效性。另外,有机钝化剂施加到土壤中可改善土壤团聚体的结构,影响土壤理化性质如 pH、CEC 等,从而间接地影响重金属的生物有效性。

### 3.4.1.1　无机钝化剂

温州地区应用的无机类钝化剂主要有硅钙材料(石灰、硅钙镁钾等)、含磷材料(钙镁磷肥等)及黏土矿物(海泡石、膨润土等)。硅钙材料通常呈碱性,施用到土壤中会提升土壤 pH,增强土壤对重金属离子的吸附作用,促进重金属与碳酸盐、硅酸盐等形成沉淀,降低重金属的生物有效性,并通过 Si、Ca 等元素与 Cd 的拮抗作用减少作物对 Cd 的吸收。同时,钙、硅等成分对作物的生长有促进作用,可使农产品的产量、品质以及抗不良环境能力增强。重金属污染的酸性耕地修复以碱性强、水溶性好的石灰和硅钙镁钾肥应用最广。但石灰在一定程度上具有不可持续性,因为石灰中大量的钙离子与已吸附在土壤胶体颗粒上 Cd 离子产生竞争,降低 Cd 的稳定化效果;同时,石灰维持土壤 pH 的持续时间较短,土壤易再次被酸化;长期大量施用石灰会引起土壤板结,影响土壤生态环境和作物生长。

### 3.4.1.2　有机钝化剂

温州地区应用的有机钝化剂主要有腐殖酸、生物有机肥、生物炭等产品,主要通过对重金属的络合作用降低其生物有效性。它们的钝化效果常常因其种类、施用量和土壤类型的不同有很大的差异。该类材料由于对环境破坏较小、费用较低、易操作而受到人们的重视,是应用性较强的土壤污染修复产品。有机物料含有作物生长所需的营养元素和对作物根际营养起特殊作用的生物群落、大量有机物质及其降解产物,能够提高土壤的抗缓冲性能、阳离子交换量等,增强作物抗逆能力。有机肥含大量的腐殖酸,腐殖酸中的黄腐酸对土壤中的重金属离子有络合作用,生成难溶性大分子有机络合物,抑制重金属的生物有效性和毒性。腐殖酸是一类成分复杂的天然有机物质,其分子的每个结构单元均由多环芳核和多种活性官能团组成,如酚羟基、醇羟基、羧基、氨基、醌基、磺酸基、烯醇基、甲氧基和羰基等,这些活性官能团决定了腐殖酸具有弱酸性、亲水性、阳离子交换性能以及强螯合能力和吸附能力,能够与土壤中的重金属发生离子交换、表面吸附、络合、絮凝和胶溶等一系列反应,降低重金属离子的迁移性和生物有效性。

用于重金属污染土壤修复的生物炭是由生物质在严格或部分缺氧的条件下经热解炭化产生的多孔、富含碳素的固态物质。近年来,生物炭作为土壤重金属钝化剂受到广泛关注。生物炭有较大的比表面积、阳离子交换量、表面丰富的负电荷和含氧官能团,并在高温制备过程中形成了强极性,这些特征使得生物炭具有良好的吸附能力和很高的吸附容量,可有效降低土壤中 Cd 的有效性、移动性和作物籽粒/果实中 Cd 的含量。生物炭除对土壤重金属有修复效果外,还有助于增加土壤肥力和养分。生物炭属富碳材料,速效磷和速效钾含量也较高,其施用可以直接提高土壤碳储量、速效磷和速效钾的含量,并提高土壤肥力和孔隙率,降低土壤容重,有助于增强土壤对养分的保持。

### 3.4.1.3　微生物钝化剂

微生物的代谢不仅可以改变土壤中重金属的赋存形态,影响其生物有效性,还能调节植物的养分供应,促进植物的生长发育。由于经济性与环境友好性,微生物越来越多地被应用于重金属污染土壤的钝化修复。目前,已筛选出多种具有重金属抗性或积累能力的微生物,这些微生物能显著降低作物中的重金属含量。常用的微生物钝化剂有硫酸盐还原菌、革兰阴性菌等。研究表明,硫酸盐还原菌可将硫酸盐还原成硫化物,进而使土壤环境中的重金属产生沉淀而钝化。

#### 3.4.1.4　新型与复合材料

大部分土壤调理剂都是由多种材料组合而成的,既有含钙类材料,又有含硅类材料、磷酸盐类材料、有机物质等。不同种类的钝化剂对不同类型的重金属的钝化效果存在一定的差异,所以无法通过单一的钝化剂达到对土壤的修复效果,因而能够同时修复多种重金属的复合钝化剂是针对农田土壤污染处理的重要发展方向。新型钝化剂主要是纳米材料。近年来被用于土壤重金属污染修复的纳米材料有零价铁、金属氧化物、纳米矿物以及一些改性的纳米材料。纳米材料对土壤重金属的修复主要缘于其特有的粒径小、比表面积大、表面活性高等特点。但是,该类材料价格昂贵,广泛应用仍受到限制。

根据对市场上多种土壤钝化剂的调查,其主要原料包括:牡蛎壳、贝壳、轻烧镁、生石灰、硅灰石、海泡石、沸石、钾长石、白云石、硅酸钙、石灰石、蒙脱石、石英石、甜叶菌渣、电石渣、菱镁矿、硝酸磷肥副产品及微生物菌等。其中含有白云石为原料的土壤钝化剂占 $40.0\%$,以石灰石为原料的占 $33.3\%$,以钾长石为原料的占 $30.0\%$,以牡蛎壳为原料的占 $23.3\%$。

土壤原位钝化修复技术中钝化剂的施用也可能产生一些问题。主要问题如下。①过量施用钝化剂会改变土壤性质。如长期施用石灰等碱性物质会破坏土壤团粒结构,造成土壤板结和养分流失,也会对土壤微生物的群落结构产生影响。②钝化剂可能会引入新的污染物质。如有机废弃物可能会携带大量重金属、有机污染物、病原菌等有害物质;某些以工业废弃物为原料生产的钝化剂可能含有一定数量的重金属。这些钝化剂施用会给土壤带来二次污染的风险,并降低土壤质量。③钝化剂对重金属的钝化效果会随土壤环境的改变而改变。钝化剂的施用还受到当地气候、作物品种、土壤类型等诸多因素的影响。有机钝化剂容易被降解,导致被其固定的重金属会重新释放出来;钝化固定的重金属会随着土壤 pH 的变化重新活化。因此,需要对其进行长期的环境风险评估。④钝化剂可能会降低农作物的产量。我国土壤空间异质性强,钝化剂通常需要多季或多次施用,因此需要寻找经济安全的钝化剂,提出因地制宜的重金属污染土壤修复技术。总之,钝化剂的种类繁多,部分钝化剂尚处于实验室或盆栽试验中,缺乏大面积应用的技术。开展低廉、高效、环境友好的重金属钝化剂研发是土壤重金属污染治理领域的重要研究方向。

### 3.4.2　石灰钝化技术

石灰是当前酸性重金属污染耕地最常用、最廉价的土壤重金属钝化材料。石灰的主要成分为 $CaCO_3$,能够显著提高土壤 pH,常被用来改善酸化土壤。多种含有石灰的材料,如煅烧的贝壳、钢炉渣、粉煤灰等也被用来进行土壤重金属钝化修复。石灰钝化土壤重金属的主要机制如下。①提高土壤 pH,石灰类物质的碱性可中和土壤中的活性酸,消耗 $H^+$,增加 $OH^-$,促进 Cd 离子形成 $Cd(OH)_2$ 和 $CdCO_3$ 沉淀来降低土壤 Cd 的活性。研究表明土壤 pH 是影响土壤中重金属有效态和植物吸收的最主要因素。pH 升高能降低土壤中 Cd 的有效态含量,大量研究表明重金属在土壤中的生物有效性与土壤 pH 呈负相关关系,提高土壤 pH 可以钝化土壤重金属。土壤 pH 与可交换态 Cd 含量、水稻各部位 Cd 含量具有显著相关关系,表明土壤 pH 的提高能抑制土壤中可交换态 Cd 向植物中迁移转运,降低土壤 Cd 的生物有效性,进而降低水稻各部位 Cd 含量。因此,施用石灰提高土壤 pH,从而降低土壤中生物有效态 Cd 含量,最终降低稻米 Cd 含量。②水解共沉淀反应。石灰类材料水解产生的 $OH^-$、$CO_3^{2-}$,与 $Cd^{2+}$ 形成土壤吸附点位亲和力强的氢氧化物沉淀、碳酸盐沉淀、金属—碳酸盐共沉淀物或金属氧化物等溶解度较低的化合物,降低 Cd 活性。因此,土壤 pH 升高可直接导致土壤 Cd 与 $OH^-$ 形成氢氧化物沉淀,降低土壤 Cd 的有效性。③石灰增加土壤对 Cd 的吸附。一方面,施用 CaO 等碱性物质能促使 $Cd^{2+}$ 水解为 $Cd(OH)^+$ [$Cd^{2+} + H_2O \rightarrow Cd(OH)^+ + H^+$],而 $Cd(OH)^+$ 离子在土壤吸附点位上的亲和力明显高于 $Cd^{2+}$。另一方面,土壤胶体表面负电荷增加,增强土壤中的黏土、有机质或铁铝氧化物螯合 $Cd^{2+}$ 的能力,进而影响 Cd 的吸附与解吸。土壤中带负电荷的颗粒物表面可以吸附固定 $Cd^{2+}$,这些颗粒物中的羧基基团和铁的氧化物均可以吸附 Cd,从而减小 Cd 在土壤中的有效性和迁移性,降低植物对 Cd 的吸收累积。④离子竞争交换反应。含钙钝化材料中 $Ca^{2+}$ 与 $Cd^{2+}$ 具有相似的化学性质,为 $Cd^{2+}$ 的主要竞争者,在植物根系上竞争盐基离子吸收点位,在一定程度上抑制了植物对 $Cd^{2+}$ 的吸收。相关性分析表明水稻各部位吸收累积 Cd 元素与土壤中有效态 Cd 含量显著相关,这可能与石灰中大量的 Ca 与 Cd 竞争根系位点,从而抑制植物根系对 Cd 的吸收累积有关。已有研究表明,根部供 Ca 可明显降低玉米的 Cd 含量;Ca 缓解 Cd 毒害还与 Cd 竞争植物根系上的吸收位点、阻止 Cd 向地上部运输。

　　针对石灰类物质修复 Cd 污染耕地开展了多项盆栽和大田试验,以验证其治理效果。盆栽试验土壤 Cd 含量为 0.47 mg·kg$^{-1}$,pH 为 5.1。盆栽培育试验结果表明,单施石灰和牡蛎壳粉可降低稻米 Cd 含量以及水稻各部位富集和转运系数,且随着石灰和牡蛎壳粉用量的增加,水稻糙米和茎叶中的 Cd 含量呈显著降低的趋势(见图 3-4),相比较而言,石灰降低水稻 Cd 含量的效果明显优于牡蛎壳粉。牡蛎壳粉是牡蛎壳经煅烧加工而成的富含钙、镁、硅等成分的新型土壤重金属钝化材料。它们钝化土壤中 Cd 的主要原理是通过提高土壤 pH 而降低土壤中 Cd 的有效性,从而影响水稻对土壤有效态 Cd 的吸收利用,进而降低稻米中 Cd 的含量。表 3-11 表明了石灰和牡蛎壳粉对土壤 pH 和交换性阳离子含量的影响,石灰类钝化剂中含有的 CaO 显著提高土壤 pH($P < 0.05$),降低土壤交换性酸含量,增加交换性 $Ca^{2+}$ 和 $Mg^{2+}$ 含量。由于石灰类钝化剂改善了土壤肥力状况,从而间接促进了水稻增产(见表 3-11)。土壤中 Cd 的化学形态分析表明,酸性水稻土中的 Cd 主要以交换态形态存在,交换态 Cd 约占 45%(见图 3-5),施用石灰类钝化剂明显降低了土壤中交换态 Cd 的含量,增加残渣态 Cd 含量,石灰和牡蛎壳粉分别使交换性 Cd 含量降低 8%,增加残渣态 Cd 的含量 13% 和 11%。土壤中 Cd 化学形态的变化表明石灰类钝化剂降低了重金属的移动性。必须指出的是,土壤 pH 升高也会导致营养元素的有效性和土壤酶活性的降低,降低农作物生物量。由于环境因素的影响,土壤 pH 随着时间的推移呈下降趋势,这也会导致土壤中难溶态 Cd 的释放。因此,在田间条件下,需要多次适量应用石灰类改良剂才能取得有效的效果,但长期、大量施用石灰会导致土壤板结和养分失衡,影响农作物产量。石灰能在短时间内提高土壤 pH,降低稻米 Cd 的含量,但是石灰时效性短,土壤复酸化现象显著,因此降低对土壤 Cd 的钝化效果。

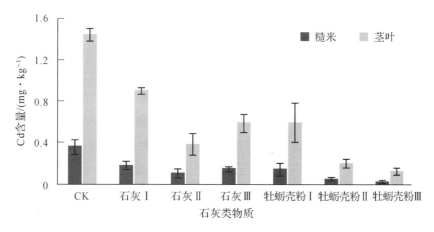

图 3-4　石灰和牡蛎壳粉对水稻糙米和茎叶中 Cd 含量的影响

注:Ⅰ、Ⅱ和Ⅲ分别代表石灰和牡蛎壳粉用量为 0.05%、0.10% 和 0.15%,CK 为不添加石灰和牡蛎壳粉处理,盆栽试验土壤为 5 kg。

表 3-11　石灰和牡蛎壳粉对土壤 pH、交换性阳离子含量和水稻产量的影响

| 处　理 | pH | 交换性酸 | K | Na | Ca | Mg | 籽粒产量/ |
|---|---|---|---|---|---|---|---|
| | | 阳离子含量/(cmol · kg$^{-1}$) | | | | | (g · 盆$^{-1}$) |
| CK | 5.08f | 1.05a | 0.19e | 0.44c | 8.72d | 1.07cd | 38.49e |
| 石灰Ⅰ | 5.49d | 0.26def | 0.20de | 0.36cd | 9.95bc | 1.02d | 36.22e |
| 石灰Ⅱ | 5.74c | 0.24ef | 0.26cd | 0.36cd | 10.03bc | 1.49b | 43.80e |
| 石灰Ⅲ | 5.29b | 0.75ef | 0.19bc | 0.33cd | 8.86a | 1.16c | 39.56d |
| 牡蛎壳粉Ⅰ | 5.29e | 0.75b | 0.19e | 0.33d | 8.86cd | 1.16c | 39.56e |
| 牡蛎壳粉Ⅱ | 5.31e | 0.71b | 0.20e | 0.35cd | 8.92c | 1.46bc | 51.49d |
| 牡蛎壳粉Ⅲ | 5.51d | 0.67b | 0.26cd | 0.37cd | 9.78c | 1.52ab | 56.49d |

注:同列中不同字母表示不同处理间结果呈显著性差异($P < 0.05$)。

　　针对 Cd 和 Cu 重度复合污染土壤的修复,笔者进行了石灰类物质修复重金属污染土壤的盆栽试验。试验土壤系 Cd 和 Cu 重度污染的强酸性砂壤土,采用石灰和粉煤灰为钝化材料,选择 2 种钝化剂单独和联合施用对钝化 Cd 和 Cu 的效果进行试验。试验结果如表 3-12 所示,可见石灰对 Cd 和 Cu 具有联合钝化作用,降低土壤 pH 和酸度。与对照相比,石灰使水稻籽粒 Cd 含量降低 40%,粉煤灰使籽粒 Cd 含量降低 28%,石灰+粉煤灰使籽粒 Cd 含量降低 60%;同时,石灰使籽粒 Cu 含量降低 57%,粉煤灰使籽粒 Cu 含量降低 52%,石灰+粉煤灰使籽粒 Cu 含量降低 56%。钝化剂石灰和粉煤灰也显著降低水稻秸秆和根系的重金属含量。由此表明应用石灰和粉煤灰对 Cd 和 Cu 具有联合钝化效果。2 种钝化剂均促进了水稻生长并降低了 Cd 和 Cu 在水稻体内的转运系数,重金属的化学形态分析揭示其钝化机制可能是重金属从可溶态转化为氢氧化物、硅酸盐类沉淀等形式。结果也表明施用钝化剂后水稻籽粒的 Cd 含量仍超过食品卫生污染物 Cd 限量标准。可见,在重度 Cd 污染土壤中采用钝化剂难以修复,可以将其划分为粮食、蔬菜等农作物禁产区,或者改变农作制度,让水

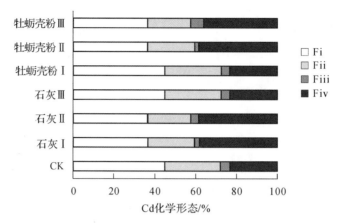

图 3-5 石灰和牡蛎壳粉对土壤中 Cd 化学形态的影响

注:Fi,酸可提取态;Fii,可还原态;Fiii,可氧化态;Fiv,残渣态。

稻退出生产,改种旱地作物。

表 3-12 石灰和粉煤灰修复重度 Cd 和 Cu 复合污染土壤的效果

| 钝化剂 | Cd 含量/(mg·kg$^{-1}$) | | | | Cu 含量/(mg·kg$^{-1}$) | | | |
| --- | --- | --- | --- | --- | --- | --- | --- | --- |
| | 总量 | 籽粒 | 秸秆 | 根系 | 总量 | 籽粒 | 秸秆 | 根系 |
| CK | 1.035 | 0.60a | 3.65b | 19.59a | 287.08 | 125.23a | 34.96a | 513.29a |
| L | 0.904 | 0.36b | 6.22b | 16.50a | 268.20 | 54.42b | 19.00b | 316.58b |
| F | 0.918 | 0.43b | 8.86a | 16.57a | 278.30 | 60.7b | 25.31b | 341.26b |
| L+F | 0.926 | 0.24c | 1.92c | 8.17b | 272.27 | 55.25b | 20.66b | 329.60b |

注:同列中不同字母代表结果间呈显著性差异($P<0.05$)。L,石灰;F,粉煤灰;L+F,石灰+粉煤灰。

### 3.4.3 磷酸盐类钝化技术

磷是植物必需的大量营养元素之一,土壤磷酸盐可通过吸附重金属或与重金属形成磷酸金属沉淀,从而抑制土壤重金属的移动性和有效性。研究发现磷酸盐可显著促进土壤中 Cd 的固定,抑制 Cd 的生物有效性,降低植物 Cd 吸收的累积量。土壤中磷酸盐能增加土壤表面负电荷,使 $Cd^{2+}$ 吸附在土壤颗粒周围。磷酸盐能够与重金属形成稳定的磷酸盐沉淀,降低重金属在土壤中的迁移性。

磷酸盐钝化土壤中重金属可能与下列过程有关。

一是磷酸盐改变土壤理化性质。含磷材料溶解时消耗土壤溶液中 $H^+$ 或与土壤中可变电荷成分(铁、铝氧化物等)反应,增加土壤表面负电荷,促进 Cd 与磷酸盐形成沉淀络合物。如磷矿石本身含有一些游离碳酸钙($CaCO_3$),它在土壤中溶解可消耗酸,通过这个过程产生一定的石灰作用。不同磷矿石的等效石灰值约为每吨磷矿石含有 450~560 kg $CaCO_3$。

二是沉淀络合作用。含磷材料中磷酸解离溶解过程产生的磷酸根离子促进与 $Cd^{2+}$ 发生共沉淀、表面络合作用。易溶性磷酸盐与 $Cd^{2+}$ 形成磷酸 Cd 沉淀[$Cd_3(PO_4)_2$],难溶性磷酸盐溶解后与 $Cd^{2+}$ 形成环境稳定性更强的磷镉羟基类物质($Ca_{10-x}Cd_x$)($PO_4$)$_6$($OH$)$_2$。其中对 Cd 来说,表面络合和共沉淀是羟基磷灰石吸附 Cd 的主要机制。

$$Ca_{10}(PO_4)_6(OH)_2(s) + xCd^{2+} \rightarrow (Ca_{10-x}Cd_x)(PO_4)_6(OH)_2(s) + xCa^{2+}$$

含磷材料中有丰富的磷,为土壤提供有效磷,并通过磷与 Cd 的沉淀作用将 Cd 由植物可利用态转化为无效态。磷酸盐可以与 30 多种元素结合形成磷矿物。由于其高反应性,以金属磷酸盐形式沉淀是重金属的主要固定机制之一,例如 Cd,Pb 和 Zn。这些形成的金属—P 化合物在较宽的 pH 范围内具有极低的溶解度,这使得含磷物质应用成为修复重金属污染土壤的一项重要技术。在大多数水稻土的 pH 范围内(6.5~7.5),金属磷酸盐和氢氧化物是不溶性的。利用 X 射线吸收精细结构光谱(XAFS)进行深入研究表明,即使在溶液浓度相对于重金属沉淀相而言是不饱和的,也可能会形成表面沉淀。虽然磷化合物降低了 Cd 在土壤中的溶解度,但 pH 变化可影响固定/沉淀过程。在 pH≤5 条件下,P 化合物对 Cd 的去除率较低(80%),而 pH 在 6.75 至 9 之间时,去除率为 99%。在酸性条件下仅观察到磷酸 Cd$[Cd_5H_2(PO_4)_4 \cdot 4H_2O]$的晶相;而在 pH 为 7 时,可观察到 $Cd(H_2PO_4)_2$、$Cd_3(PO_4)_2$ 和 $Cd_5H_2(PO_4)_4 \cdot 4H_2O$ 的晶相。

三是离子交换作用。含磷材料溶解过程中 $Cd^{2+}$ 与含磷矿物晶格中阳离子发生同晶置换后被固定,进而降低 Cd 的活性及其迁移性。研究发现磷酸盐能够将土壤中的 Pb、Zn、Cd 由可交换态、有机结合态转化为磷氯铅矿等残渣态,进而降低油菜(Brassica campestris L.)中这些重金属的含量。主要过程是 $Cd^{2+}$ 可进入磷酸盐无定型晶格而被固定,从而减少其移动性和生物有效性。

四是直接/诱导吸附作用。含磷材料应用可导致重金属直接吸附在这些磷化合物上,通过增加表面电荷增强阴离子诱导的金属吸附,通过金属—络合物形成减少金属吸附,并通过竞争诱导 Cd 的解吸。如磷灰石能直接吸附锌、铜和 Cd 等金属,其吸附顺序主要取决于 pH。$Cd^{2+}$ 被含磷材料表面直接吸附固定或 $HPO_4^{2-}$ 等阴离子诱导吸附反应形成磷酸盐沉淀,如$(Cd_5PO_4)_6X(X=F、Cl、B、OH)$。磷化合物对 Cd 的直接吸附可能通过下面几种机制实现。①负电荷的增加。②$HPO_4^{2-}$ 的共吸附和金属作为离子对。③P 化合物上金属的表面络合物形成。P 引起负电荷增加的最常见原因包括电荷零点向较低 pH 移动、正电荷的中和和电解质抑制。

$$FeOOH(s) + HPO_4^{2-} \rightarrow FeOHPO_4^-(s) + OH^-$$

研究表明,向土壤中添加磷酸二氢钙及磷酸二氢铵可固定土壤中 50% 以上的有效态 Cd 和 Pb,且不会导致土壤酸化和金属再迁移,将含磷材料与硅钙材料复配使用可以在促进水稻生长的同时降低其对 Cd 的吸收。

磷酸盐对土壤 Cd 的钝化效率与磷酸盐种类、粒径大小及土壤性质等因素相关。对比 4 种磷酸型肥料(磷酸二氢铵、磷酸二氢钾、过磷酸钙和磷酸三钙)对土壤 Cd 的固定效果发现,磷酸二氢钾的 Cd 钝化效果最佳,可降低 48.7% 的土壤有效态 Cd,其次为磷酸二氢铵,可降低 44.1% 的土壤有效态 Cd,而过磷酸钙和磷酸三钙的钝化效果不明显。主要是磷酸二氢钾及磷酸二氢铵均可较大限度地释放土壤有效磷酸盐,有效磷酸盐与土壤 Cd 形成沉淀化合物,从而降低 Cd 的移动性和生物有效性。细粒径(<35 $\mu m$)磷矿石的固定作用优于大粒径 (>35 $\mu m$)磷矿石。研究表明,$KH_2PO_4$ 添加可提高土壤 pH,增大土壤表面负电荷数,增大土壤对 Cd 的吸附。在相同浓度磷酸盐的处理下,水铝英石土壤的 pH、表面负电荷、Cd 吸附量的升高或增大幅度均比非水铝英石土壤大,Cd 的固定效果更佳。值得注意的是,尽管磷肥对 Cd 具有固定或钝化作用,但磷肥本身往往含有一定量的 Cd,因此磷肥也被认为是农田土壤 Cd 污染的重要来源之一,因此施用磷肥,需进一步考察其环境风险。

　　为了进一步了解磷酸盐类钝化剂修复 Cd 污染土壤的效果,我们采用人工添加 Cd,利用盆栽培育试验研究了磷酸盐对土壤中 Cd 的固定效果。试验土壤为红壤和水稻土,采用人工添加 Cd 溶液,Cd 的水平按照土壤环境质量标准筛选值二级标准(0.4 mg·kg$^{-1}$)和严格管控标准(2.0 mg·kg$^{-1}$)选取,人工添加 Cd 的土壤老化 3 个月。供试植物为小白菜(*Brassia chinensis*),每盆土 3 kg,每个处理重复 3 次。施加磷酸盐进行培育试验,磷酸盐浓度水平为0、150 和 300 mg·kg$^{-1}$,分别用 P0、P50 和 P150 表示。试验过程如图 3-6 所示。小白菜成熟后取样分析土壤总 Cd、植物地上部及地下部 Cd 含量、Cd 化学形态、有效态 Cd 含量(用 CaCl$_2$、EDTA 和 DGT 提取)、土壤总磷、速效磷和蔬菜生物量等指标。盆栽试验结果表明(见图 3-7),蔬菜生物量随着土壤中 Cd 浓度的增加而明显降低,而土壤中磷浓度增加,能缓解这种降低趋势。在不施磷的情况下,0.4 mg Cd·kg$^{-1}$ 和 2 mg Cd·kg$^{-1}$ 处理的蔬菜生物量均比对照下降。水稻土中蔬菜生物量分别降低 7% 和 47%,红壤中则分别降低 10% 和 20%。施加 150 mg·kg$^{-1}$ 和 300 mg·kg$^{-1}$ 磷酸盐,均可增加蔬菜生物量,表明磷酸盐能够缓解由土壤 Cd 污染引起的蔬菜生物量下降。

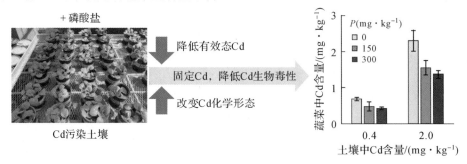

图 3-6　磷酸盐钝化土壤 Cd 试验示意

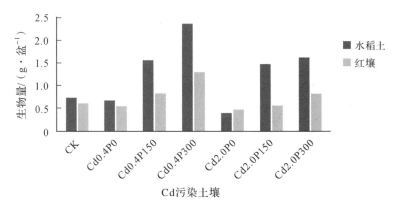

图 3-7　磷酸盐对 Cd 污染土壤中蔬菜生物量的影响

　　蔬菜根系和叶中的 P 浓度的测定表明(见图 3-8),随着土壤中 Cd 浓度上升,根系和叶中的磷浓度显著下降($P<0.05$),表明土壤中 Cd 影响了植物对磷的吸收。蔬菜根系和叶(地上部分)中 Cd 含量测定表明(见表 3-13),随着土壤中 Cd 浓度的提高,蔬菜中的 Cd 含量显著增加,而蔬菜中的 Cd 含量随着磷施入量的增加显著降低,说明磷可以降低蔬菜对 Cd 的

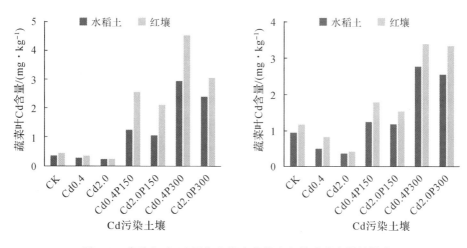

图 3-8　磷酸盐对 Cd 污染土壤中蔬菜叶和根系磷含量的影响

吸收和积累。而红壤上种植的蔬菜可食部和根部 Cd 积累量均大于水稻土,施磷对于红壤上蔬菜 Cd 积累量的降低更显著,这可能和土壤的质地有关。

表 3-13　磷酸盐对蔬菜地上部分和根系中 Cd 含量的影响

|  | P 浓度 /(mg·kg⁻¹) | Cd 浓度/(mg·kg⁻¹) | | | |
|---|---|---|---|---|---|
|  |  | 0.4 | 2.0 | 0.4 | 2.0 |
| 地上部分 | 0 | 0.68±0.04 | 2.30±0.30 | 0.83±0.13 | 2.71±0.49 |
|  | 150 | 0.48±0.13 | 1.54±0.02 | 0.57±0.05 | 1.76±0.22 |
|  | 300 | 0.42±0.03 | 1.36±0.11 | 0.45±0.07 | 1.49±0.03 |
| 根　系 | 0 | 2.77±0.45 | 6.87±0.24 | 3.55±0.29 | 14.67±0.34 |
|  | 150 | 2.15±0.11 | 5.53±0.06 | 2.27±0.23 | 9.71±0.33 |
|  | 300 | 1.93±0.07 | 5.35±0.26 | 2.08±0.13 | 8.63±0.87 |

表 3-14　磷酸盐对土壤中有效性 Cd 含量的影响

| P 浓度 /(mg·kg⁻¹) | | 有效性 Cd 浓度/(mg·kg⁻¹) | | |
|---|---|---|---|---|
|  |  | CaCl$_2$ | EDTA | DGT |
| 水稻土 | | | | |
| CK | 0 | 0.057±0.004 | 0.080±0.007 | 0.51±0.03 |
| 0.4 | 0 | 0.268±0.053 | 0.533±0.031 | 1.54±0.16 |
|  | 150 | 0.231±0.067 | 0.481±0.098 | 0.77±0.13 |
|  | 300 | 0.167±0.013 | 0.414±0.076 | 0.65±0.09 |
| 2.0 | 0 | 0.821±0.204 | 1.912±0.071 | 7.46±0.82 |
|  | 150 | 0.792±0.027 | 1.765±0.200 | 3.62±0.25 |
|  | 300 | 0.536±0.050 | 1.482±0.073 | 3.03±0.26 |

续表

| | P 浓度 /(mg · kg⁻¹) | 有效性 Cd 浓度/(mg · kg⁻¹) | | |
|---|---|---|---|---|
| | | CaCl₂ | EDTA | DGT |
| 红　壤 | | | | |
| CK | 0 | 0.077±0.077 | 0.137+0.006 | 0.63±0.11 |
| 0.4 | 0 | 0.398±0.398 | 0.569±0.017 | 1.80±0.06 |
| | 150 | 0.376±0.376 | 0.529±0.059 | 0.76±0.23 |
| | 300 | 0.291±0.291 | 0.432±0.014 | 0.68±0.12 |
| 2.0 | 0 | 1.380±1.380 | 2.149±0.301 | 8.69±4.55 |
| | 150 | 1.284±1.284 | 1.959±0.847 | 3.59±1.28 |
| | 300 | 1.008±1.008 | 1.589±0.124 | 3.29±0.53 |

　　磷酸盐降低作物对 Cd 的吸收和积累,这主要与磷酸盐降低土壤中 Cd 的有效性和改变 Cd 的化学形态有关。利用 3 种提取方法(CaCl₂、EDTA 和 DGT)提取土壤中有效态 Cd,结果表明(见表 3-14),磷酸盐显著降低 CaCl₂、EDTA 和 DGT 提取的有效态 Cd 含量,其中红壤中的有效态 Cd 含量比水稻土高,与蔬菜可食部和根部中积累的 Cd 规律一致。土壤中 Cd 的化学形态分析表明(见表 3-15),水稻土中的 Cd 主要以可交换态(Fii)和有机结合态 Cd (Fiv)为主,施加磷后土壤中 Fii 形态 Cd 含量降低,说明生物有效态 Cd 在磷的作用下向非生物有效的 Fv 转变,降低了生物有效态 Cd 含量。相关性分析表明(见表 3-16),根系 Cd、叶 Cd、EDTA-Cd、CaCl₂-Cd 和 DGT-Cd 之间极显著相关($P<0.01$)。可见,施磷对 Cd 有阻控作用,磷酸盐明显降低了蔬菜中 Cd 的含量,抑制了 Cd 对植物的毒害。

表 3-15　磷酸盐对土壤中 Cd 化学形态的影响

| Cd 含量 /(mg · kg⁻¹) | P 含量 /(mg · kg⁻¹) | Fi | Fii | Fiii | Fiv | Fv |
|---|---|---|---|---|---|---|
| 水稻土 | | | | | | |
| 0 | 0 | 0.001 | 0.087 | 0.078 | 0.014 | 0.083 |
| 0.4 | 0 | 0.004 | 0.292 | 0.268 | 0.024 | 0.083 |
| | 150 | 0.003 | 0.275 | 0.276 | 0.028 | 0.093 |
| | 300 | 0.002 | 0.253 | 0.276 | 0.031 | 0.101 |
| 2.0 | 0 | 0.012 | 1.207 | 0.967 | 0.056 | 0.090 |
| | 150 | 0.010 | 1.058 | 1.054 | 0.057 | 0.106 |
| | 300 | 0.008 | 1.089 | 1.057 | 0.057 | 0.110 |

| Cd 浓度 /(mg·kg⁻¹) | P 浓度 /(mg·kg⁻¹) | Fi | Fii | Fiii | Fiv | Fv |
|---|---|---|---|---|---|---|
| 红　壤 | | | | | | |
| 0 | 0 | 0.003 | 0.088 | 0.044 | 0.007 | 0.098 |
| 0.4 | 0 | 0.004 | 0.333 | 0.142 | 0.011 | 0.146 |
| | 150 | 0.003 | 0.313 | 0.155 | 0.011 | 0.156 |
| | 300 | 0.002 | 0.289 | 0.169 | 0.012 | 0.162 |
| 2.0 | 0 | 0.008 | 1.543 | 0.582 | 0.027 | 0.086 |
| | 150 | 0.012 | 1.404 | 0.608 | 0.027 | 0.088 |
| | 300 | 0.013 | 1.344 | 0.581 | 0.033 | 0.102 |

注：Fi，水溶性；Fii，可交换态；Fiii，铁锰氧化物结合态；Fiv，有机结合态；Fv，残留态。

表 3-16　蔬菜中 Cd 含量与土壤有效态 Cd 的关系

| | 根 Cd | 叶 Cd | EDTA-Cd | CaCl₂-Cd | DGT-Cd |
|---|---|---|---|---|---|
| 根 Cd | 1 | 0.932** | 0.906** | 0.968** | 0.876** |
| 叶 Cd | | 1 | 0.964** | 0.922** | 0.963** |
| EDTA-Cd | | | 1 | 0.941** | 0.876** |
| CaCl2-Cd | | | | 1 | 0.826** |
| DGT-Cd | | | | | 1 |

注：* $P<0.05$；** $P<0.01$。

采用含磷化合物修复重金属污染土壤的方法已经得到了广泛应用。含磷化合物因其价格低廉、原材料易获得以及见效快等优点，被作为 Cd 污染土壤常用的钝化材料。但是长期施用磷化合物来降低土壤 Cd 含量，会引起地下水的富营养化，所以需要对含磷化合物的施用进行一定的控制，以免造成新的污染。

## 3.4.4　黏土矿物钝化技术

黏土矿物是土壤、沉积物、岩石及水体的重要胶体组分，主要由含水铝硅酸盐组成，常用于重金属污染土壤修复的黏土矿物有海泡石、坡缕石、膨润土、沸石等。黏土矿物主要通过离子交换、吸附、沉淀和络合等方式固定土壤中的重金属。黏土矿物具有较大的比表面积，对重金属具有良好的吸附性能；黏土矿物水解释放的阴离子 $OH^-$、$CO_3^{2-}$、$SiO_3^{2-}$ 等与 $Cd^{2+}$ 反应形成难溶沉淀物，改变 Cd 赋存形态，降低其活性；黏土矿物含有的表面基团 $SiO_4^{4-}$、$AlO_4^{6-}$ 基团使颗粒表面带负电，通过正负电荷吸引作用与 Cd 发生配合作用，表面硅羟基（Si—OH）及层间 $SiO^-$ 可与 $Cd^{2+}$ 发生配位反应，形成 Cd 硅酸盐等溶解度较小的沉淀物。

### 3.4.4.1　海泡石

海泡石是天然含水的富镁硅酸盐层状黏土矿物，为镁氧八面体和硅氧四面体相互交替扩展结构,具有巨大的比表面积和良好的离子交换能力。海泡石带有大量的负电荷,能够通过离子交换、吸附、表面络合、形成沉淀[如 $Cd(OH)_2$ 或 $CdCO_3$]等降低 Cd 的可溶性,抑制 Cd 的活性、迁移和生物有效性。海泡石中含有丰富的硅,其丰富的硅含量在 Cd 污染土壤修复中起到重要作用。田间试验发现,添加天然海泡石显著提高稻田土壤 pH,增大土壤碳酸盐结合态 Cd 浓度,降低酸提取态 Cd 及可交换态 Cd 浓度,降低水稻 Cd 吸收量,且海泡石对 Cd 的固定作用可持续 2 年。海泡石与石灰石、磷肥及膨润土联合施用可进一步促进污染土壤 Cd 的固定。另外,海泡石也含有一定的重金属,由于目前没有土壤调理剂国家标准和相关行业标准,参照我国有关肥料重金属的限量标准评估,海泡石中 Cd、Pb、As、Cr 和 Hg 等重金属的含量较低,符合我国现行的肥料重金属限量标准。因此,海泡石作为土壤调理剂基本是安全的。

### 3.4.4.2　膨润土

膨润土由层状硅酸盐组成,其层状硅酸盐结构的边缘载有多个铝和硅醇官能团,硅铝酸盐表面的同晶替换作用导致膨润土表面带负电。膨润土比表面积较大,一般可达 $700\sim800$ $m^2 \cdot g^{-1}$,因而膨润土有较强的吸附和离子交换能力。膨润土具有较高的阳离子交换量,能够通过离子交换作用将土壤重金属离子吸附于其表面上,进而降低重金属的迁移性。重金属还能与矿物晶体通过共价键形成专性吸附,很难再从黏土矿物上解吸下来。如向 Pb 和 Cd 污染的土壤中施入膨润土后,土壤中的 Pb 和 Cd 主要由可交换态转化为残渣态,且水稻体内的 Pb 和 Cd 浓度显著降低。

### 3.4.4.3　坡缕石

坡缕石又称凹凸棒土、凹土,在我国储量丰富、分布广、价格低廉。坡缕石为晶质水合镁铝硅酸盐黏土矿物,具有独特的层链状结构特征,其结构中存在晶格置换,疏松多孔,具备较大的比表面积和吸附能力。坡缕石对 $Cd^{2+}$ 的最大吸附量可达 $40$ $mg \cdot g^{-1}$,高于普通黏土矿物。研究表明,施加坡缕石的稻田土壤有效态 Cd 浓度降低,水稻糙米中 Cd 累积量减少。坡缕石对土壤 Cd 的钝化机制主要是通过提高 pH,使 Cd 与土壤中碳酸盐或氢氧化物形成沉淀。此外,坡缕石的表面官能团与 Cd 络合,沉淀与络合的共同作用导致稻田土壤 Cd 的生物有效性降低。利用 X 射线光电子能谱学(XPS)、扫描电子显微镜—能量色散光谱法(SEM-EDS)、X 射线衍射(XRD)及傅里叶变换红外光谱(FT-IR)等技术进一步证实坡缕石对 $Cd^{2+}$ 的吸附机制主要为表面 $CdCO_3$ 沉淀的产生及羟基官能团的络合作用。

### 3.4.4.4　沸　石

沸石广泛分布于自然土壤和沉积物中,是一种含水硅铝酸盐矿物。天然沸石具有特殊硅(铝)氧四面体三维空间结构,使其具备良好的过滤功能和离子交换性能,对重金属具有较强的吸附能力。已有大量研究表明,添加沸石可降低土壤 Cd 的生物有效性,其作用机制与前面所述的黏土矿物类似。田间小区试验研究表明,沸石对 Cd 的吸附能力强于膨润土,施加沸石可有效降低土壤 Cd 的生物有效性和水稻地上部和根部 Cd 的累积量。近年来,纳米沸石被用于土壤重金属污染修复,与传统沸石相比,纳米沸石具有更大的比表面积,使其具有更丰富可调的表面电荷和可交换的表面离子。对比研究证实,纳米沸石的 Cd 钝化效果优于普通沸石。

黏土矿物由于具有层状或链层状结构,比表面积相对较大,表面带有负电荷,所以可通过吸附、络合、共沉淀等作用降低重金属离子的活性。且黏土矿物施加到土壤中能长时间稳定存在,对重金属的钝化效果具有持久性。然而,黏土矿物种类复杂且天然矿物杂质含量高,可能存在二次污染的风险;黏土矿物用于耕地土壤 Cd 原位钝化往往用量较大,生产成本过高,钝化重金属效果稳定性、长期性变化较大,因此大规模的实际应用受到限制。

## 3.4.5　硅钙镁钾肥钝化技术

硅钙镁钾肥作为枸溶性碱性肥料,不仅含有 K、Ca、Mg 等植物生长所需的大量营养元素,同时还含有稻、麦等禾本科植物所必需的 Si 元素。硅钙镁钾本身含有碱性物质,如其中成分氧化钙和氧化钾等均能造成土壤 pH 上升;其次硅钙镁钾中的 3 种主要金属离子($Ca^{2+}$、$Mg^{2+}$、$K^+$)可与土壤胶体表面的氢离子和三价铝离子发生交换。一方面,可使土壤表面的胶体上所带负电荷量大幅增加,进一步诱导重金属形成阳离子羟基化合物沉淀,从而起到钝化重金属的目的;另一方面,通过离子交换和共沉淀反应降低土壤酸化对土壤养分有效性的影响。因此,硅钙镁钾土壤调理剂能够在一定程度上改良酸性土壤,提高其 pH。硅钙镁钾肥中的钙、硅成分能够促进农作物生长和发育,提高农作物的产量和品质。硅元素可以有效地促进水稻生长并改善其根系的氧化能力,同时也有助于水稻株型挺拔、叶片增粗,进而提高净光合率。经过温州地区多点多年田间试验可知,施加硅钙镁钾肥可显著降低水稻可食部的 Cd 积累量,且在一定的范围内,随着硅钙镁钾肥使用量的增加,效果更加明显。同时,施用硅钙镁钾肥对水稻有显著的增产效果。因此,硅钙镁钾肥作为重金属污染耕地修复的土壤钝化剂得到广泛应用,在田间试验和大田示范中效果良好。

### 3.4.5.1　硅钙镁钾肥对水稻产量的影响

为解释硅钙镁钾肥对重金属 Cd 的钝化效果与机制,我们采用盆栽培育试验进行验证。供试土壤分别为水稻土和红壤。两种土壤的基本理化性质如下。红壤:pH 5.8;土壤有机质,23.53 g·$kg^{-1}$;阳离子交换量,8.33 cmol·$kg^{-1}$;总 Cd 含量,0.239 mg·$kg^{-1}$;黏粒,140.0 g·$kg^{-1}$;总氮,0.32 g·$kg^{-1}$;总磷,6.42 g·$kg^{-1}$;总钾,47.60 g·$kg^{-1}$。水稻土:pH 5.87;土壤有机质,25.30 g·$kg^{-1}$;阳离子交换量,13.58 cmol·$kg^{-1}$;总 Cd 含量,0.263 mg·$kg^{-1}$;黏粒,179.9 g·$kg^{-1}$;总氮,0.22 g·$kg^{-1}$;总磷,4.58 g·$kg^{-1}$;总钾,30.28 g·$kg^{-1}$。硅钙镁钾肥为粒状,含氧化硅 $SiO_2 \geqslant 25\%$,氧化钙 $CaO \geqslant 25\%$,氧化镁 $MgO \geqslant 5\%$,氧化钾 $K_2O \geqslant 8\%$,微量元素(铜、铁、锌、硼、锰、钼、氯)$\geqslant 2\%$,Cd 含量为 0.08 mg·$kg^{-1}$。由于两种土壤的 pH 均为 5.5~6.5,由此设定低、高浓度 Cd 处理分别为对应 pH 的风险筛选值(0.4 mg·$kg^{-1}$)和风险管控值(2.0 mg·$kg^{-1}$)。将外源 Cd 以溶液形式($CdSO_4 \cdot 8/3H_2O$)加入土壤,同时加入基肥 N(尿素)、P(磷酸二氢钙)、K(氯化钾)分别为 0.15 g·$kg^{-1}$、0.05 g·$kg^{-1}$、0.1 g·$kg^{-1}$,将土壤随溶液充分拌匀,老化培养 3 个月,保持 80% 田间持水量,使土壤中 $Cd^{2+}$ 达到吸附解吸平衡。老化结束后将土壤分装入培养盆(直径 18.5 cm、内口直径 27.9 cm、外口直径 32 cm 和高 20.9 cm),试验作物水稻品种为中浙优 8 号。试验设置 7 个处理,分别是对照(CK)、低浓度和高浓度 Cd 处理(分别添加 0.4

mg·kg⁻¹、2.0 mg·kg⁻¹),硅钙镁钾肥处理(分别添加1‰、2‰硅钙镁钾肥)。水稻成熟后,采集水稻植株和土壤样品。

试验结果表明,在 Cd 污染土壤中,施用硅钙镁钾显著增加水稻产量(见图3-9),且随着硅钙镁钾肥用量的增加,产量也显著增加($P<0.05$)。在高 Cd 处理组,施用2‰硅钙镁钾肥的红壤和水稻土的水稻产量分别比不施加硅钙镁钾肥的处理高38.7%和17.3%。当添加相同硅钙镁钾肥浓度时,高 Cd 处理会导致水稻产量降低,但差异不显著($P>0.05$)。在不施硅钙镁钾肥的低 Cd 和高 Cd 水平下,红壤中水稻产量分别下降了3.1%和6.5%,水稻土中则分别降低了9.3%和7.1%。

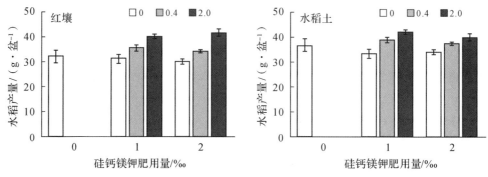

图3-9　硅钙镁钾肥对水稻产量的影响

注:不同字母代表不同处理的结果间差异显著($P<0.05$)。

### 3.4.5.2 硅钙镁钾肥对土壤 pH 和 Cd 含量的影响

盆栽试验中硅钙镁钾肥对土壤 pH 的影响如图3-10所示。从图3-10中可以看到,硅钙镁钾肥对土壤 pH 有较大的影响,Cd 污染土壤中施加硅钙镁钾肥后,土壤 pH 均呈上升趋势。红壤 pH 为5.87,水稻土 pH 为5.80,当土壤 Cd 浓度相同时,施用硅钙镁钾肥导致土壤 pH 上升,且高硅钙镁钾肥处理与不施比较差异显著($P<0.05$),由此表明硅钙镁钾肥对酸性土壤改良作用。在高 Cd 处理土壤中,2‰硅钙镁钾肥的处理分别使红壤和水稻土的 pH 增加0.60单位和0.73单位。

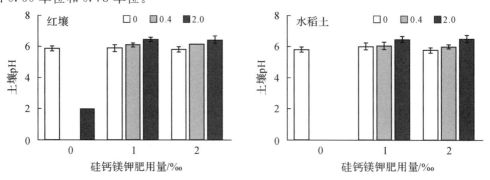

图3-10　硅钙镁钾肥对土壤 pH 的影响

注:不同字母代表不同处理的结果间差异显著($P<0.05$)。

硅钙镁钾肥对土壤 EDTA 提取态 Cd(EDTA-Cd)含量的影响如图3-11所示。随着硅钙镁钾肥的添加,土壤总 Cd 浓度没有明显变化,水稻土高 Cd 处理下土壤总 Cd 的均值虽然

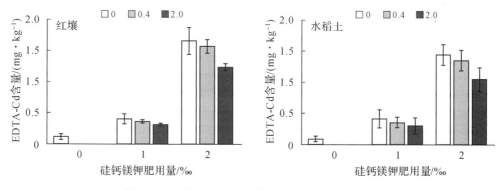

图 3-11　硅钙镁钾肥对土壤 EDTA-Cd 含量的影响

注：不同字母代表不同处理的结果间差异显著（$P<0.05$）。

有所下降，但差异不显著（$P>0.05$）。而施用硅钙镁钾肥后，EDTA-Cd 浓度显著降低（$P<0.05$）。在高 Cd 污染下的红壤中，EDTA-Cd 浓度从 1.653 mg · kg$^{-1}$（T0）降低到 1.238 mg · kg$^{-1}$（T2）（$P<0.05$），水稻土则是从 1.452 mg · kg$^{-1}$ 降到 1.054 mg · kg$^{-1}$。尽管 EDTA-Cd 含量随着土壤总 Cd 含量的增加而增加，而硅钙镁钾肥显著降低了红壤和水稻土中 Cd 的 EDTA 浸提率（$P<0.05$）。同时，由于硅钙镁钾肥的施用，在高 Cd 处理的土壤中 EDTA 浸提率减小值比低 Cd 处理土壤的更大。具体来看，通过施加 2‰硅钙镁钾肥，红壤和水稻土在不同 Cd 污染水平下 EDTA 浸提率下降程度分别为 12.6% 和 17.6%、13.8% 和 17.8%。硅钙镁钾肥施用量在对照和 2‰之间造成的土壤 EDTA-Cd 变化存在显著差异，且对于高 Cd 污染的土壤治理效果良好。

### 3.4.5.3　硅钙镁钾肥对土壤 Cd 化学形态的影响

硅钙镁钾肥降低水稻积累 Cd 的另一原因是改变土壤中 Cd 的化学形态（见表 3-17），在对照处理中，红壤中土壤 Cd 形态占比遵循酸可提取态 Fi>残渣态 Fiv>可还原态 Fii>可氧化态 Fiii 的规律，而水稻土中的相应顺序则是残渣态 Fiv>酸可提取态 Fi>可还原态 Fii>可氧化态 Fiii。通常，酸可提取态的 Cd 被认为是土壤中活性最高、迁移能力最强的形态，意味着该形态的 Cd 是最容易被植物吸收利用的，而在正常土壤条件下，Fe-Mn 氧化物结合态和有机结合态则被认为是活性相对较低的两种形态。残渣态 Cd 的迁移能力是最差的，是无法被植物吸收利用的 Cd 形态，且往往存在于土壤矿物的晶格之中。所有 Cd 形态的浓度均随外源 Cd 添加量的增加而增加，这表明添加的 Cd 被重新分配到各个形态中。外源添加 Cd 后，土壤中酸可提取态 Cd 占比均有一定程度的上升，这表明外源添加的 Cd 以可交换态为主，很可能是由于添加的外源 Cd 以溶液形式存在。添加硅钙镁钾肥后，酸可提取态 Cd 的比例有了较为显著的下降，残渣态 Cd 占比则相应增加。红壤中 1‰硅钙镁钾肥处理组与不施硅钙镁钾肥组的酸可提取态 Cd 占比差异显著（$P<0.05$），然而高、低浓度硅钙镁钾肥处理组间差异却并不显著（$P>0.05$）。比较而言，水稻土在 2‰硅钙镁钾肥处理后酸可提取态 Cd 比例与不施硅钙镁钾肥处理组才达到显著性差异。与不施用调理剂相比，低、高浓度硅钙镁钾肥的施用后，低 Cd 污染的红壤中酸可提取态 Cd 分别减少了 2.9% 和 5.6%，而水稻土则分别减少了 3.5% 和 7.1%。此外，可还原态和可氧化态 Cd 在各组间变化不大，均未达到显著性差异。可还原态 Cd 在红壤和水稻土的总 Cd 含量中所占比例分别是 27.6% 和

20.9%,可氧化态则是 8.3% 和 6.6%。通过酸可提取态和残渣态的占比变化可知,硅钙镁钾肥主要是通过将土壤中的酸可提取态 Cd 转变成残渣态来起到钝化土壤中 Cd 的作用的。结果表明,硅钙镁钾肥对降低土壤中有效 Cd 含量具有显著影响。

表 3-17　硅钙镁钾肥对土壤 Cd 化学形态的影响

| 处　理 | Fi | Fii | Fiii | Fiv |
|---|---|---|---|---|
| 水稻土 | | | | |
| CK | $0.091\pm0.004$ | $0.032\pm0.004$ | $0.019\pm0.007$ | $0.098\pm0.011$ |
| Cd0.4 T0 | $0.337\pm0.004a$ | $0.110\pm0.029a$ | $0.043\pm0.012a$ | $0.146\pm0.008b$ |
| Cd0.4 T1 | $0.316\pm0.009b$ | $0.123\pm0.049a$ | $0.043\pm0.018a$ | $0.156\pm0.008ab$ |
| Cd0.4 T2 | $0.291\pm0.006c$ | $0.138\pm0.040a$ | $0.043\pm0.016a$ | $0.162\pm0.005a$ |
| Cd2.0 T0 | $1.327\pm0.015a$ | $0.470\pm0.145a$ | $0.139\pm0.029a$ | $0.311\pm0.013a$ |
| Cd2.0 T1 | $1.203\pm0.020b$ | $0.501\pm0.078a$ | $0.134\pm0.037a$ | $0.302\pm0.017a$ |
| Cd2.0 T2 | $1.150\pm0.038c$ | $0.478\pm0.043a$ | $0.137\pm0.026a$ | $0.309\pm0.003a$ |
| 红　壤 | | | | |
| CK | $0.089\pm0.005$ | $0.064\pm0.013$ | $0.027\pm0.003$ | $0.083\pm0.007$ |
| Cd0.4 T0 | $0.296\pm0.005a$ | $0.168\pm0.028a$ | $0.058\pm0.018a$ | $0.150\pm0.005b$ |
| Cd0.4 T1 | $0.278\pm0.010b$ | $0.175\pm0.043a$ | $0.062\pm0.028a$ | $0.160\pm0.005a$ |
| Cd0.4 T2 | $0.256\pm0.007c$ | $0.177\pm0.025a$ | $0.064\pm0.024a$ | $0.168\pm0.004a$ |
| Cd2.0 T0 | $1.219\pm0.017a$ | $0.617\pm0.108a$ | $0.173\pm0.067a$ | $0.323\pm0.004b$ |
| Cd2.0 T1 | $1.068\pm0.023b$ | $0.711\pm0.123a$ | $0.172\pm0.041a$ | $0.334\pm0.012a$ |
| Cd2.0 T2 | $1.098\pm0.044b$ | $0.709\pm0.129a$ | $0.174\pm0.054a$ | $0.342\pm0.007a$ |

注:数据为平均值±标准误($n=3$)。同一列不同字母表示不同处理的结果间差异显著($P<0.05$)。Fi,酸可提取态;Fii,可还原态;Fiii,可氧化态;Fiv,残渣态。

#### 3.4.5.4　硅钙镁钾肥对水稻糙米中 Cd 含量的影响

试验测定了不同处理水稻糙米中 Cd 的含量,硅钙镁钾肥对水稻糙米中 Cd 含量的影响如图 3-12 所示。结果表明水稻糙米中的 Cd 含量随着外源 Cd 添加量的增加而逐渐增加。与不添加 Cd 的土壤相比,添加 0.4 mg Cd·kg$^{-1}$ 和 2.0 mg Cd·kg$^{-1}$ 的土壤显著增加了 Cd 的积累。在高 Cd 污染红壤和水稻土中糙米的平均 Cd 含量分别为 2.38 mg·kg$^{-1}$ 和 2.55 mg·kg$^{-1}$,远超国家食品安全限量标准(0.2 mg·kg$^{-1}$),这表明 Cd 元素在水稻籽粒中积累。而在低浓度和高浓度 Cd 处理土壤中,水稻糙米的 Cd 浓度随着硅钙镁钾肥添加量的增加而降低。与不添加硅钙镁钾肥处理组相比,添加 2‰硅钙镁钾肥后可以显著降低水稻糙米的 Cd 含量,高 Cd 处理的红壤组糙米 Cd 含量从 4.10 mg·kg$^{-1}$ 下降到 1.15 mg·kg$^{-1}$,水稻土组糙米 Cd 含量则是从 4.38 mg·kg$^{-1}$ 下降到 1.04 mg·kg$^{-1}$。值得注意的是,当外源添加风险筛选值的 Cd 浓度为 0.4 mg·kg$^{-1}$ 时,添加 2‰硅钙镁钾肥后可以将外源 Cd 处理的效应近似抵消。

水稻根系对土壤 Cd 的富集系数也清晰地表明不同土壤类型中水稻富集重金属的差异。

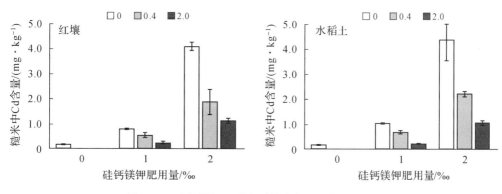

图 3-12　硅钙镁钾肥对水稻糙米中 Cd 含量的影响

在水稻土中,随着土壤 Cd 含量增加,Cd 富集系数呈现下降趋势;而红壤中只有在对照与 0.4 mg·kg$^{-1}$Cd 处理之间有差别,其他处理间无明显差异。值得注意的是,硅钙镁钾肥使用后,两种土壤的水稻根系 Cd 富集系数均有了显著性差异。可以看出,硅钙镁钾肥的施用对于根系吸收土壤 Cd 的量有较为明显的抑制作用。根据水稻糙米与根系之间 Cd 的转运系数(TF),随着外源 Cd 含量的增加,Cd 从水稻根系转运到籽粒的能力增大,但只在水稻土上有显著性差异,红壤上种植的水稻 Cd 转运系数虽然有类似规律,但差异不显著。而施用硅钙镁钾肥的情况下,两种土壤上种植的水稻 Cd 转运系数随硅钙镁钾肥的施用而下降,但差异均不显著。

### 3.4.5.5　土壤 Cd 形态与水稻糙米中 Cd 含量的关系

土壤总 Cd、EDTA-Cd、Cd 化学形态与水稻糙米 Cd 含量的相关分析如表 3-18 所示。糙米 Cd 含量与土壤总 Cd、EDTA-Cd 和酸可提取态 Cd 含量呈极显著正相关关系($P<0.01$),而与残渣态 Cd 含量呈极显著负相关关系。表明水稻糙米 Cd 含量可以用上述指标来表征,同时在一定程度上也反映了 Cd 在土壤中的生物有效性的影响因素。水稻糙米 Cd 含量与 EDTA-Cd ($r=0.837$)相关性最高,其次是土壤总 Cd 含量($r=0.760$)。而 BCR 连续浸提法得到的四种形态中,酸可提取态和残渣态的占比分别与糙米 Cd 含量呈极显著正、负相关关系($r=0.704,P<0.01;r=-0.690,P<0.01$)。如前所述,残渣态 Cd 在一般情况下无法被植物吸收利用,其占比越高,则在相同土壤 Cd 含量的情况下水稻根系吸收到的 Cd 元素就会相应减少,从根系转运到糙米中的 Cd 同样也会减少,两者之间呈负相关关系。酸可提取态与残渣态 Cd 之间呈极显著负相关关系($r=-0.762,P<0.01$),这进一步印证了硅钙镁钾肥主要是通过将酸可提取态 Cd 转化为残渣态 Cd 来起到钝化土壤中 Cd 元素的。另外,也发现土壤总 Cd 与 EDTA-Cd 间相关关系达到了 0.980,这表明土壤 EDTA-Cd 含量与土壤总 Cd 间呈极显著正相关关系。EDTA-Cd 被认为是土壤中植物可用 Cd 的主要来源,主要受到土壤总 Cd、酸可提取态和残渣态 Cd 的影响。

表 3-18　糙米 Cd 含量与土壤中 Cd 化学形态的关系

| | 糙米 Cd | 总 Cd | EDTA-Cd | Fi-Cd | Fii-Cd | Fiii-Cd | Fv-Cd |
|---|---|---|---|---|---|---|---|
| 糙米 Cd | 1 | 0.760** | 0.837** | 0.704** | 0.170 | −0.487 | −0.690** |
| 总 Cd | — | 1.0 | 0.980** | 0.702** | 0.514 | −0.536* | −0.888** |

续表

| | 糙米 Cd | 总 Cd | EDTA-Cd | Fi-Cd | Fii-Cd | Fiii-Cd | Fv-Cd |
|---|---|---|---|---|---|---|---|
| EDTA-Cd | — | — | 1.000 | 0.698** | 0.492 | −0.526 | −0.874** |
| Fi-Cd | — | — | — | 1.000 | −0.067 | −0.883** | −0.762** |
| Fii-Cd | — | — | — | — | 1.000 | 0.300 | 0.592* |
| Fiii-Cd | — | — | — | — | — | 1.000 | 0.074 |
| Fv-Cd | — | — | — | — | — | — | 1.000 |

注:*,$P<0.05$;**,$P<0.01$。

通过施用硅钙镁钾肥对 Cd 污染土壤进行修复的盆栽试验结果表明,在土壤 Cd 含量在风险管控值($2.0\ mg \cdot kg^{-1}$)情况下对水稻产量的影响不显著,此时土壤 Cd 含量尚未对植物生长起到抑制作用。而硅钙镁钾的施用则可以显著促进水稻增产。硅钙镁钾肥主要通过调节土壤 pH 来达到改良土壤的目的,主要包括钝化土壤重金属和降低土壤酸化对养分有效性的影响。硅钙镁钾肥本身含有的氧化钙、氧化钾等碱性物质可以显著增加土壤 pH。硅钙镁钾中的 3 种主要金属离子($Ca^{2+}$、$Mg^{2+}$、$K^+$)可与土壤胶体表面的氢离子和三价铝离子发生交换。一般来说,硅钙镁钾在土壤中的初期效应是其中的氧化钙和氧化钾等消耗土壤中的氢离子从而提高土壤的 pH,而后期则以自身所带的离子盐效应为主要机制。一方面导致土壤表面的胶体上所带负电荷量大幅增加,进一步诱导重金属形成阳离子羟基化合物沉淀,从而达到钝化重金属的目的。另一方面,此调理剂通过离子交换和共沉反应降低了土壤酸化对土壤养分有效性的影响。

### 3.4.5.6 石灰和硅钙镁钾修复酸性镉污染稻田的田间试验

以重金属 Cd 轻度污染的酸性稻田为对象,通过多点田间试验,比较石灰和硅钙镁钾对土壤 Cd 有效态、水稻 Cd 吸收和分配以及土壤理化性质的影响,为 Cd 污染酸性稻田安全生产提供科学依据。试验选择了 3 个不同地点的重金属 Cd 轻度污染酸性稻田,其土壤基本性质见表 3-19。采用田间小区试验,供试水稻品种为低积累水稻品种甬优 1540,生石灰和硅钙镁钾均购自市场成品,其中硅钙镁钾主要成分为 $Ca_3(PO_4)_2$、$CaSiO_3$ 和 $MgSiO_3$。3 个地点的土壤总 Cd 含量均高于风险筛选值,低于风险管控值,稻米 Cd 超标,存在农产品污染风险。

表 3-19  石灰和硅钙镁钾修复酸性镉污染稻田的土壤基本理化性质

| 地　点 | pH | SOM /(g·kg⁻¹) | 全　氮 /(g·kg⁻¹) | 有效磷 /(mg·kg⁻¹) | 碱解氮 /(mg·kg⁻¹) | 黏　粒 /(g·kg⁻¹) | 总　镉 /(mg·kg⁻¹) |
|---|---|---|---|---|---|---|---|
| S1 | 5.3 | 15.75 | 1.59 | 10.36 | 41.16 | 214.1 | 0.52 |
| S2 | 5.1 | 13.94 | 1.61 | 20.58 | 48.59 | 219.1 | 0.31 |
| S3 | 5.5 | 14.63 | 1.41 | 15.61 | 46.06 | 191.0 | 0.42 |

生石灰和硅钙镁钾对水稻产量的影响表明,石灰和硅钙镁钾肥对水稻有一定的增产作用,与对照比较增产幅度为 2%～7%。生石灰和硅钙镁钾对糙米 Cd 含量的影响见图 3-13 所示,对照处理的糙米 Cd 含量分别为 $0.19\ mg \cdot kg^{-1}$、$0.18\ mg \cdot kg^{-1}$ 和 $0.22\ mg \cdot kg^{-1}$,

其中 S3 的稻米 Cd 含量超过国家食品安全标准限值。水稻各部位 Cd 含量由大到小依次为

根系、茎叶、糙米。在水稻植株各部位中,根系 Cd 含量下降最为明显。这是因为石灰主要作用于土壤—根系 Cd 富集阶段,从而有效抑制 Cd 向地上部分转移的能力,水稻植株 Cd 积累量下降。施用石灰和硅钙镁钾肥后糙米 Cd 含量下降 9.9%～20.8%,糙米 Cd 含量均达国家标准。施用石灰和硅钙镁钾肥处理均能显著降低水稻根系对 Cd 的富集能力,从源头减少土壤中 Cd 向水稻植株中转移的量。富集系数和转运系数下降越多,表明钝化剂对于抑制水稻各部位对 Cd 吸收累积

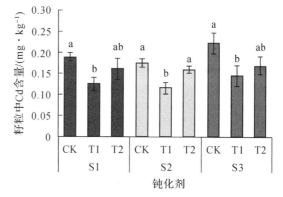

图 3-13　石灰和硅钙镁钾肥对稻米 Cd 含量的影响

注:S1、S2 和 S3 代表 3 个试验地点;T1,石灰;T2,硅钙镁钾肥。

起到的作用越大。根系对 Cd 的富集能力的大幅度下降可能是钝化剂处理能够抑制水稻各部位对 Cd 吸收累积的原因之一。施加石灰降低了 Cd 从水稻茎叶到糙米的转运系数。相较于 CK,施加硅钙镁钾能降低土壤 Cd 从根系向糙米的转运系数,抑制了 Cd 从谷壳向糙米的转移,减少了糙米 Cd 含量。说明钝化剂抑制了水稻根向茎部转运,而对水稻茎—稻壳和茎—糙米间 Cd 的转运影响较小。综合富集系数与迁移系数的变化情况,说明添加钝化剂可以有效降低水稻对土壤 Cd 的富集作用,同时减少水稻中 Cd 由根系向茎部的迁移。

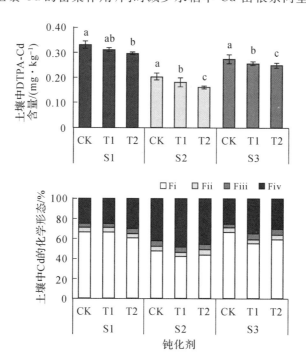

图 3-14　石灰和硅钙镁钾肥对土壤中 DTPA-Cd 和形态分布的影响

注:不同字母表示结果间差异显著($P<0.05$)。

图 3-14 是石灰和硅钙镁钾肥对 DTPA-Cd 含量和 Cd 化学形态分布的影响情况。施用土壤钝化剂后,土壤有效态 Cd 含量均降低,跟对照对比,石灰和硅钙镁钾使 DTPA-Cd 浓度分别降低20.3%～43.2%。土壤中 Cd 化学形态的连续提取分析表明,石灰和硅钙镁钾降低可交换态 Cd 含量,增加残留态 Cd 含量,说明钝化剂使土壤中 Cd 向更稳定的形态转变,降低了有效态 Cd 含量。钝化剂降低有效态 Cd 和易效性 Cd 的原因可能是石灰和硅钙镁钾处理后迅速提高了土壤的 pH,从而提高土壤中 Cd 的稳定性有关。水稻对 Cd 的吸收主要取决于

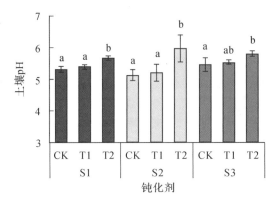

图 3-15　石灰和硅钙镁钾对土壤 pH 的影响
注:不同字母表示结果间差异显著($P < 0.05$)。

土壤中有效态 Cd 含量,而有效态 Cd 含量主要受到土壤环境中 pH 等性质的影响。根据钝化剂对土壤 pH 的影响(见图 3-15),石灰和硅钙镁钾对土壤 pH 的提升效果更为明显,石灰均显著地提高土壤 pH($P < 0.05$),石灰和硅钙镁钾肥分别提高土壤 pH 0.62～0.79 个单位和0.35～0.46 个单位。此外,研究表明石灰能通过提高土壤 pH 来降低土壤 Cd 的有效性,石灰携带的碳酸盐可以与 Cd 形成难溶性的化合物以降低土壤 Cd 有效性。硅钙镁钾肥提高土壤 pH 除了本身 pH 较高外,也与它们含有 $Ca^{2+}$、$Mg^{2+}$、$Na^+$ 和 $K^+$ 等离子有关,这些阳离子能与土壤溶液中 $H^+$ 和 $Al^{3+}$ 离子发生交换反应,从而使土壤 pH 提高。

田间试验表明稻米中的 Cd 含量与土壤中有效态 Cd 含量密切相关,它随土壤有效态 Cd 含量降低而降低,两者呈显著正相关关系。水稻各部位 Cd 含量与土壤 DTPA-Cd 含量的相关性分析表明,糙米 Cd 含量与 DTPA-Cd 呈显著正相关关系($r = 0.787 **$),与土壤 pH 呈显著负相关关系($r = -0.446 **$)。表明稻米 Cd 含量受土壤中 Cd 的活性及其生物有效性的影响。水稻各部位 Cd 含量也与土壤可交换态 Cd 含量呈正相关关系。土壤 pH 与土壤可交换态 Cd 及糙米、稻壳、秸秆、根系中 Cd 含量呈极显著负相关关系($P < 0.01$)。这表明土壤 pH 的提高能抑制土壤中可交换态 Cd 向植物体迁移转运,较好地降低土壤 Cd 的生物有效性,就水稻各部位 Cd 含量而言,土壤 pH 的提高能抑制土壤可交换态 Cd 向水稻中迁移转运,即 pH 的提高有助于降低水稻各部位 Cd 含量。也就是说施用石灰和硅钙镁钾改良剂,通过提升土壤 pH,从而抑制土壤 Cd 的活性,减少水稻植株 Cd 吸收和积累,最终显著降低糙米 Cd 含量。

硅钙镁钾作为一种含有大量硅、钙、镁等元素的多元素肥料,同时具有平衡植物营养,提升水稻抗病毒的能力,提高水稻产量和品质的作用。硅钙镁钾肥中硅元素在降低水稻糙米 Cd 含量中也起到重要作用。硅能调节植物生理过程而减轻重金属的毒害作用。据报道,硅可与重金属形成复合物沉淀,并聚集于水稻生理活动较弱的组织,减缓重金属对植物的毒害。同时,水稻体内的硅结合蛋白诱导硅在水稻根系及纤维层细胞处沉积,抑制 Cd 向地上部位的运输,从而减轻 Cd 的毒害。$Mg^{2+}$ 对 Cd 从水稻秸秆向糙米的转移也起到抑制作用,有研究表明,镁能显著降低土壤有效态 Cd 含量,且在植物体内存在拮抗作用。此外,加硅可以促进水稻根部内皮层中的沉淀作用,抑制重金属由茎部向叶部的转运。针对 Cd 污染农田土壤原位钝化修复技术如何实现高效、持久且低成本的规模化治理,还需要进一步探讨以下

几个方面。钝化材料未改变土壤 Cd 的总量,仅通过利用钝化材料对 Cd 的吸附沉淀、络合、离子交换、氧化还原等作用改变 Cd 赋存形态,降低其在环境中的活性、迁移性及生物可利用性,但其在土壤-作物系统中,存在再次活化潜的风险,其修复效果长效性有待进一步研究,且各钝化材料对 Cd 的具体钝化机制尚不明确,需全面系统的研究,扩大研究尺度水平,深入探讨钝化材料-Cd-土壤-作物之间的相互作用,对钝化材料的施用与土壤矿物、酶活性及微生物相互作用的认识仍不深入。

## 3.4.6　复合与新型材料钝化技术

由于土壤性质、重金属种类和形态等因素的差异,单一的修复材料或许达不到理想的修复效果,需要根据土壤情况将有机、无机、微生物或新材料配合施用或制备复合材料钝化剂,使其发挥各自的优势,在提高重金属稳定化修复效果的同时,增强土壤肥力,改善土壤环境。在实际运用中,为了能更好地降低土壤 Cd 的迁移性与生物有效性,复合钝化剂的应用往往能有效克服单一钝化剂的不足,从而取得较好的修复效果。田间试验研究发现施加生物炭＋石灰能明显减少土壤中可提取态 Cd 与稻米 Cd 浓度,降幅效率显著优于生物炭或石灰单独处理。

近年来一些具有特殊结构和物质组成的介孔材料、功能膜材料、纳米材料、石墨烯材料等新型材料也用于重金属污染耕地土壤治理中。纳米零价铁(nZVI)具有高达约 140 $m^2 \cdot g^{-1}$ 的比表面积,吸附能力强、反应活性强、还原效率和还原速率高等优点,在污染土壤修复中对土壤环境扰动小,且对土壤和作物的风险低,是极具潜力的修复材料。在实际应用中,裸露的纳米零价铁易发生团聚、钝化,甚至自燃等现象,导致其反应活性和效率降低。因此,通过改性或其他方式来提高 nZVI 的稳定性,并保持其迁移能力和反应活性是当前的研究热点。

## 3.4.7　有机钝化剂修复技术

有机类土壤钝化剂修复重金属污染土壤的主要原理如下。有机钝化剂通过改变土壤的 pH、CEC 及大量、微量养分元素浓度等理化性质,显著影响土壤中 Cd 的有效性。如有机钝化剂增加土壤阳离子交换量,进而增强土壤对 Cd 的吸附作用;有机钝化剂增加土壤有机质含量,这些有机物通过络合作用吸附重金属,降低重金属的生物有效性;有机钝化剂能够提高土壤有效磷含量,而磷能够有效钝化土壤重金属。有机质能与土壤发生有机络合作用,从而生成不溶性的复合物,降低重金属的迁移性及生物有效性。有机物和重金属结合形成相对稳定的络合物,从而降低重金属的有效性。研究表明,长期施用有机肥能够增加土壤中的官能团,络合重金属离子从而降低土壤中的重金属含量。有机肥中有机阴离子与铁铝氢氧化物中的 $OH^-$ 发生配位交换反应,使 $OH^-$ 增加,促进 $Cd^{2+}$ 形成氢氧化物沉淀,而土壤中 $H^+$ 浓度降低,活性基团对 Cd 竞争吸附作用增强,从而降低 Cd 有效性。有机肥中含有的多种官能团(羧基、羟基、羰基及氨基)与 $Cd^{2+}$ 进行络合、螯合,使 $Cd^{2+}$ 形成不易被作物吸收的络合化合物或螯合物,降低 $Cd^{2+}$ 有效性。

对农作物秸秆来说,秸秆中的矿质元素释放,使土壤中溶解性有机物和固相有机物(如腐殖质)等增加,进而影响土壤中 Cd 的赋存形态和活性;农作物秸秆分解产生的大量有机酸

与 $Cd^{2+}$ 形成有机络合离子,有机质活性官能团促进 Cd 从高活性形态向惰性形态转化,形成稳定的螯合物;农作物秸秆富含纤维素、木质素和二氧化硅,可为络合 $Cd^{2+}$ 提供结合位点,进而与有机物分解后转化的碳酸盐形成沉淀;秸秆还田分解过程会消耗土壤中大量氧气,使土壤环境处于还原状态,而土壤中 $Cd^{2+}$ 易与 $S^{2-}$ 形成 CdS 沉淀,降低土壤中 Cd 的有效性。

研究表明,有机钝化剂可以有效地钝化土壤中的 Cd、Pb、Zn 等元素,缓解植物毒害现象。土壤有机废弃物添加可通过增多土壤表面电荷、增加土壤有效金属吸附位点(如有机矿物、含铝化合物、磷酸盐等)从而促进土壤 Cd 的吸附。有机物的施加可提高土壤 pH,降低土壤溶液中 $Cd^{2+}$ 的浓度,而土壤 pH 的提高可促进羟基、羧基、酚类等官能团 $H^+$ 的解离,进而增大这些官能团对 Cd 的亲和性。据报道,土壤有机废弃物的添加可将溶解态和可交换态 Cd 转化为有机结合态 Cd 从而降低 Cd 的生物有效性,减少生物对 Cd 的吸收;施用堆肥可降低土壤 Cd 的溶解性和移动性,从而降低作物中 Cd 的含量。

有机钝化剂对污染土壤的修复效果没有无机钝化剂(如石灰)那样快速,短期内土壤 pH 变化不明显,但有机钝化剂对土壤 pH 具有长期稳定的提高。有机钝化剂中部分畜禽粪便、城市固废及污泥等原料,尤其是畜禽养殖过程中大量使用不达标饲料,导致畜禽粪便中往往含有较高浓度 Cu、Zn 和 Cd 等重金属,具有一定的环境风险,其长期施用可能会加剧土壤重金属污染。此外,有机钝化剂固定的重金属会随着有机质风化、分解等自然过程再次活化。对畜禽粪便通过堆肥发酵能够将畜禽粪便中的各种游离有机物转化为固化的、高腐殖化的有机物,降低由畜禽粪便中的重金属毒性和移动性,降低畜禽粪肥中重金属导致的潜在污染风险。

### 3.4.7.1　生物有机肥

生物有机肥是指特定功能微生物与主要以动植物残体(如畜禽粪便、农作物秸秆等)为来源并经无害化处理、腐熟的有机物料复合而成的一类兼具微生物肥料和有机肥效应的肥料。生物有机肥被认为是传统化肥的环保替代品。生物有机肥在修复重金属污染耕地土壤中也具有良好效果。生物有机肥富含的有机质和微生物群落会对土壤重金属的活性和重金属在土壤－植物体系内的转运产生影响。生物有机肥提供的外源有机质既能够直接作用于土壤重金属,也能通过微生物降解影响重金属的活性。有机质对于重金属的固定通常涉及以下一种或几种反应:沉淀、络合、螯合、吸附和氧化还原反应,从而降低土壤重金属的生物有效性。通常,经过腐熟的有机肥具有较高的 pH,能对土壤环境起到直接的中和作用,从而减小重金属的溶解性并增强其离子在土壤颗粒表面的沉淀,降低重金属的有效性。另外,高 pH 的生物有机肥进入土壤导致土壤溶液 $OH^-$ 升高,有利于有机配体的释放,形成有机金属配位体。有机肥的腐殖化过程形成结构复杂的大分子物质腐殖质,这些物质具有羧基、羰基和酚羟基等官能团和结合位点,能与土壤重金属发生络合、螯合作用,降低生物有效性。生物有机肥携带的外源功能微生物能够通过直接或间接的方式影响土壤重金属活性。例如,向土壤中添加铜绿假单胞菌(*Pseudomonas aeruginosa*)、枯草芽孢杆菌(*Bacillus subtilis*)和球孢白僵菌(*Beauveria bassiana*)可减少水稻中的镉积累。在植物根系表面,铁锰氧化菌能氧化 Fe、Mn 形成铁/锰膜,使重金属固定在根表,从而降低重金属向地上部分转运的量。功能菌能通过促进植物吸收矿物质从而挤占重金属的转运通道,降低植物对重金属的吸收。

　　利用农业有机废弃物与功能微生物制备的生物有机肥,开展了 Cd 污染耕地的田间修复试验(见图 3-16)。生物有机肥用量分别为 3000 kg・hm$^{-2}$、4500 kg・hm$^{-2}$ 和 7500 kg・hm$^{-2}$。经单季晚稻试验,生物有机肥不仅可以降低糙米的 Cd 含量,还能使水稻产量增加 5.8%～7.7%,秸秆生物量增加 6.5%～10.5%。

图 3-16　生物有机肥修复 Cd 污染土壤田间试验示意(公斤＝千克)

　　生物有机肥对晚稻糙米 Cd 含量的影响如表 3-20 所示。对照区水稻糙米 Cd 含量为 0.44 mg・kg$^{-1}$,超过国家食品卫生标准的污染物限量值。施用 3000～7500 kg・hm$^{-2}$ 生物有机肥可显著降低糙米 Cd 含量。与对照相比,施用 7500 kg・hm$^{-2}$ 生物有机肥的晚稻籽粒 Cd 含量降低 86%,施用 4500 kg・hm$^{-2}$ 生物有机肥就可使稻米 Cd 含量处于安全范围。施用生物有机肥也显著降低土壤中有效态 Cd 含量($P<0.05$),而且土壤中有效态 Cd 含量降低的效果随着钝化剂用量的增加而增加。与对照相比,施用 7500 kg・hm$^{-2}$ 生物有机肥的土壤有效态 Cd 含量降低 38%。生物有机肥对水稻各器官中 Cd 含量分析表明(见图 3-17),水稻各器官的 Cd 含量由大到小依次为根系、茎秆、叶、糙米、稻壳。生物有机肥显著降低水稻各器官中的 Cd 含量。生物有机肥显著降低水稻的 Cd 富集系数(BCF)和茎—根之间的转运系数(TF),增加籽粒—茎之间的转运系数,而对籽粒—根系之间的转运系数没有显著影响(见表 3-20),表明生物有机肥主要通过阻控重金属进入水稻根系而降低重金属在水稻籽粒中的积累,而对进入水稻体内的重金属则没有明显影响。

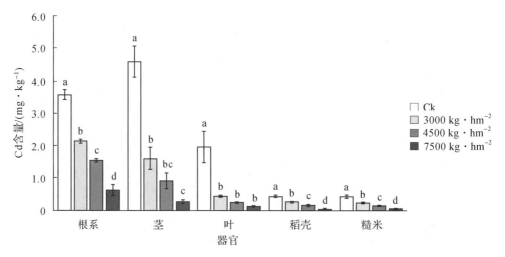

图 3-17　生物有机肥对水稻各器官 Cd 含量的影响

注:不同字母表示结果间差异显著($P<0.05$)。

表 3-20　生物有机肥对糙米 Cd 和 DTPA-Cd 含量及水稻各部位积累的影响

| 施用量/ (kg·hm⁻²) | 糙米 Cd /(mg·kg⁻¹) | BCF | TF | | | DTPA-Cd /(mg·kg⁻¹) |
| --- | --- | --- | --- | --- | --- | --- |
| | | | 茎/根 | 籽粒/茎 | 籽粒/根 | |
| 0 | 0.44±0.05a | 0.71±0.07a | 1.28±0.08a | 0.09±0c | 0.12±0.01a | 0.28±0.01c |
| 3000 | 0.24±0.01de | 0.39±0.01b | 0.75±0.15b | 0.16±0.04bc | 0.11±a | 0.24±0.01b |
| 4500 | 0.16±0.01g | 0.27±0.02c | 0.60±0.15b | 0.18±0.04ab | 0.10±0.01a | 0.23±0.02b |
| 7500 | 0.06±0.01j | 0.10±0.02d | 0.45±0.06c | 0.23±0.02a | 0.10±0.01a | 0.18±0.01a |
| ANOVA | ＊＊ | ＊＊ | ＊＊ | ＊＊ | ns | ＊＊ |

注:BCF,Cd 富集系数;TF,Cd 转运系数;＊＊表示结果呈显著性差异($P<0.05$);ns 表示差异不显著($P>0.05$)。

施用生物有机肥降低糙米和土壤中有效态 Cd 含量与生物有机肥改良土壤酸化有关。试验土壤的 pH、交换性酸、交换性 H⁺ 和交换性 Al³⁺ 含量的变化如表 3-21 所示。施用 7500 kg·hm⁻² 生物有机肥降低土壤交换性酸 75%,降低土壤中交换性 Al³⁺ 含量 97%。糙米和 DTPA-Cd 与土壤 pH 和酸度的相关性分析表明(见表 3-22),土壤 pH 和酸度是影响土壤 Cd 有效性的重要因素,土壤中 DTPA-Cd 与土壤 pH 显著负相关($P<0.01$),与土壤交换性酸显著正相关。糙米 Cd 含量与土壤中 DTPA-Cd 含量极显著相关,与土壤 pH 显著负相关($P<0.01$),与土壤交换性酸显著正相关。生物有机肥降低水稻糙米 Cd 含量的另一机制是改变重金属的化学形态。对照土壤中 Cd 的化学形态,表现为 Fiv(58.6%)>Fii(29.8%)>Fi(7.5%)>Fiii(4.1%)(见图 3-18),生物有机肥改变土壤中 Cd 的化学形态,显著降低交换态和可还原态 Cd 含量,分别降低 0.8%~2.5% 和 5.5%~8.2%,显著增加残渣态 Cd 含量 7.4%~10.6%。土壤中 Cd 的化学形态分析表明,生物有机肥将土壤中易迁移性 Cd 转变为稳定态 Cd。此外,水稻根系表面形成的铁膜是阻控 Cd 向水稻体内转移的另一重要途径。生物有机肥的施用增加了根表铁膜的厚度,图 3-19 是水稻根表铁膜情况,可观察到生物有机肥增加了根表铁膜。红棕色铁膜通过形成 Cd-Fe 沉淀而固定 Cd。电子显微镜-能谱

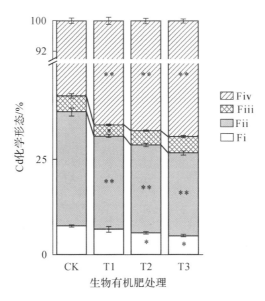

图 3-18　生物有机肥对土壤中 Cd 化学形态的影响

注：*，$P<0.05$；**，$P<0.10$。

(SEM-EDS)观察证明 Cd 富集在水稻根系富铁区，根表 Cd 的空间分布与 Fe 的空间分布具有一致性(见图 3-20)，直接证明了水稻根表 Fe-Cd 沉淀的形成。根表 Cd 含量测定表明，Cd 含量随着生物有机肥施用量增加而增加。因此，水稻根表形成的 Cd-Fe 沉淀阻控了 Cd 进入水稻。而生物有机肥可能通过微生物的活动促进氧化铁还原，随后与 Cd 形成沉淀将 Cd 固定在铁膜中，以降低水稻对 Cd 的吸收。

综合水稻产量、水稻籽粒重金属积累量、土壤有效态重金属含量、土壤理化指标等参数，生物有机肥能有效降低糙米中的镉含量，是修复镉轻中度污染耕地比较理想的钝化剂，生物有机肥适宜使用量为 4500～7500 kg · hm$^{-2}$，可实现轻中度镉污染稻田生产的糙米 Cd 含量稳定达标($<0.2$ mg · kg$^{-1}$)。

表 3-21　生物有机肥对土壤 pH 和酸度的影响

| 施用量 /(kg · hm$^{-2}$) | pH | 交换性酸总量 /(cmol · kg$^{-1}$) | 交换性 H$^+$ /(cmol · kg$^{-1}$) | 交换性 Al$^{3+}$ /(cmol · kg$^{-1}$) |
|---|---|---|---|---|
| CK | 5.29±0.10 | 0.36 ±0.02 | 0.04±0.00 | 0.32±0.02 |
| 3000 | 5.95±0.08 | 0.08±0.04 | 0.06±0.01 | 0.06±0.04 |
| 4500 | 5.97±0.12 | 0.10±0.02 | 0.08±0.03 | 0.03±0.01 |
| 7500 | 5.94±0.16 | 0.09±0.01 | 0.08±0.00 | 0.01±0.00 |

## 3.4.8　生物炭土壤钝化技术

生物炭通常指农作物废弃物、树木、植物组织或动物骨骼等生物质在无氧或者部分缺氧及相对低温(300℃～700℃)条件下热裂解炭化形成的一类富碳、多孔、高度芳香化、难溶性的固态物质。因其在减缓气候变化、发展可持续农业、修复环境污染以及研发新型材料等领域被广泛应用而受到关注。据估计，我国每年产生农业生物质废弃物约 14 亿吨，可以制备

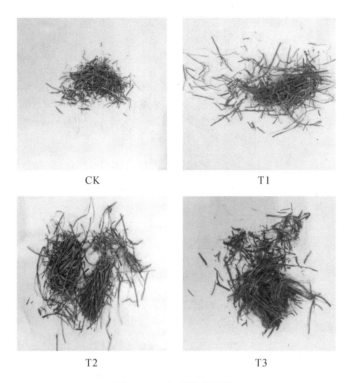

CK　　　　　　　　　　　　T1

T2　　　　　　　　　　　　T3

图 3-19　水稻根表铁膜

约 4.2 亿吨生物炭,因此,农业废弃物的大量产生为制备生物炭提供了丰富的资源。生物炭具有较大的比表面积和发达的微孔结构,因而具有较强的吸附能力。生物炭表面含有大量的—OH、—COOH 等官能团,可与重金属形成稳定的络合物。此外,生物炭因含有一定量的灰分而呈碱性,且生物炭表面有机官能团可吸收土壤中的 $H^+$,因此施加生物炭可提高土壤 pH。生物炭较强的吸附能力及较高的 pH,通过吸附或沉淀作用而降低土壤孔隙水中重金属浓度,从而减少重金属对微生物、植物及土壤动物的生物有效性。研究表明,向土壤中添加生物质热解形成的生物炭对修复重金属污染土壤具有积极作用。

　　生物炭用作土壤重金属的钝化材料是目前研究的热点,而生物炭的种类多种多样。病死动物废弃物无害化主要采用高温炭化技术,产生的炉渣骨炭可作为有机钝化剂钝化土壤中的重金属。骨炭为黑色多孔颗粒状物质,主要组分有磷酸钙、碳酸钙,经溶解后能与 $Cd^{2+}$ 形成沉淀,同时磷酸盐或碳酸盐能够促进反应朝着炉渣骨炭吸附 $Cd^{2+}$ 的方向进行。骨炭孔隙发达、比表面积较大、易于改性,有利于吸附金属离子;骨炭含有大量羟基磷酸钙,其表面的羟基官能团亲和力强,能与很多重金属离子络合配位形成稳定的配合物。此外,通过高温热解处理猪粪或猪粪—水稻秸秆混合物,可以显著降低生物质原料中内源重金属铜和锌的生物有效性,其生物炭可用于钝化重金属污染土壤,降低土壤中重金属的生物有效性。

### 3.4.8.1　生物质炭特性

　　我们以 3 种作物废弃物(玉米秸秆、小麦秸秆和稻壳)为材料,在不同裂解温度下制备生物炭,对其特性进行了研究。扫描电镜观察表明(见图 3-20),3 种生物炭均具有明显的孔隙结构,但不同原材料制备的生物炭的孔隙数量和形状有一定的差异。生物炭丰富的孔隙结构表明其具有较强的吸附能力,可用于土壤污染治理。玉米秸秆生物炭(CSB)表面大多为圆状孔洞,孔隙较大,孔隙内壁较薄,管壁上出现小孔;小麦秸秆生物炭(WSB)碳结构清晰,孔隙结构丰富,内壁较厚重,具有明显的管状结构,排列较均匀,但孔隙周围和表面有一些碎屑覆盖;水稻谷壳生物炭(RHB)表面均为蜂窝状孔洞,表面孔隙结构清晰明显,其蜂窝状孔隙结构更加紧凑。这种蜂窝状孔隙结构可以明显增加孔隙数量,能够为污染物质提供更多的吸附接触面积,可能有较强的污染物吸附能力。生物炭多孔的微观结构间接地表明其具有强大的吸附能力,可以用作修复土壤污染的材料。

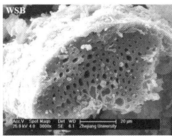

图 3-20　不同生物质制备的生物炭的扫描电子显微镜(SEM)图像

注:CSB,玉米秸秆生物炭;WSB,小麦秸秆生物炭;RHB,水稻稻壳生物炭。

如图 3-21 所示,在生物炭的 FTIR 图谱中,根据红外光谱吸收峰的归属特征,3839～3610 cm$^{-1}$间的吸收峰由含氧官能团—OH 吸收引起,普遍认为 1699 cm$^{-1}$处是羧基中的C═O伸缩振动,1066 cm$^{-1}$和 864 cm$^{-1}$处是 C—O 的吸收峰,这是由小麦秸秆中较丰富的纤维素和糖类物质形成的,这些丰富的含氧官能团可增强生物炭的吸附能力,参与表面络合作用,尤其是羧基和酚羟基;同时,含氧官能团—OH、C═O 和 C—O,影响土壤阳离子交换量。2960～2900 cm$^{-1}$处的吸收峰主要是生物炭中脂肪烃或环烷烃中—CH$_2$的非对称伸缩振动或 C—H 的对称伸缩振动而引起的,87～748 cm$^{-1}$为芳香族化合物 C—H 变形振动吸收峰,160～140 cm$^{-1}$附近为 N—H 的变形振动或 C═N 的伸缩振动,这些由高温热解形成的极性官能团,使得生物炭具有良好的吸附能力和很高的吸附容量,在吸附土壤中的 Cd、降低土壤中 Cd 的移动性和有效性方面起到重要作用。

不同热解温度下水稻和油菜秸秆生物炭的 X 射线衍射图(XRD)表明(见图 3-22),生物炭的矿物组成主要有钾盐、磷酸盐、钾芒硝、碳酸盐、岩盐等。

### 3.4.8.2　生物炭修复重金属污染土壤

以水稻秸秆、木屑和猪粪 3 种代表性有机废弃物为原料,分别制成 3 种生物炭,应用盆栽试验探讨了生物炭单施与配施石灰钝化土壤重金属的效果与机制。试验结果表明(见图3-23),3 种生物炭都显著降低稻米中的 Cd 含量,水稻秸秆、木屑和猪粪生物炭分别降低稻米Cd 含量 42%、39%和 67%。降低土壤中的 DTPA-Cd 含量 36%、39%和 42%。与单施比较,生物炭与石灰配施显著降低茎叶的 Cd 含量,但糙米中的 Cd 含量则相反。3 种生物炭降低糙米 Cd 含量以猪粪生物炭的效果较好,降低茎叶中的 Cd 含量则以木屑和猪粪生物炭效果较好。生物炭对土壤中 Cd 的化学形态影响结果表明(见图 3-24),生物炭显著降低可交换性 Cd 含量,增加残渣态 Cd 含量,表明 Cd 的赋存形态由酸提取态向可氧化态与残渣态转化,从而降低了土壤中 Cd 的活性,而生物炭与石灰配施的效果更为明显。

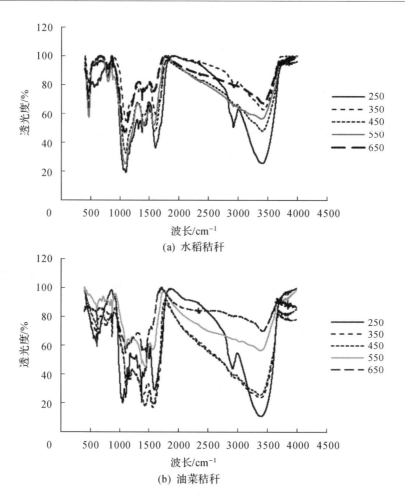

图 3-21　不同热解温度下水稻和油菜秸秆生物炭的傅里叶红外光谱(FTIR)

注:吸收峰 800～1600 cm$^{-1}$ 为芳香族 C—H、C=C 和 C=O;2900 cm$^{-1}$ 为脂肪族 C—H;
3400 cm$^{-1}$ 为 O—H。

　　生物炭也显著提高土壤 pH 和交换性阳离子含量,改善土壤养分状况。由于生物炭本身的高碳含量,可显著增加土壤的有机质含量。土壤交换性阳离子含量分析结果表明(见表 3-23),3 种生物质炭施到 Cd 污染耕地后,显著提高了土壤的交换性 Ca$^{2+}$ 和 K$^+$ 离子含量,而对交换性 Mg$^{2+}$ 没有显著影响。

表 3-23　生物炭对土壤交换性能的影响　　　　　　　　　单位:cmol · kg$^{-1}$

| 处　理 | 交换性 K$^+$ | 交换性 Na$^+$ | 交换性 Ca$^{2+}$ | 交换性 Mg$^{2+}$ |
|---|---|---|---|---|
| 对　照 | 0.19±0.02e | 0.44±0.03c | 8.72±0.41d | 1.07±0.04cd |
| 水稻秸秆生物炭 | 0.34±0.03a | 0.65±0.14ab | 11.17±0.53a | 1.04±0.05d |
| 木屑生物炭 | 0.27±0.01bc | 0.45±0.03c | 9.81±0.31c | 1.06±0.04cd |
| 猪粪生物炭 | 0.27±0.01bc | 0.60±0.10ab | 11.45±0.43a | 1.16±0.02c |
| 水稻秸秆生物炭+石灰 | 0.35±0.03a | 0.63±0.13ab | 11.37±0.49a | 1.66±0.35a |
| 木屑生物炭+石灰 | 0.33±0.03ab | 0.44±0.03c | 9.90±0.23bc | 1.57±0.29ab |
| 猪粪生物炭+石灰 | 0.35±0.03a | 0.46±0.03c | 11.88±0.89a | 1.81±0.40a |

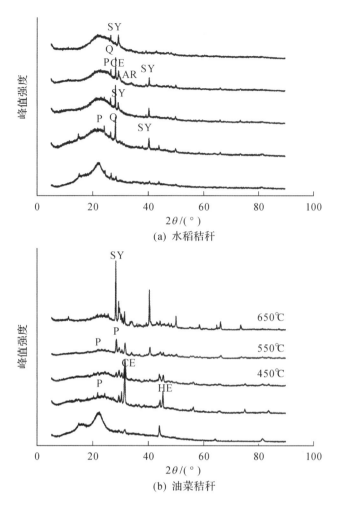

(a) 水稻秸秆

(b) 油菜秸秆

图 3-22　不同热解温度下水稻和油菜秸秆生物炭的 X 射线衍射图（XRD）

注：Q，石英；SY，钾盐；P，磷酸盐；AR，钾芒硝；CE，磷酸盐；HE，岩盐。

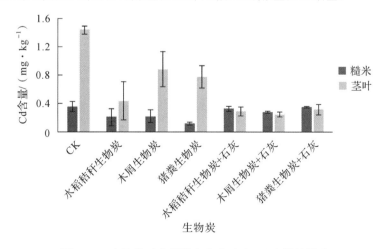

图 3-23　生物炭对水稻糙米和茎叶中 Cd 含量的影响

注：不同字母表示结果间差异显著（$P < 0.05$）。

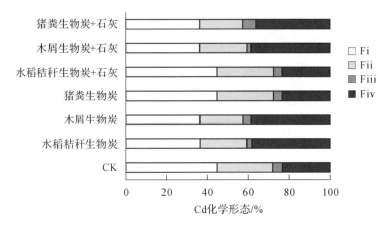

图 3-24　生物炭对土壤中 Cd 化学形态的影响

### 3.4.8.3　生物炭修复重金属污染的机理

生物炭修复重金属污染土壤的主要机制(见图 3-25),可以总结为静电吸附作用、离子交换、沉淀和共沉淀、络合或螯合以及物理吸附等。①静电吸附作用:取决于生物炭表面化学键组成和 $Cd^{2+}$ 的扩散效应,生物炭多孔的碳质结构中的含氧官能团能使生物炭颗粒表面带净负电荷,形成活性吸附位点,促进带电荷生物炭材料对 $Cd^{2+}$ 的静电吸附,限制 Cd 的迁移率,且生物炭多为碱性,高 pH 消耗 $H^+$,有利于生物炭产生表面负电荷,促进材料对 Cd 的吸附,碳化温度是影响生物炭表面官能团静电作用的主要因素。土壤的 pH 升高可能由于生物炭的自身特征(例如带有的官能团,碱性碳酸盐和 —OH 基团的产生)和碱性阳离子的存在,会在土壤中产生石灰效应。土壤 pH 与可生物利用的土壤 Cd 之间存在显著的负相关关系,表明随着生物炭的施用,土壤 pH 升高,并通过沉淀和吸附作用降低土壤中 Cd 的迁移率。②离子交换:生物炭具有较高的阳离子交换量,表面含氧官能团、带电阳离子、质子与 $Cd^{2+}$ 进行交换反应,通过向土壤中释放 $Na^+$、$Ca^{2+}$、$Mg^{2+}$,降低土壤中 Cd 的有效性。生物炭中富含大量中量元素,例如 $Ca^{2+}$ 和 $Mg^{2+}$,可以促进根表面与 $Cd^{2+}$ 的竞争,从而降低植物根系吸收 Cd 的机会。③络合作用:低矿物含量的生物炭表面的芳香官能团、羟基、羧基和羰基等与 $Cd^{2+}$ 进行表面络合形成配合物,增加土壤对 Cd 的特异性吸附作用,降低其活性。④沉淀作用:生物炭中碱性物质碳酸盐、磷酸盐可与 $Cd^{2+}$ 形成难溶性沉淀物质,且生物炭多呈碱性,可中和土壤中酸性物质,形成 Cd 的氢氧化物沉淀。生物炭的碱性也能提高电荷密度,通过沉淀,在其表面官能团上形成了不溶性化合物,例如 $Cd(OH)_2$、$CdCO_3$ 和 $Cd_3(PO_4)_2$。田间和盆栽试验表明,生物炭可以显著提高土壤 pH,从而使污染土壤中的 Cd 以 $Cd(OH)^-$、$CdCO_3$ 或 $Cd_3(PO_4)_2$ 等化合物形式形成沉淀,降低 Cd 的有效性。⑤改变土壤理化性质:生物炭改善土壤 pH、溶解性有机碳、硫酸盐及阳离子交换量等性质,通过影响土壤—Cd 相互作用间接影响 Cd 流动性及生物有效性。生物炭的多孔结构,生物炭表面的负电性和官能团等,可能促进 Cd 的络合和吸附,从而降低 Cd 在污染土壤中的溶解度和植物利用率。

值得注意的是农作物废弃物尤其是水稻秸秆自身常含有一定量的 Cd,这类生物质材料制备的生物炭施入土壤可能携带 Cd。同时,生物炭修复重金属污染土壤需要较高的用量,导致修复成本较高。目前,生物炭作为重金属污染修复的钝化材料尚未得到大面积推广。

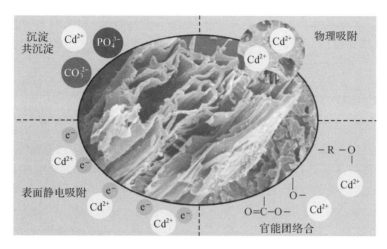

图 3-25　生物炭修复重金属污染土壤机制示意

## 3.5　耕地土壤重金属污染的植物修复技术

植物修复是指通过绿色植物转移、容纳或转化污染物,以达到清除污染物,修复土壤的目的。重金属污染土壤的植物修复技术主要是利用超积累植物高效吸收污染土壤中的重金属,并将重金属转移和积累在地上部,通过收割植物地上部,从而达到去除土壤中重金属的目的。与化学修复相比,植物修复技术具有原位修复、环境友好、价格低廉等特点,因此应用广泛。

### 3.5.1　重金属超积累植物

重金属超积累植物是指能够从土壤中超量吸收重金属并将其运移到地上部积累的植物。一般认为超积累植物的标准为:超积累植物地上部的重金属含量达到正常植物的 100 倍以上。超积累植物积累的 Cr、Co、Ni、Cu、Pb 含量一般达到 $1.0 \mathrm{~g} \cdot \mathrm{kg}^{-1}$(干重)以上,Mn、Zn 含量达到 $10 \mathrm{~g} \cdot \mathrm{kg}^{-1}$,Cd 含量达到 $100 \mathrm{~mg} \cdot \mathrm{kg}^{-1}$。植物对重金属的富集系数大于 1;在重金属污染环境下生长不受影响,生物量大,可正常生长繁殖。目前世界上发现的具有超积累能力的植物类群大概有 500 种,约占被子植物总数的 0.2%。目前,国内筛选出的重金属超积累植物主要有:砷超富集植物蜈蚣草(*Pteris vittata* L.);Cd 超富集植物龙葵(*Solanum nigrum* L.)和天蓝遏蓝菜(*Thlaspi caerulescens*);锌和 Cd 超富集植物东南景天(*Sedum alfredii* H.);铜积累植物海州香薷(*Esboltzia splendens*)等。

利用重金属超积累植物修复重金属污染耕地已进行广泛试验,包括 Cd 超积累植物筛选与田间实际应用。Cd 超积累植物是指叶部 Cd 累积量高于 $100 \mathrm{~mg} \cdot \mathrm{kg}^{-1}$ 的植物,同时该植物地上部 Cd 含量与根系 Cd 含量的比值应大于 1。公认的 Cd 超积累植物只有遏蓝菜等少数几种十字花科植物,但遏蓝菜生物量较小、生长较为缓慢且机械收割困难,导致其 Cd 修复的应用在一定程度上受到限制。Cd 超积累植物龙葵,当土壤 Cd 质量分数为 20～60 mg·

kg$^{-1}$时,龙葵地上部 Cd 累积量可达 110～460 mg·kg$^{-1}$,其 Cd 富集系数可高达 2.68,且地上部 Cd 累积量高于根部。相比遏蓝菜,龙葵的生长迅速,生物量大,因而龙葵修复 Cd 污染土壤的前景较好。Cd 超积累植物东南景天,属景天科,为自然进化的锌、Cd 超积累植物,其茎、叶中 Cd 含量可分别高达 9000 mg·kg$^{-1}$和 6500 mg·kg$^{-1}$,但东南景天生物量小,生长缓慢,修复效率相对较低,限制了它的工程应用。近年来发现,印度芥菜(*Brassica juncea*)对 Cd 有较强的耐性,且生物量较大,其吸收的总 Cd 量远高于东南景天。油菜是中国的主要农作物之一,其中芥菜型油菜和印度芥菜是同属同种植物,它们具有较强的耐瘠薄的能力,所以可作为植物修复材料。观赏植物如某些品系菊花对 Cd 也具有一定的耐性作用,研究发现野菊花可耐受高达 200 mg·kg$^{-1}$的 Cd 污染。与普通植物相比,多年生经济作物苎麻(*Boehmeria nivea*)对 Cd、砷等重金属具有较强的耐受能力,其对 Cd 的富集系数可达 2.1,转运系数可达 3.0,但在未经活化调控的污染土壤中,苎麻的植物提取能力相对较低,限制了其在土壤修复中的应用。另外,部分能源作物具有超富集作物特性,如果将该类作物引入重金属污染土壤修复,不仅可以达到污染土壤修复治理的目的,还可以带来经济效益,缓解能源危机;常用的能源植物有蓖麻和甘蔗,由于其生物量大,在 Cu、Pb 和 Cd 污染土壤修复治理中具有较好的应用前景。

重金属超积累植物作为一种重金属污染土壤修复手段,以其廉价、可操作性强和环境友好等特点受到广泛关注。与其他传统修复技术相比较,植物修复技术具有修复成本低、适应性广、对土壤和环境没有破坏性、适用于重金属复合污染土壤修复等优点。但是,目前所发现的大多数超积累植物生长缓慢、植株矮小、生物量低、地域性强,修复效率低,不易于机械化作业,植物无害化处理难度大,大多只针对某一重金属,修复效率甚低,修复时间长,不适用于中、重度污染的土壤等限制,这些局限性限制了植物修复技术的应用。因此,培育生长快速、生物量大、适应性强的复合重金属超积累植物品种可能是耕地土壤重金属复合污染修复的潜在途径。此外,受不同地区气候等自然条件的影响,超积累植物在不同地区的生长也不同。一般超富集植物修复中度污染 Cd 污染农田至少需要十年以上,甚至长达几十年甚至上百年;对重金属轻度污染土壤,一般不易采用植物修复。植物修复比较适用于高重金属污染土壤。而将既具有富集能力,又具有广泛的区域适应性,同时还能实现机械化栽培和收割的作物品种用于土壤修复,则具有更强的现实意义。

重金属超积累植物从土壤中吸收重金属后若不经过合理处置,又将回归至土壤环境,再次造成污染,因此重金属超积累植物生物质的处置是制约植物修复商业化应用的重要因素之一。基于减量化、无害化和资源化原则,焚烧法、灰化法、堆肥法、压缩填埋法、高温分解法、液相萃取法和植物冶金等为处置重金属富集植物生物质的主要技术。

### 3.5.2　高 Cd 积累水稻

针对我国稻田土壤 Cd 污染的现状,业界主要采取以水稻低 Cd 积累品种、水分管理、石灰施用为核心,以土壤钝化调理、叶面阻控等技术相辅的技术模式,修复重金属污染耕地,但对于重度污染稻田实现农产品达标仍然困难,还存在土壤修复年限及效果稳定性的问题。而国内外发现的遏蓝菜(*Thlaspi arvense*)、东南景天(*Sedum alfredii Hance*)、龙葵(*Solanum nigrum*)、宝山堇菜(*Viola baoshanensis*)等 Cd 富集植物,因其生物量小、生长缓慢或地域性强等特点,影响了植物修复技术的有效性和广泛性应用。当前的 Cd 富集植物并不适用于中国绝大部分 Cd 污染农田的修复治理。

因此,在不改变稻田属性和结构的情况下,采用高 Cd 积累水稻品种,以高 Cd 积累水稻修复重度污染农田,为 Cd 污染稻田的植物修复治理开创新思路。很多研究表明不同水稻品种的 Cd 积累差异显著,在中国华南地区 471 个当地主栽高产品种稻米 Cd 含量差异达 32 倍,四大粮食产区总计 687 个大米样品的稻米 Cd 含量差异为 0.004~1.38 mg·kg$^{-1}$,前期品种筛选试验发现不同水稻品种稻米 Cd 含量为 0.20~4.21 mg·kg$^{-1}$,因此这可为 Cd 污染农田提供适宜的高 Cd 积累水稻修复品种。但利用高 Cd 积累水稻品种修复 Cd 污染农田,相关实践还很少。柳赛花等(2021)为探明高 Cd 积累水稻对 Cd 污染农田的修复潜力,研究了高 Cd 积累水稻品种扬稻 6 号和玉珍香 1 年种植 1 季水稻,在整株移除情况下土壤 Cd 移除效率分别达 9.1% 和 8.5%,地上部全移除情况下土壤 Cd 移除效率分别达 7.2% 和 7.1%。土壤 Cd 去除率=[每公顷植物 Cd 累积量(mg)]/[修复前每公顷土壤 Cd 全量(mg)]×100%。兼顾水稻移除修复效果和可操作性,稻草在完熟后按地上部全收割的方式移除,这可为 Cd 污染稻田的植物修复治理提供新途径。例如,某稻田土壤耕层土壤 0~20 cm。Cd 含量为 1.69 mg·kg$^{-1}$,耕层土壤 Cd 总量为 253.5 g·hm$^{-2}$,在整株移除的情况下,每公顷种植一季高 Cd 积累水稻可以带走土壤中 8.5%~9.1% 的 Cd,估算出在该污染水平区连续单季种植高 Cd 积累水稻约 8~9 a,可以使得该片农田土壤恢复安全健康水平(农田土壤 Cd 含量小于筛选值 0.4 mg·kg$^{-1}$);在只移除地上部稻草的情况下,估算出在该污染水平区连续单季种植高 Cd 积累水稻 10~11 a,可以使得该片农田土壤恢复安全健康水平,故使用高 Cd 积累水稻品种用于修复农田 Cd 污染具有较好的应用前景。

研究表明水稻根系是水稻吸收累积 Cd 的主要部位,水稻根系吸收的 Cd 占整株植物 Cd 累积含量的 20% 左右,根系的 Cd 是否移除,显著影响土壤 Cd 的移除效果及修复年限。然而水稻根系不易移除,因此水稻根系机械化移除设施完善是后续水稻修复 Cd 污染农田要解决的问题。高 Cd 积累水稻修复 Cd 污染农田无须改变土壤种植结构和当地长期习惯的种植方式,操作简单、更经济、适宜面积更广。另外,在实际应用中,还需进一步明确品种可获得性、农民的可接受性,从种子到收割,全过程监管与安全处置高 Cd 植株和稻谷,以防其流入市场,进入食物链。

高积累水稻材料的评价如下:地上部积累量是衡量水稻积累能力的直接指标,同时,植物修复技术的成功与否取决于生物量和生物富集系数。因此,寻求对农田污染具有高积累能力同时具有适应当地的气候、适合机械化栽培的物种更具有实际意义。水稻材料地上部积累量达到土壤总量的,可作为低浓度污染农田潜在的修复材料。加之水稻是我国主要的种植作物,有丰富的种质资源、栽培经验和广泛的区域适应性。因此,将高积累水稻材料用于土壤修复具有良好的应用前景。

# 3.6　耕地土壤重金属污染的联合修复技术

由于任何单一修复技术都有优势与缺陷,近年来,多种修复技术联合的修复措施成为重金属污染土壤修复的重要方向。目前,应用较多的有生物联合修复技术、物理化学联合修复技术和物理化学－生物联合修复技术等。

## 3.6.1　植物－微生物联合修复技术

植物－微生物联合修复技术是将植物和微生物作为组合,充分发挥各自的优势,直接或间接地吸收、转化土壤中的重金属元素。在土壤环境中,植物为微生物提供良好的生长环境和生长所需的各种营养元素,但当重金属胁迫较大时,具有重金属修复功能的植物生长缓慢、生物量小、富集总量有限。而许多微生物不仅对植物具有促生效应,其本身和代谢物可通过不同机制对重金属污染土壤进行修复。根区是植物根系和根际微生物作用的场所,微生物的活动可以改变土壤溶液的 pH,从而改变土壤对重金属的吸附特性。土壤内某些不溶态的重金属可以被微生物活化,提升植株摄取效果。因此,利用两者之间的这种共生关系,充分发挥两者的优势,使重金属污染土壤得到高效修复和治理。植物－微生物联合修复主要有两种形式:专性菌株与植物联合修复、菌根与植物联合修复。高浓度的重金属污染对植物的毒害作用导致较低水平的植物生产量,从而降低植物修复的效率。重金属污染导致土壤微生物生物量的减少和种类组成的改变,根际微生物对土壤重金属环境存在适应性分化,长期受重金属污染的环境可能存在丰富的耐重金属微生物资源。因此,从重金属污染环境中筛选可供应用的耐重金属根际微生物具有广阔的前景。菌根是土壤中的真菌菌丝与高等植物营养根系形成的一种联合体。菌根真菌的活动可改善根际微生态环境,增强植物的抗病能力,提高植物对重金属的耐性。植物与菌根真菌生物修复的关键是筛选有较强降解能力的菌根真菌和适宜的共生植物。相对而言,植物－微生物联合修复技术有破坏性小、修复高效且对环境无二次污染等优势。

## 3.6.2　植物联合修复技术

植物联合修复技术是用超富集植物与重金属低积累作物间套种,达到去除土壤重金属的效果,同时又保证正常农业生产的一种修复技术。有试验报道 Cd 超积累植物龙葵与 Cd 低积累白菜套种,第一轮套种 90 d 后土壤中 10% 的 Cd 被去除,若添加甘氨酸、谷氨酸、半胱氨酸等植物提取促进剂可将土壤 Cd 去除率提高至 20%;第二轮套种试验中,即使不添加植物提取促进剂后小白菜植株中 Cd 浓度仍低于食品限量标准,达到可食用标准。在中低浓度 Cd 污染土壤中,龙葵与 Cd 低积累大葱品种套种试验研究发现土壤 Cd 的去除率为 7%,龙葵的生长并不影响大葱(*Allium victorialis*)的生物量,且大葱地上部 Cd 累积量低于标准限量,可见采用低积累作物与超积累植物套种可达到"边生产边修复"的目的。通过合理的水肥管理,Cd 低积累型空心菜及青菜与东南景天的轮作使土壤 Cd 的去除率高达 56.5%,

DTPA 提取态 Cd 降低 62.3%，作物 Cd 吸收量降低，东南景天生物量增大。南京土壤研究所针对我国南方酸性红壤区大面积 Cd 中低污染农田土壤（全量 Cd<1 mg·kg⁻¹，土壤 pH<6），研发了基于超积累植物伴矿景天吸取的高效修复综合技术，使土壤 Cd 的年去除率达到 30% 以上。通过伴矿景天与 Cd 低积累水稻的轮种，或与玉米等的间套种，可在不影响正常农业生产的情况下，通过 2～5 年实现 Cd 中低污染酸性土壤的彻底修复。Cd 中低污染农田土壤植物联合修复技术示范基地，面积 30 多亩，通过种植伴矿景天 2 年，土壤全量 Cd 从 0.64 mg·kg⁻¹ 降至 0.22 mg·kg⁻¹，低于土壤环境质量二级标准，稻米中 Cd 浓度下降 85%，极大地降低了土壤 Cd 污染的食物链风险。

### 3.6.3　钝化剂－植物联合修复技术

钝化剂－植物联合修复技术指通过向土壤中施加化学钝化剂，达到增加土壤有机质、阳离子代换量和黏粒的含量以及改变土壤 pH、Eh 和电导率等理化性质，而使土壤中的重金属发生氧化、还原、沉淀、吸附、抑制和拮抗等作用，降低土壤重金属的生物有效性，达到修复重金属污染土壤的目的。将化学钝化技术和植物提取相结合，建立联合修复体系，能够改善重金属污染土壤的修复效率。如在铜镉复合污染土壤上，羟基磷灰石联合 3 种植物（伴矿景天、海洲香薷、巨菌草）对重金属污染土壤进行田间修复试验。结果显示，羟基磷灰石的施加可显著提高土壤 pH，并有效钝化土壤活性 Cu、Cd 含量，植物与羟基磷灰石的联合修复在显著降低土壤活性 Cu、Cd 的同时（$P<0.05$），显著减少了植物根际土壤总 Cu、Cd 的含量（$P<0.05$）。

### 3.6.4　螯合剂－植物联合修复技术

在植物修复过程中使用适当的螯合剂，能够打破重金属在土壤液相和固相之间的平衡，减弱重金属－土壤键合常数，使平衡关系向着利于重金属解吸的方向发展，使大量重金属进入土壤溶液，从而促进植物吸收和从根系向地上部运输金属。如对沙壤土进行 EDTA 联合植物修复，通过 EDTA 柱浸出实验，发现当其浓度为 50 mmol·kg⁻¹ 时，Cd、Cu、Pb、Zn 的柱浸出除去率分别达到 90%、88%、90%、67%。研究发现添加易降解络合剂乙二胺二琥珀酸（EDDS）能在一定程度上提高海洲香薷对 Cu、Zn、Pb 的吸收量，对地下水水质影响不大，且对于地下水的潜在淋滤风险比较小。化学活化剂的选择是该联合修复技术的关键，螯合剂和表面活性剂易造成土壤养分流失，且残留成分易形成二次污染，而低分子有机酸活化能力强、无毒且易降解，因此选择正确的化学活化剂不仅能够提高重金属污染土壤的修复效率，而且可以避免对环境造成二次污染。

### 3.6.5　电动－植物联合修复技术

在植物修复过程中，对修复区土壤施以电场，在电压作用下，电极附近土壤溶液发生电化学反应，改变了土壤的氧化－还原电位、pH 等理化性质，加快土壤固相上重金属的解吸，提高土壤溶液中重金属的含量，并通过电动力驱动重金属向植物根部迁移，促进植物对重金属的吸收、积累,加快修复过程。在直流电场的作用下,重金属从阳极向阴极移动,并且对土壤 pH 有显著改变,植物能够在此情况下生长且吸收一定量的重金属元素。在电场和 EDTA 的共同作用下,印度芥菜地上部 Pb 的吸收比仅施加 EDTA 提高 2~4 倍。有大量研究发现,一定的电场作用下可以提高植物对重金属的吸收。影响电动—植物联合修复效果的因素有电压施加方式、电场强度、添加剂的使用等。总体来说,选用交流电场或是低强度的直流电场不仅能够提高重金属的生物有效性,而且能够避免电场给植物造成不利的影响。电场作用导致的对微生物和酶活性的不利影响可由植物进行弥补。

# 第4章 重金属污染耕地安全利用技术

2016年5月28日,国务院印发《土壤污染防治行动计划》,提出到2020年农用地环境安全得到基本保障,受污染耕地安全利用率达到90%左右;到2030年,受污染耕地安全利用率达到95%以上。党的十九大提出"强化土壤污染管控与修复""确保国家粮食安全""实施乡村振兴战略"和"推进绿色发展"等战略。因此,如何管控和治理受重金属污染的农田土壤,保障粮食作物安全生产,已成为我国农业农村工作的重要内容。为全面完成国家关于土壤污染防治的工作要求,切实加强受污染耕地的安全利用工作,稳步推进污染耕地的治理与修复,保障农产品质量安全,温州市全面开展了受污染耕地安全利用工作,完成受污染耕地安全利用推广示范的目标任务。

## 4.1 受污染耕地安全利用概况

### 4.1.1 受污染耕地安全利用的发展

针对我国耕地资源和国家粮食安全的现状,当前我国耕地土壤重金属污染防治工作以安全利用为主,在充分利用土地资源的同时保障农产品的安全生产。根据农产品产地土壤污染防治普查与农用地土壤污染状况详查成果,结合当地耕地受污染情况,通过实地勘察调研,以《土壤环境质量 农用地土壤污染风险管控标准(试行)(GB 15618—2018)》农用地土壤污染筛选值为依据,选择土壤重金属含量高于农用地土壤污染筛选值,农产品质量存在安全风险的区域开展受污染耕地安全利用技术示范。依据国务院出台的《土壤污染防治行动计划》,农用地土壤污染防治应坚持分类管控、综合施策的原则。根据土壤污染程度、农产品质量情况将农用地划分为3个类别,分别实施优先保护、安全利用及严格管控等措施。对于未污染的农田土壤,实行严格保护,确保农产品安全生产;对于轻中度污染农田土壤,实行安全利用方案,采取农艺调控、替代种植等措施降低农产品超标风险;对于重度污染农田土壤,严格管控其用途,依法划定特定农产品禁止生产区域,严禁种植食用农产品,制订实施种植结构调整或退耕还林还草计划。鉴于我国人均耕地资源较少,为了满足粮食生产的需要,对于污染耕地,不可能像对工业污染场地一样,全面进行耕地污染修复治理。对于大面积轻中度重金属污染农田土壤的防治工作主要从安全利用的角度出发而开展,既充分利用耕地资源,又可避免农产品可食部分超标的风险。

受污染耕地安全利用从土壤重金属污染治理试点开始。浙江省人民政府办公厅发布

《农业"两区"土壤污染防治三年行动计划(2015—2017年)》(浙政办发〔2015〕92号),明确提出"全省各设区市要落实1个县(市、区)或1个区域,开展农业'两区'以土壤重金属污染治理为重点的试点工作""开展相关田间试验,进一步研究土壤污染治理新技术新方法,加强对试点工作的指导,形成一批治理技术模式"。2015年11月24日,浙江省农业厅印发关于《农业"两区"土壤污染治理试点工作方案》(浙农专发〔2015〕66号)的通知,在全省11个县市的典型区域各启动66700 m² 以上污染农田土壤,开展以重金属污染治埋为重点的试点工作,文件明确将温州乐清市列为试点项目县。

根据《农业"两区"土壤污染防治三年行动计划(2015—2017年)》要求,在前期土壤重金属污染调查和农业"两区"土壤重金属监测基础上,系统分析试点项目区域农田土壤重金属污染现状、污染成因、分布规律、污染因子等,并根据当地农业生产情况和试验条件,选定符合试点要求的农田,开展农业"两区"土壤污染治理试点。在选定的试验区中建立核心试验区开展低积累水稻品种和环境友好型钝化剂筛选试验,筛选重金属低积累水稻品种以及低成本和环境安全的重金属钝化稳定修复剂,为示范区重金属污染农田稻米安全生产技术做贡献。开展油菜和玉米等旱粮作物重金属低积累品种筛选试验,筛选油菜和玉米等重金属低积累品种。通过试验区农田土壤、作物、投入品等样品监测,评估土壤重金属污染治理效益。

经过3年试点试验,初步提出适宜当地不同污染程度的重金属污染农田的修复模式,提出以低积累水稻品种为主,以农艺措施调控土壤条件降低重金属生物有效性为辅的轻度污染农田低积累水稻+农艺措施修复技术模式;通过低积累水稻品种和土壤钝化剂降低重金属有效性的Cd轻度污染农田低积累水稻+降酸调控地力修复技术模式;利用水稻富集重金属,秸秆移除减少土壤重金属总量,改种低重金属积累旱地作物或其他非食用作物的Cd重度污染农田水稻富集+旱粮替代安全利用技术模式。这些模式具有成本低、操作简单、方便实用、易推广等特点。我们开展了不同类型钝化/调理材料和修复模式对农田Cd污染土壤的修复效果评估,施用推荐钝化剂材料的水稻产量达到当地水稻正常水平,钝化剂在降低重金属Cd有效性的同时亦减少水稻根系对Cd的吸收积累及根部向地上部可食部分的转移,以降低水稻籽粒的重金属含量,从而满足食品安全标准的要求。

2018—2020年,根据全省受污染耕地安全利用工作的统一部署,在全省农业两区土壤重金属污染修复成果的基础上,开展受污染耕地安全利用试点项目,实施受污染耕地安全利用省级和市级试点,通过田间试验和示范推广验证受污染耕地安全利用技术与模式的适应性与大面积应用效果,建立适宜温州地区推广应用的受污染耕地安全利用技术与模式。同时,开展了多地多点的市(县)级受污染耕地安全利用试点,验证农业"两区"重金属污染治理与安全利用成果与模式的效果,为全面开展受污染耕地安全利用的技术建立示范点并推广应用。2020—2021年,温州全市全面开展了安全利用类耕地的安全利用,严格管控类耕地的管控,以全面达成省市下达的受污染耕地安全利用目标。

## 4.1.2　受污染耕地安全利用的技术

受污染耕地安全利用的总体技术体系是分类(污染物、利用类型)、分级(污染程度轻度、中度、重度)、分区(地理位置与空间单元)、分期(近期与远期,先易后难)实施受污染耕地的安全利用。单体技术采用一地一策、中试验证、本土孵化策略，采用小试→中试→示范的研究方案，实施受污染耕地安全利用。受污染耕地安全利用技术试验总体架构如图4-1所示。

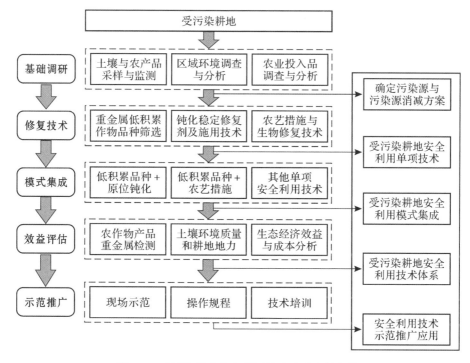

图 4-1　受污染耕地安全利用技术试验总体架构

针对受污染耕地安全利用技术，首先系统总结国内外重金属污染耕地土壤治理相关技术，结合当地耕地土壤重金属污染情况的基础调研，提出适合当地应用的初步技术和集成模式；第二阶段在受污染耕地安全利用示范区和周边区域基础条件的系统调研基础上，根据优选的国内外先进技术进行田间试验，筛选出适合示范区的优化技术；第三阶段进行各项技术集成的重金属污染耕地安全利用技术大田示范；第四阶段进行安全技术的效果评价、技术规程编写和示范推广，最终建立一整套有效的和可推广应用的受污染耕地安全利用技术，使得土壤重金属活性明显降低，生产的稻米重金属含量低于《食品安全国家标准　食品中污染物限量》(GB 2762—2017)，并通过治理技术的现场展示和技术培训与讲座推广受污染耕地安全利用技术和模式。以农业"两区"重金属污染耕地治理试点为例，说明受污染耕地安全利用技术研发与示范推广情况。

(1)系统调查试验示范区污染情况，包括试验示范区农田土壤肥力、重金属污染现状、污染成因、分布规律、污染因子等，以及主要农业投入品和试验区周边区域环境介质中(灌溉水、河水、河道底泥等)的重金属含量。根据《土壤环境质量：农用地土壤污染风险管控标准》，进行试验区重金属污染评价。利用 ArcGIS 软件，绘制耕地土壤中重金属的空间分布图，从重金属元素空间分布图中可直观地了解耕地土壤中重金属污染的分布情况，并分析重金属污染的可能途径。

(2)开展耕地土壤重金属污染源解析，提出示范区污染消减方案。重点调查灌溉水、水稻秸秆、肥料以及周围区域的潜在污染源情况，开展农业投入品、灌溉水、水稻秸秆、肥料及底泥等的重金属监测。综合考虑农田重金属投入和输出平衡,明确各类潜在污染源对耕地土壤重金属污染的贡献率,提出污染物消减方案。对轻度 Cd 污染农田,秸秆还田输入的 Cd 是主要来源。控制高 Cd 富集秸秆还田是污染物消减的关键,同时防止高 Cd 有机肥的施用。

(3)筛选重金属低积累水稻品种。选用市场上已审定推广的主栽水稻品种,进行水稻品种筛选田间试验,分析同等条件下不同水稻品种对 Cd 吸收积累的差异性,以筛选出重金属低吸收或低积累水稻品种。通过土壤、水稻籽粒、秸秆、根系中的重金属 Cd 含量测定,比较不同品种水稻糙米中重金属 Cd 的含量,以大米中 Cd 的含量指标为依据,结合水稻产量,综合分析试验结果,并从中筛选出效果较好的低吸收 Cd 水稻品种,为受污染耕地稻米安全生产推荐水稻品种,供生产应用。

(4)筛选重金属低积累油菜和玉米等旱粮作物品种。通过不同旱粮作物品种籽粒、秸秆和根系中的重金属含量测定,结合作物产量,从中筛选出效果较好的低吸收旱粮作物品种为受污染耕地安全利用的推荐品种。

(5)筛选重金属钝化剂和合理施用技术。在综合前人研究成果的基础上,考虑土壤性质、钝化剂来源、资源综合利用、材料环境安全性等多个因素,对无机物、有机肥、黏土矿物、人工合成材料、矿物肥料和市售钝化剂等类型,通过田间试验筛选和水稻安全性评价相结合的方式,筛选低成本和高效的土壤重金属钝化剂和调理剂。采用田间小区对比试验,通过试验水稻产量、水稻籽粒重金属积累量、土壤有效态重金属含量、土壤理化指标等参数,筛选出价格低廉、施用方便、效果良好的钝化和调理剂。

(6)建立重金属污染农田安全利用技术集成模式。通过田间试验提出适宜当地不同污染程度的重金属污染农田安全利用技术模式。这些模式应具有成本低、操作简单、方便实用、易推广等特点。针对示范区重金属轻度污染的农田,提出以低积累水稻品种为主,以农艺措施调控土壤条件降低重金属生物有效性为辅的安全利用技术模式。

(7)研发重金属富集秸秆资源化技术。通过农田土壤重金属污染源解析和农田重金属平衡分析,在工业污染得到有效控制的前提下,农田土壤重金属的潜在来源主要是大气沉降和农业投入品,而秸秆是决定农田重金属平衡的决定因素。采取秸秆移除措施是防止和修复农田重金属污染的重要措施。针对重度污染区富集重金属秸秆的资源化利用,采用水稻油菜秸秆制备生物炭实现资源化处置。如利用水稻秸秆制备功能性多孔生物炭,制备的生物炭适宜黏质土壤改良,提高土壤大孔隙;针对秸秆中的重金属,采用添加外源物质固定重金属的方法,生产铁基、磷基和钙基生物炭等。

(8)开展重金属污染耕地安全利用效益评估。为了考察不同类型钝化/调理剂和修复模式对耕地土壤安全利用的效果,从钝化/调理剂对水稻产量、水稻籽粒/秸秆重金属含量、重金属有效态含量、土壤理化性质等方面进行综合评价。

(9)开展受污染耕地安全利用技术培训与示范推广。通过种植大户、基层农技人员和专业人员三个层次的培训和现场示范等措施,推广受污染耕地安全利用技术和模式。采用试验现场展示和宣传方式向种植大户和农技人员培训推广治理技术和模式;采用培训讲课方式推广示范试验成果和经验,宣传和推广受污染耕地安全利用技术。

2020—2021 年,温州全市在耕地土壤环境质量类别划分基础上,以安全利用类耕地为对象,通过对各种安全利用技术及模式的比选、优化和集成,形成一整套适合不同土壤污染类型和污染程度的先进、适用、可推广的技术模式。根据污染物类型、污染程度,分区开展了以重金属低积累水稻品种和原位钝化为核心的受污染耕地安全利用(见图 4-2)。通过不同污染程度的耕地安全利用技术和集成模式的应用,示范区稻米中 Cd 含量稳定降低到《食品安全国家标准 食品中污染物限量》(GB 2762—2017)规定的限量标准以下,实现了农产品安全生产,尤其是集成技术模式在突出治理重金属污染的同时提供酸化土壤普遍存在的 Ca、Mg、Si 等矿质营养元素,以阻控 Cd 向水稻籽粒中累积,实现安全农产品生产和平衡养分与农田地力提升的协同效应,实现污染修复与地力提升双重目标。

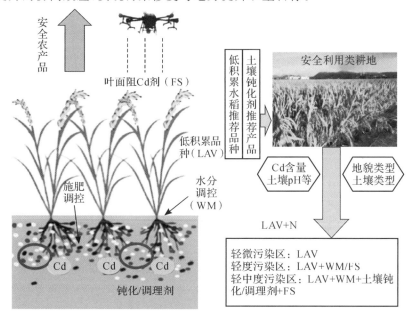

图 4-2　温州市以低 Cd 积累水稻品种和原位钝化技术为核心的
受污染耕地安全利用技术体系示意

温州市安全利用类耕地面积大,分布广,这部分耕地的安全利用关系到全市粮食生产结构、食品质量安全和人民生活健康。由于受污染耕地土壤类型、地形地貌、种植制度和土壤理化性质等差别大,所以有必要对安全利用类耕地按土壤类型、污染类型和污染程度分区分类实施修复与安全利用。关于 Cd 低积累水稻品种的筛选,从实验室到田间尺度下的研究表明,通过筛选并种植 Cd 低积累水稻是可以保障水稻安全生产的。然而,由于农田土壤 Cd 污染区域差异显著,不同地方的土壤类型、气候特征、作物品种等差异明显,且存在农作物品种更新换代较快等问题,有时筛选出的低 Cd 品种不具有推广性,稳定性也不足。因此,针对粮食作物的 Cd 低积累品种筛选工作应当考虑品种种植的区域适宜性及稳定性,从本地主推品种中筛选出更符合本地实际的生产情况的品种,以便被农民接受及推广使用。结合当地主推的水稻品种进行田间对比试验,筛选出产量和品质稳定、低 Cd 积累的水稻品种,确保选择的低 Cd 积累水稻品种不减产、农民不减收,稻米 Cd 含量低于《食品安全国家标准 食品中污染物限量》(GB 2762—2017)的限量值。采用受污染耕地安全利用集成技术模式,通过施用土壤调理剂、石灰和种植低积累水稻品种等综合农艺与土壤环境改良措施,提高土壤 pH、增加土壤矿质养分,以降低重金属污染物在土壤中的活性和危害程度,阻控作物对土壤中重金属的吸收。

### 4.1.3 受污染耕地安全利用的成果

根据浙江省受污染耕地安全利用工作的统一部署,围绕温州市受污染耕地安全利用的重大需求,在全面完成耕地土壤环境质量类别划分的基础上,通过研发受污染耕地安全利用技术和模式,2020—2021 年温州市全面开展了受污染耕地安全利用工作。全市采用低积累水稻品种、重金属钝化剂、叶面阻 Cd 剂等单项技术,结合采用多地试点试验建立的受污染耕地安全利用集成技术模式,实现全市受污染耕地安全利用率达到 95％以上,按期完成国家下达温州市的受污染耕地安全利用阶段性目标。通过研究与示范,建立起一整套有效的和适宜当地推广应用的受污染耕地安全利用技术,生产的稻米 Cd 低于《食品安全国家标准食品中污染物限量》中规定的限量值,受污染耕地安全利用率达到国家要求,实现受污染耕地安全利用和农产品质量安全。取得的主要成果如下。

(1)开展全市耕地土壤环境质量类别划定,明确了耕地土壤污染成因。在农用地土壤污染详查基础上,通过资料收集、野外现场踏勘和内业校核,完成了全市耕地土壤环境质量类别划分,建立了类别划分清单和图件,明确了全市 11 个县(区)市安全利用类耕地的分布、面积及其污染类型。调查明确了农业投入品的重金属污染风险及土壤剖面分布规律,初步明确了耕地土壤的污染成因,为全市受污染耕地安全利用提供科学依据。

(2)筛选出一批重金属低积累水稻品种。2017—2020 年在乐清、鹿城、永嘉、平阳等地开展了多点重金属低积累水稻品种筛选试验。水稻品种选择以浙江省农业厅主推的主栽水稻品种为主,进行水稻品种筛选田间试验。几年来水稻品种筛选试验共涉及品种 145 个,试验小区 363 个,田间大区 24 个。通过乐清、鹿城、平阳等 5 县区多点多年筛选试验,筛选出适宜温州市不同区域的重金属低积累早稻品种 5 个、连作晚稻 10 个、单季晚稻 6 个,并提出针对水网和河谷平原区的低积累水稻品种筛选标准。综合多地试验,验证了低积累水稻品种的适用性。

(3)筛选出适宜中重度重金属污染耕地安全利用的替代作物品种。在瓯海、乐清两地开展低积累油菜和玉米品种的筛选。包括试验油菜品种 22 个、玉米品种 18 个,田间试验处理 40 个,田间试验小区 120 个。通过乐清和瓯海两地中重度重金属污染耕地安全利用替代作物油菜和玉米品种筛选试验,筛选出低积累油菜品种 3 个、玉米品种 8 个,为中重度污染耕地安全利用的推荐品种。筛选出秸秆富集 Cd 的玉米品种 2 个和油菜品种 7 个,作为秸秆离田生物修复替代作物品种。

(4)筛选出环境友好的土壤重金属钝化稳定修复剂。2017—2019 年在乐清共开展了 6 季作物(早稻和晚稻)17 种土壤调理剂的筛选试验,2018—2020 年在鹿城开展了 3 季单季稻 12 种土壤调理剂的筛选试验。此外,还在瓯海、平阳、永嘉等地开展验证试验。通过试验水稻产量、水稻籽粒重金属积累量、土壤有效态重金属含量,以及土壤理化指标等参数,筛选出价格低廉、施用方便、效果良好的钝化和调理剂。同时在瓯海、鹿城、平阳等地开展田间示范验证。根据 5 地不同水稻的土壤调理剂效果筛选试验,在保持水稻产量达到常规水平,考虑土壤钝化剂的成本、来源、安全性等因素基础上,根据不同土壤钝化剂处理后水稻籽粒和秸秆的 Cd 含量,初步提出适宜当地推广的土壤调理剂。通过乐清、鹿城、永嘉、平阳等地的多点多季早稻、晚稻和单季稻田间小区试验,以及乐清、瓯海、平阳、永嘉等地的大田验证试验,以高效、稳产、低价以及施用方便为目标,筛选出适宜温州推广的土壤调理剂 4 种,它们成为全市受污染耕地安全利用的主导土壤调理剂。

(5)集成适宜温州市推广的受污染耕地安全利用技术模式。针对耕地重金属污染程度,研发低积累水稻品种和土壤调理剂联合施用技术模式,通过多点小区试验、大田验证和大面积示范,集成了适宜不同污染程度、种植制度和区域的 5 种安全利用模式,包括:镉轻度污染农田低积累水稻＋降酸农艺措施修复模式、镉轻度污染农田低积累水稻＋钝化剂修复模式、镉中度污染农田低积累水稻＋降酸/钝化剂＋叶面阻控模式、镉中重度污染农田"边耕种边修复"生物修复模式、镉中重度污染农田低积累蔬菜＋高富集替代作物修复模式。其中利用水稻生物量大、适应性强、生长迅速、管理措施简单,以及油菜具有籽粒低积累而秸秆富集镉的特性,通过种植秸秆富集重金属水稻和油菜品种,采取秸秆移除以减少土壤重金属总量的创新技术,实现了作物移除土壤重金属的新模式。建立的集成技术作为受污染耕地安全利用主导模式在温州全市得到应用。

(6)开展全市受污染耕地安全利用的大面积示范工作。形成针对全市受污染耕地的分类(污染物、利用类型)、分级(污染程度轻度、中重度)、分区(地理位置与土壤类型)的安全利用技术体系,实现全市受污染耕地安全利用技术全覆盖,有效支撑全市受污染耕地安全利用。

(7)构建了受污染耕地安全利用技术研发与示范推广的组织体系。通过受污染耕地安全利用技术实施,构建了分区多点多年小区试验、大田验证和大面积示范推广的技术和模式研发体系;形成市、县、乡镇(街道)、村四级联动,市级组织技术培训,县级物资统一招投标,第三方统一技术服务,镇村两组落实到田的高效组织方式。为完成全市安全利用目标提供了技术与管理保障。

项目实施以来,取得了显著的社会、经济、生态效益。2019—2020 年,通过应用低积累品种、土壤调理剂、酸化改良剂、叶面阻控、水分调控等技术措施,有效降低了水稻 Cd 污染风险,提高了产量。全市共推广应用受污染耕地安全利用技术 3643 ha,水稻亩均增产 8%～10%;实现了全市水稻生产区安全利用技术和模式全覆盖,全市受污染耕地安全利用率达95.8%,超额完成了国家提出的 2020 年全市受污染耕地安全利用率 92% 以上的目标。

# 4.2　重金属低积累水稻品种筛选

水稻是我国最主要的粮食作物之一,也是容易积累 Cd 的作物。在轻中度 Cd 污染稻田中容易发生稻米 Cd 超标问题,稻米 Cd 超标会通过食物链途径进而影响人类健康。通过挖掘作物自身的遗传潜力,选择对重金属低积累作物品种和发挥根际与作物本身对污染物迁移的"过滤"和"屏障"作用来保障重金属污染土壤中作物的安全生产,是受污染耕地安全利用的重要途径。不同作物种类及同一作物的不同品种对重金属的吸收、富集能力存在很大差异。以水稻为例,尽管气候、降雨等因素会影响水稻对 Cd 的吸收富集能力,但不同水稻品种对 Cd 的吸收能力存在数倍至几十倍的差异。已有的研究均表明筛选低积累作物对于中低浓度 Cd 污染土壤的安全利用具有可行性。寻找新的低吸收作物品种一直是受污染耕地安全利用的主要发展方向。不同作物基因型差异引起 Cd 吸收累积差异机制不同,部分低积累作物主要通过减少 Cd 由根部向地上部转移的方式降低可食部位 Cd 的浓度。此外,部分植物通过减少根细胞 Cd 吸收的途径而降低地上部 Cd 的累积量,该过程主要以根细胞壁作为有效吸收屏障,而根细胞分泌的与 Cd 亲和性较高的有机物可进一步降低根细胞的 Cd 吸收量。温州市的粮食作物以水稻为主,因此我们主要开展了重金属低积累水稻品种的筛选,以筛选出适宜不同区域种植的低积累水稻品种。

## 4.2.1　低积累水稻品种筛选方法

不同水稻品种对重金属的吸收和积累存在显著差异,合理筛选高耐性低积累水稻品种是降低稻米重金属污染风险的一个有效途径,尤其是在轻中度污染的农田土壤上,可以通过选育和推广 Cd 低积累的水稻品种,将可食部位的 Cd 控制在允许范围内,这是轻度污染耕地水稻安全生产最经济有效的方法。因此,通过筛选和应用重金属低积累高耐性水稻品种以减少重金属进入食物链,从而避免健康风险。低积累水稻品种筛选主要选用市场上已审定推广的主栽水稻品种,进行水稻品种筛选田间试验,分析同等条件下不同水稻品种对 Cd 吸收积累的差异性,筛选出重金属低吸收或低积累水稻品种。筛选的水稻品种除了对重金属的低积累外,一般还应具有如下特征。①当地适应性。由于耕地土壤的类型、理化性质、污染程度、气候等存在差异,同一作物品种在不同地区之间可能存在重金属吸收能力的差异。因此,当某地引进种植低积累作物时,需要对已知的低积累品种进行验证。②多种重金属抗性。耕地土壤多为重金属复合污染。在重金属复合污染地区如果某品仅对一种重金属元素低吸收,仍然可能存在其他重金属含量超标的情况。③产量不受太大影响。我国人口数量巨大,耕地资源稀缺,必须保障农产品高产。以 Cd 污染耕地为例,通过比较不同品种水稻糙米中重金属 Cd 的含量,以糙米中 Cd 含量为依据,结合水稻产量,综合分析试验结果并从中筛选出效果较好的 Cd 低积累水稻品种,为重金属污染农田稻米安全生产的推荐水稻品种,供生产应用。筛选和培育重金属低积累水稻品种,不但能有效降低水稻籽粒中 Cd 的含量,而且技术简单,经济成本低,对环境友好。近年以来,温州市在乐清、鹿城、永嘉、平阳等地开展了多点多批重金属低积累水稻品种筛选试验。

以农业"两区"重金属污染耕地治理试点 Cd 低积累水稻品种筛选为例,水稻品种选择以当地农业农村部门主推的主栽水稻品种为主。筛选试验选用早晚稻品种共 30 个,开展低积累水稻品种筛选大田试验,分析不同水稻品种对重金属 Cd 吸收积累的差异性。通过 Cd 低积累品种的筛选和验证,分析水稻的 Cd 富集状况、生长状况及产量等信息,以期通过品种筛选技术降低稻米中 Cd 的含量。Cd 低积累水稻品种筛选试验过程如图 4-3 所示。采用田间小区试验,小区之间设置田埂覆膜隔离,防止小区之间串水、串肥,覆膜田埂高于水田水面 30 cm。除了试验处理的特殊要求外,生产措施与田间管理均按常规方法进行,在试验区内,所有农业生产措施(整地、育苗、移栽、灌溉、施肥、病虫害防治、收获、脱粒等)实现统一管理,以尽量消除试验误差,提高试验结果的可比性。所有品种在相同的农田管理条件(施肥、水分、耕作等)下种植,每个处理设 3 个重复。成熟后每个小区单独收割、测产;测产方法为各小区单打单收,测定实际产量。同时采集每个小区的土壤样品,进行土壤、水稻籽粒、秸秆、根系中的重金属 Cd 含量测定,通过比较不同品种水稻糙米中 Cd 的含量,以糙米中 Cd 含量指标为依据,结合水稻产量,综合分析试验结果并从中筛选出效果较好的 Cd 低积累水稻品种,为重金属污染农田稻米安全生产推荐水稻品种。

品种筛选试验采集的水稻植株洗净后经烘箱 105℃ 杀青半小时后,调至 60℃ 烘干 48 h,将水稻各部位分离,称量,过 0.425 mm 筛;土壤样品风干后磨碎过 2 mm 筛。水稻糙米和土壤中重金属含量检测分别利用 HNO₃—HClO₄ 和 HNO₃—HF—HClO₄ 湿法消解后,采用电感耦合等离子体质谱(ICP-MS)测定糙米和土壤中重金属浓度。土壤 Cd 有效态含量利用 DTPA(pH＝7.3±0.2)提取,用 ICP-MS 测定。计算水稻籽粒 Cd 富集系数以及水稻根系、植株和籽粒间的 Cd 转运系数。

图 4-3  重金属低 Cd 积累水稻品种筛选过程示意

## 4.2.2  水网平原区低积累水稻品种筛选

由于耕地土壤的类型、理化性质、污染程度、气候等存在差异,同一作物品种在不同地区之间可能存在重金属吸收能力的差异。因此,引进或盆栽试验筛选的品种要进行大田试验验证,在温州粮食主产区两种典型地貌类型区进行了品种筛选试验,以筛选 Cd 低积累水稻品种,并验证所筛选出品种的当地适应性和农民接受程度。水网平原区低积累水稻品种试验区共布置试验小区 26 个,小区面积 32 m²,2017—2018 年开展了早晚稻共 4 季的重金属低积累水稻品种田间筛选试验。试验水稻品种选择浙江省农业农村厅主推的主栽水稻品种,其中早稻品种 5 个(中嘉早 17、中嘉早 39、甬籼 15、中组 134、中嘉早 15),晚稻品种 25 个(隆两优 1212、Y 两优 900、隆两优 1813、甬优 2640、泰优 1332、浙糯优 1 号、隆两优华占、嘉优中科 2 号、甬优 17、甬优 15、甬优 538、Y 两优 17、中浙优 10 号、绍糯 9714、甬优 9 号、甬优 10、甬优 1540、华浙优、中浙优 1 号、甬优 362、中浙优 1 号、甬优 12、Y 两优 8199、深两优

5814、泰优 217)。

田间小区筛选试验表明,不同水稻品种在相同气候与栽培条件下的产量存在较大差异。2017 年田间试验的 3 个早稻品种的平均产量为 7185 kg・hm$^{-2}$,其中产量最高是甬籼 15,产量达 7695 kg・hm$^{-2}$;中嘉早 39 和中嘉早 15 的产量分别为 7404 kg・hm$^{-2}$ 和 6455 kg・hm$^{-2}$。2018 年田间试验的 3 个早稻品种的平均产量为 7230 kg・hm$^{-2}$。图 4-4 是 2017—2018 年试验的晚稻品种的产量情况。试验表明 2017 年 25 个晚稻品种的平均产量为 7851 kg・hm$^{-2}$,其中产量最高的是甬优 1540,产量达 9275 kg・hm$^{-2}$;产量较低的是绍糯 9714 和浙糯 1,产量分别为 5810kg・hm$^{-2}$ 和 5517 kg・hm$^{-2}$。2018 年 25 个晚稻品种的产量为 5520~9600 kg・hm$^{-2}$,平均产量为 8070 kg・hm$^{-2}$。不同水稻品种在相同土壤类型、管理方法、气候条件等环境因子下,产量存在差异。

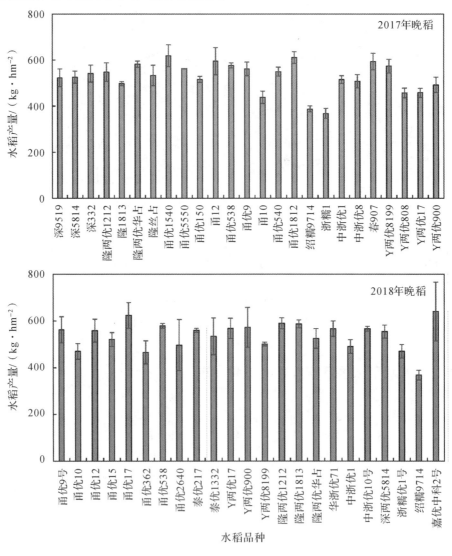

图 4-4　水网平原区低 Cd 积累水稻品种筛选试验的产量情况

不同水稻品种在相同土壤、气候和管理等条件下的 Cd 积累存在明显差异。2017 年早稻试验表明,3 个早稻品种籽粒的 Cd 含量表现为中嘉早 39＞甬籼 15＞中嘉早 17。水稻秸秆 Cd 含量为中嘉早 17＞甬籼 15＞中嘉早 39。水稻秸秆中的 Cd 含量与籽粒中的相反,可能与重金属在秸秆中积累,减少了重金属向籽粒的转移有关。2018 年 3 个早稻品种籽粒 Cd 含量为 0.12～0.22 mg·kg$^{-1}$,表现为中嘉早 15＞中组 134＞中嘉早 17,其中中嘉早 15 籽粒的 Cd 含量超过了国家食品安全标准限量值。水稻秸秆中的 Cd 含量与籽粒表现相同的规律,为中嘉早 15＞中组 134＞中嘉早 17,秸秆中的 Cd 含量为 0.34～0.74 mg·kg$^{-1}$。3 个早稻品种中嘉早 15、中组 134 和中嘉早 17 的 Cd 富集系数分别为 0.61、0.49 和 0.34。籽粒—秸秆间 Cd 转运系数分别为 0.30、0.26 和 0.32。

低积累水稻品种筛选试验样品的糙米 Cd 含量分析如图 4-5 所示。结果表明,不同品种间糙米的 Cd 含量存在明显差异,2017 年晚稻试验品种的 Cd 平均含量为 0.034～0.375 mg·kg$^{-1}$,含量最高者和最低者相差 10 倍。根据食品中 Cd 限量国家标准,其中隆丝占和隆两

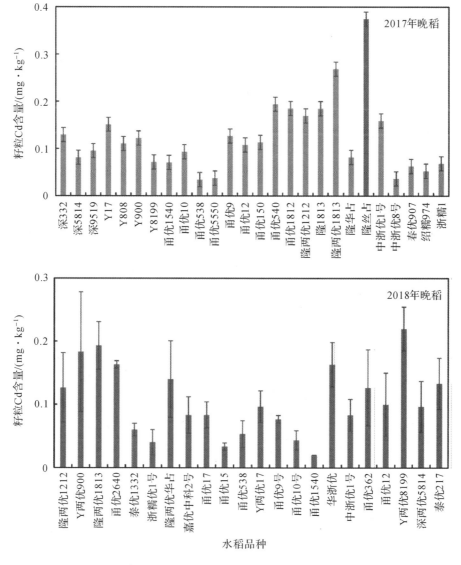

图 4-5　水网平原区不同水稻品种籽粒(糙米)中的 Cd 含量

优 1813 品种 Cd 超标。2018 年晚稻品种糙米的 Cd 含量为 0.023～0.206 mg·kg$^{-1}$,含量最高者和最低者相差 10 倍。根据食品中 Cd 限量国家标准(0.2 mg Cd·kg$^{-1}$),其中 Y 两优 8199 品种 Cd 超标。Cd 含量大于 0.15 mg·kg$^{-1}$ 的水稻品种有甬优 2640、Y 两优 900、隆两优 1813 和华浙优。糙米中含量较低的品种有甬优 1540、甬优 15、浙糯优 1 号和泰优 1332。

富集系数是表征水稻对 Cd 富集能力的重要指标。根据计算的富集系数,不同品种水稻对 Cd 的积累能力有很大差异。水稻 Cd 的富集系数为 0.13～1.39。富集能力最强的为隆丝占品种,富集系数达到 1.39,富集系数较低的品种为甬优 538、甬优 5550 和中浙优 8 号,富集系数分别为 0.127、0.139 和 0.135。

### 4.2.3　河谷平原区低积累水稻品种筛选

河谷平原区低积累水稻品种筛选试验共设计重金属低积累水稻品种田间筛选小区 12 个。图 4-6 是试验基地航摄图。水稻品种选择为浙江省农业农村厅主推的主栽水稻品种,分别为中浙优 8 号、甬优 15 号、甬优 6760、甬优 7860、甬优 1540、嘉丰优 2 号、华浙优 1 号、泰两优 217、嘉优中科 2 号、V 两优 8199、嘉禾优 7245 和嘉优中科 13－1。品种筛选过程同 4.2.2。

图 4-6　河谷平原区低 Cd 积累水稻品种筛选试验区全景图

筛选试验测定水稻产量与土壤、水稻籽粒、秸秆、根系中的重金属 Cd 含量,通过比较不同品种水稻糙米中重金属 Cd 的含量,以食品中污染物限量标准为依据,结合水稻产量,综合分析试验结果并从中筛选出效果较好的 Cd 低吸收水稻品种。表 4-1 是不同水稻品种的生长发育与产量情况。12 个水稻品种的产量为 4106～7295 kg·hm$^{-2}$,平均产量为 5391 kg·hm$^{-2}$,其中甬优 1540 的产量最高,产量最低的为华浙优 1 号。

表 4-1　河谷平原区单季晚稻品种对比试验记载表

| 品　　种 | 株　高 /cm | 穗　长 /cm | 穗总粒 | 穗实粒 | 结实率/ % | 千粒重 /g | 全生育期 /天 | 产　量/ (kg·ha$^{-1}$) |
|---|---|---|---|---|---|---|---|---|
| 甬优 1540 | 112 | 23.5 | 384 | 312 | 81.4 | 23.2 | 128 | 7295 |
| 甬优 7860 | 114 | 23.4 | 333 | 244 | 73.4 | 24.9 | 135 | 6524 |
| V 两优 8199 | 112 | 28.6 | 313 | 206 | 65.84 | 26.5 | 129 | 5690 |
| 嘉优中科 2 号 | 105 | 22.1 | 285 | 209 | 73.3 | 28.4 | 125 | 5440 |
| 泰两优 217 | 104 | 26.0 | 255 | 212 | 83.0 | 24.6 | 130 | 6045 |
| 嘉禾优 7245 | 114 | 25.3 | 327 | 244 | 74.5 | 24.3 | 131 | 5107 |
| 华浙优 1 号 | 106 | 24.4 | 186 | 146 | 78.5 | 26.7 | 131 | 4106 |
| 嘉优中科 13-1 | 102 | 22.3 | 256 | 226 | 88.3 | 28.5 | 125 | 4586 |
| 甬优 6760 | 118 | 26.4 | 305 | 240 | 78.6 | 29.0 | 125 | 5044 |
| 嘉丰优 2 号 | 114 | 24.1 | 249 | 221 | 88.9 | 25.7 | 133 | 5315 |
| 甬优 15 号 | 115 | 25.8 | 282 | 243 | 86.0 | 28.8 | 132 | 5107 |
| 中浙优 8 号 | 113 | 25.5 | 153 | 119 | 78.0 | 25.4 | 133 | 4440 |

试验结果表明,水稻以根系中 Cd 含量最高,其次为水稻秸秆,籽粒中 Cd 的含量最低(见图 4-7)。Cd 在水稻各器官中的分配比例基本符合根系>茎叶>籽粒的规律。2019 年单季晚稻籽粒的 Cd 含量测定表明,不同品种水稻籽粒的 Cd 含量为 0.11～0.19 mg·kg$^{-1}$。仅有 Y 两优 8199 和中浙优 8 号的籽粒中 Cd 含量接近于食品中 Cd 的限量标准值,其余品种籽粒中 Cd 含量均小于食品中 Cd 限量标准值。水稻秸秆中的 Cd 含量范围为 1.8～3.51 mg·kg$^{-1}$,平均值为 2.48 mg·kg$^{-1}$。不同水稻品种根系中 Cd 含量范围为 4.2～9.79 mg·kg$^{-1}$,平均值为 5.95 mg·kg$^{-1}$。不同水稻品种 Cd 的富集系数为 0.21～0.40。其中,Y 两优 8199 和中浙优 8 号的富集能力最强,富集系数分别为 0.40 和 0.38,甬优 15 和甬优 1540 的富集系数较低,分别为 0.21 和 0.22。水稻籽粒—秸秆间的转运系数平均值为 0.06,根系—秸秆中的转运系数平均值为 0.43。可见,根系对 Cd 的阻碍作用是限制 Cd 向水稻地上部,尤其是向籽粒运输的主要屏障,茎叶也是 Cd 向籽粒运输的屏障。

在田间小区试验基础上,对 Cd 低积累水稻品种进行了田间大区验证,供试水稻品种 24 个,采用大区对比试验,每个品种种植面积 667 m$^2$,并列种植,采用统一的栽培、施肥与水分管理措施。水稻成熟后测产采集样品测定稻米 Cd 含量。结果如表 4-2 所示。供试的 24 个水稻糙米中 Cd 含量相对标准偏差为 44.0%,品种间离散程度高,说明不同水稻品种对 Cd 的吸收能力差异显著,同样说明在受污染耕地安全利用过程中选择水稻品种对于稻米安全性非常重要。与国家食品安全标准比较,糙米中 Cd 含量超标品种有 11 个,占 45.8%。水稻品种间稻米 Cd 含量比较,从低到高依次为甬优 8050、嘉优中科 10 号、甬优 7850、甬优 1540、甬优 5550、甬优 540、中浙 2 优 12、甬优 15。从组合上来看,籼杂组合稻米中 Cd 含量

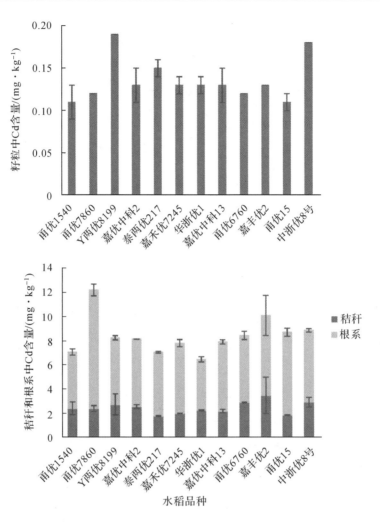

图 4-7　河谷平原区水稻籽粒、秸秆和根系中的 Cd 含量

平均为 0.194 mg·kg$^{-1}$,籼粳(偏籼)相对标准偏差为 42.9%,杂交稻 Cd 含量平均为 0.173 mg·kg$^{-1}$。从品系上看,甬优系列、嘉优中科的 Cd 含量比较低,尤其是甬优系列总体表现较好,供试 7 个品种中稻米中 Cd 含量平均值为 0.107 mg·kg$^{-1}$。相对标准偏差为 21.9%。说明品系或者不同基因型稻米的重金属含量差异较大。通过相同土壤条件下不同品种水稻 Cd 含量比较,结果与田间小区试验基本一致。通过比较不同品种糙米中 Cd 富集能力,发现甬优 8050、嘉优中科 10 号、甬优 7850、甬优 1540、甬优 5550、甬优 540、中浙 2 优 12、甬优 15 的 Cd 积累明显低于其余品种。因此,可将上述品种作为重金属污染区 Cd 低积累品种种植。

表 4-2　河谷平原区水稻品种 Cd 积累情况大田验证结果

| 序　号 | 品种名称 | 产量/(kg·ha$^{-1}$) | 糙米中 Cd/(mg·kg$^{-1}$) |
|---|---|---|---|
| 1 | 甬优 15 | 7400 | 0.120 |
| 2 | 甬优 5550 | 7866 | 0.110 |
| 3 | 甬优 8050 | 8507 | 0.078 |

| 序　号 | 品种名称 | 产量/(kg·ha$^{-1}$) | 糙米中 Cd/(mg·kg$^{-1}$) |
|---|---|---|---|
| 4 | 嘉优中科 13-1 | 6422 | 0.180 |
| 5 | 嘉优中科 2 号 | 8228 | 0.210 |
| 6 | 华中优 1 号 | 6414 | 0.190 |
| 7 | 嘉禾优 001 | 6297 | 0.220 |
| 8 | 嘉丰优 2 号 | 7704 | 0.250 |
| 9 | 甬优 1540 | 9354 | 0.094 |
| 10 | 嘉禾优 7245 | 7473 | 0.170 |
| 11 | 甬优 7860 | 9066 | 0.150 |
| 12 | 华浙优 1 号 | 7856 | 0.220 |
| 13 | 华浙优 71 | 5862 | 0.370 |
| 14 | 中浙优 H7 | 6513 | 0.300 |
| 15 | 泰两优 1413 | 8517 | 0.210 |
| 16 | 泰两优 217 | 8672 | 0.320 |
| 17 | V 两优 1219 | 8289 | 0.280 |
| 18 | Y 两优 8199 | 8171 | 0.230 |
| 19 | 中浙优 8 号 | 6422 | 0.250 |
| 20 | 甬优 540 | 9194 | 0.110 |
| 21 | 甬优 7850 | 8838 | 0.090 |
| 22 | 禾香优 1 号 | 7319 | 0.120 |
| 23 | 嘉优中科 10 号 | 6255 | 0.079 |
| 24 | 中浙 2 优 12 | 6563 | 0.120 |

## 4.2.4　Cd 低积累水稻推荐品种

研究表明,利用不同水稻品种对 Cd 的积累特性差异,可以筛选出适于低中度 Cd 污染稻田的 Cd 低积累水稻品种,使稻米 Cd 含量降至国家食品安全限量标准以下。根据水稻产量表现和重金属的积累情况,包括籽粒重金属含量、富集系数和转运系数等,综合多年多点田间筛选试验,提出低积累水稻品种筛选标准如下:①水稻糙米的重金属积累量低于食品安全标准,推荐品种 Cd 含量<0.05 mg·kg$^{-1}$;②作物的重金属富集系数小于 0.2;③作物吸收的重金属向地上部转运少,主要积累在根部,转运系数小于 1.0;④对重金属的低积累特性要稳定,产量稳定,不低于当地常规产量,为当地主推品种。综合多地试验,初步提出适宜温州市不同地区推广的 Cd 低积累水稻推荐品种(见表 4-3)。由于农田土壤的类型、理化性质、污染程度、气候等存在差异,同一作物品种在不同地区之间可能存在重金属吸收能力的

差异;因此,小区试验筛选出来的 Cd 低积累水稻品种还需进行大田验证,验证品种的当地适应性和农民的接受程度。

表 4-3 适宜温州市示范推广的 Cd 低积累水稻品种推荐目录

| 县(区)市 | 推荐低积累品种 |
| --- | --- |
| 乐清 | 甬优 15、甬优 1540、甬优 5550、甬优 538、绍糯 974、中浙优 8 号(中嘉早 17)浙糯优 1 号和泰优 1332 |
| 鹿城 | 甬优 1540,甬优 15,甬优 6760 和嘉优中科 13－1 |
| 永嘉 | 甬优 1540、甬优 9 号与泰两优 217 |
| 平阳 | 嘉早 311、金早 47、舜达 135、甬籼 69、中嘉早 17 和中早 39。甬优 540、甬优 15 和浙梗 96、浙梗 Y6896 |

## 4.2.5 代表性 Cd 低积累水稻品种简介

根据 Cd 低积累水稻品种筛选试验,提出了适宜当地推广的受污染耕地安全利用推荐水稻品种,部分代表性水稻品种的品种特性、重金属积累特性和栽培技术要点如下。

甬优 15。单季杂交晚籼稻,试验区平均产量为 8957 kg·hm$^{-2}$。全生育期 138 天,植株较高,株型适中,剑叶挺直,略微卷,叶色深绿,茎秆粗壮;分蘖力较弱,穗形大,着粒较密;抗稻瘟病,感白叶枯病和褐飞虱。重金属积累特性:糙米平均 Cd 含量为 0.03 mg·kg$^{-1}$,富集系数为 0.11,适宜在轻中度 Cd 污染农田种植。栽培技术要点:生育期适中,适期早播,插龄 28 天左右;需肥量较大,施足基肥,早施分蘖肥,后期控施氮肥,增施磷钾肥,后期忌断水过早,注意稻曲病的防治。

甬优 1540。单季籼粳杂交稻,试验区平均产量为 9270 kg·hm$^{-2}$。品种株高适中,长势旺盛,株型紧凑,生育期短,剑叶挺直,叶色浅绿;茎秆粗壮,分蘖力中等;穗型大,结实率高,谷色黄亮,无芒,谷粒短粒型,抗倒性好,穗大粒多,结实率高,丰产性较好。重金属积累特性:试验区糙米平均 Cd 含量为 0.07 mg·kg$^{-1}$,富集系数为 0.26,适宜在轻中度 Cd 污染农田种植。栽培技术要点:播种及播种前 20 天翻耕秧田和本田,用种量在 18.75 kg·hm$^{-2}$ 以内,秧龄在 20 天以内。施纯氮量为 225~255 kg·hm$^{-2}$,氮磷钾比例为 1∶0.5∶0.8,作基肥一次性施入。注意稻瘟病、稻曲病和白叶枯病的防治。

甬优 538。单季籼粳杂交稻,试验区平均产量为 8655 kg·hm$^{-2}$,株高适中,茎秆粗壮,剑叶长挺略卷,叶色淡绿,穗型大,着粒密,全生育期为 153 天。中抗稻瘟病,中感白叶枯病,感褐飞虱。重金属积累特性:试验区糙米平均 Cd 含量为 0.03 mg·kg$^{-1}$,富集系数为 0.13,适宜在轻中度 Cd 污染农田种植。栽培技术要点:适时早播,注意稻曲病的防治。

中浙优 8 号。杂交晚籼稻,全生育期为 137 天,株型挺拔,叶色深绿,分蘖力较强,穗大粒多,结实率高,生长清秀,后期熟相较好。中抗稻瘟病,感白叶枯病,高感褐飞虱。米质较优。平均产量为 7725 kg·hm$^{-2}$。重金属积累特性:试验区糙米平均 Cd 含量为 0.04 mg·kg$^{-1}$,富集系数为 0.14,适宜在轻中度 Cd 污染农田种植。栽培技术要点:适时播种、培育壮秧、适龄移栽,秧龄控制在 25~30 天;重施底肥,早施分蘖肥,控制穗期氮肥,总用肥量纯氮控制在 225 kg·hm$^{-2}$,过磷酸钙控制在 225 kg·hm$^{-2}$,氯化钾控制在 195 kg·hm$^{-2}$。基肥、蘖肥、穗肥的比例为 58∶35∶7。注意防治稻飞虱、纹枯病等病虫害。

甬优 5550。单季三系籼粳杂交稻(偏籼型)。品种长势旺,株型适中,植株较高,分蘖力中等偏弱,剑叶长、卷挺,叶下禾,叶片中绿,穗型较大。生育期为 143 天。平均产量为 8430 kg·hm$^{-2}$。重金属积累特性:试验区糙米平均 Cd 含量为 0.04 mg·kg$^{-1}$,富集系数为 0.14,适宜在轻中度 Cd 污染农田种植。栽培技术要点:适当早播,注意稻曲病防治。

绍糯 9714。品种特性:中熟晚粳糯稻,株型紧凑,穗型中等,生育期适中,熟相较好,糯性好。中抗稻瘟病和白叶枯病,感白背飞虱和褐飞虱。全生育期为 132 天,产量为 6000 kg·hm$^{-2}$。重金属积累特性:试验区籽粒平均 Cd 含量为 0.05 mg·kg$^{-1}$,富集系数为 0.20,适宜在轻中度 Cd 污染农田种植。栽培技术要点:培育壮秧:秧田播种量为 600 kg·hm$^{-2}$,秧龄不超过 40 天;肥水管理:氮肥施用量为 262.5 kg·hm$^{-2}$,基肥,分蘖肥,穗肥比例为 4∶3∶3。生育后期应保持田土湿润;注意防治稻瘟病。

## 4.3　土壤钝化剂筛选

原位钝化修复技术是向重金属污染土壤中加入土壤钝化剂或调理剂,通过改变土壤 pH 等理化性质来减少重金属的有效含量或可生物利用的形态含量。当前,我国耕地土壤重金属污染大多是以轻、中度污染为主,该技术因其见效快、使用范围广、经济适用等特点广泛应用于我国土壤重金属 Cd 污染的修复治理。土壤原位钝化修复技术作为一种适合于大面积推广利用的受污染耕地安全利用技术,实施该技术取得良好效果的前提是选取合适的钝化剂或调理剂。为了获得经济实用的耕地土壤重金属污染修复钝化剂,通过室内盆栽、田间小区等试验,比较不同钝化剂的效果和适用性,可以筛选出适宜当地的钝化剂或调理剂。目前,钝化/调理剂产品主要有石灰、含磷物质、碱性肥料、有机肥、黏土矿物等类型,通过单施、混合施加等方法手段,采样测定作物与土壤中的有效态重金属含量,结合水稻产量和投入成本等,筛选出效果显著、施用方便、经济可行的钝化剂。

已有的研究表明,施用土壤钝化剂能够增强土壤对重金属的吸持固定,降低土壤重金属的生物有效性,减少作物对重金属的吸收和积累,降低土壤重金属的生态风险。但不同土壤钝化剂对土壤重金属的修复效果差异显著,其修复效果与土壤性质、重金属污染种类和程度、土壤钝化剂种类和用量等密切相关。因此,对 Cd 轻度污染土壤以不同土壤钝化剂为材料,研究其对水稻吸收 Cd 和土壤 Cd 有效态含量以及水稻产量的影响,比较不同土壤调理剂对 Cd 污染土壤的修复效果,筛选出具有较好效果的土壤钝化剂,为当地轻度 Cd 污染土壤的原位钝化修复和水稻安全生产提供技术支撑。在受污染耕地中施用适宜、适量的钝化剂来降低其土壤重金属活性,减少农作物对重金属吸收与积累,降低农产品中重金属含量并使其达标,是目前实现受污染耕地尤其是轻中度污染耕地农业安全利用的主要技术途径之一。

### 4.3.1　土壤钝化剂筛选方法

目前,温州地区 Cd 污染稻田安全利用常用的钝化剂包括石灰性物质、磷肥、碱性肥料、生物有机肥等。此外,对多种黏土矿物、生物炭、人工合成吸附材料及一些工农业废弃物等钝化重金属的效果开展了试验。不同钝化剂的修复效果根据重金属类型、土壤性质、作物种类、污染程度、区域等的不同而异。筛选试验选择了石灰、磷肥、碱性肥料、有机物、无机矿物和市售土壤调理剂等钝化剂,进行钝化效果的田间小区对比试验,筛选出能够稳定钝化土壤中重金属 Cd,且水稻产量达到常规水平,稻米 Cd 含量低于国家食品中污染物限量标准值的钝化剂,为 Cd 污染稻田安全利用的推荐产品。同时,在单一物料钝化剂的基础上,选择多种钝化材料组合配制复合钝化剂,研发新型钝化剂如生物炭、纳米材料等。通过田间小区试验筛选和水稻安全性评价相结合,筛选出低成本和高效的土壤重金属钝化剂。筛选试验通过水稻产量、水稻籽粒重金属含量、土壤有效态重金属含量,土壤理化性质等指标结合价格低廉、施用方便等因素进行评价。钝化剂筛选小区试验过程如图 4-8 所示。

图 4-8　耕地土壤重金属钝化剂筛选试验过程示意

## 4.3.2　水网平原区重金属钝化剂筛选试验

水网平原区钝化剂筛选试验共设置 17 个处理,随机排列,每个处理重复 3 次,每个小区面积为 32 m²。各小区间田埂用塑料薄膜铺盖至田间土表 30 cm 以上分隔,独立排灌防止小区间串水串肥,外设保护区。试验采取水稻播种前将不同钝化剂施入耕层土壤后充分混合,按照常规水稻种植季节播种、插秧、施肥、收割,其他灌溉、防病虫害措施相同。水稻成熟后每个小区单独测产收获,测定每个小区的实际产量,并同步采集土壤和水稻样品。

水网平原区钝化剂筛选试验选择了碱性物质、有机物、磷肥、碱性肥料、无机矿物等材料,这些物质以容易获取、低成本和使用简单为特色。2017 年早稻试验包括硅钙镁钾、石灰、钙镁磷肥、普钙、竹炭、羟基磷灰石和稻壳生物炭,共 7 种钝化剂,试验水稻品种为中嘉早 39。晚稻试验包括硅钙镁钾、石灰、钙镁磷肥、过磷酸钙、海泡石、膨润土、沸石粉、木质生物炭、果壳生物炭、稻壳生物炭、复合改良剂一(腐殖质 85%+硅钙镁钾 15%)和复合改良剂二(木质生物炭 85%+石灰 15%),共 12 种钝化剂。

2017 年早稻测产结果表明,钝化剂处理水稻产量基本接近对照,与对照相比,普钙和硅钙镁钾增产分别为 6.9% 和 6.3%,而石灰降低水稻产量 5.8%。水稻籽粒 Cd 含量测定结果表明,不同钝化剂对水稻籽粒 Cd 含量影响较大,中嘉早 39 的籽粒 Cd 平均含量为 0.115 mg·kg$^{-1}$,钝化剂硅钙镁钾、石灰、钙镁磷肥和普钙可明显降低水稻籽粒的 Cd 含量 46%~70%,而羟基磷灰石没有效果,竹炭和稻壳生物炭可降低籽粒 Cd 含量 14%~16%。

2018 年早稻试验比较了 14 种钝化剂,它们是石灰、蚕粪有机肥、羟基磷灰石、海泡石、麦秆生物炭、稻壳生物炭、稻秆生物炭、木质炭、竹炭、普通过磷酸钙(普钙)、沸石、钙镁磷肥和硅钙镁钾肥等。不同钝化剂筛选试验早稻产量为 6570~7845 kg·hm$^{-2}$,平均为 7320 kg·hm$^{-2}$(见图 4-9)。与对照相比,促进早稻增产的包括硅钙镁钾肥、海泡石等,增加幅度 4% 左

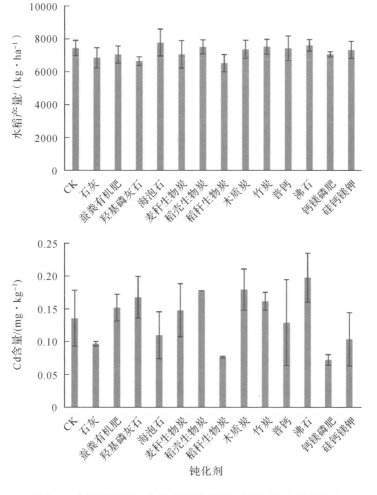

图 4-9　水网平原区钝化剂对早稻产量和籽粒 Cd 含量的影响

右,但未达统计分析显著差异;而稻秆生物炭和羟基磷灰石等处理的早稻产量存在降低现象,羟基磷灰石降低幅度达 10% 以上,其他钝化剂与对照相比产量没有差异。与对照相比,石灰、稻秆生物炭、钙镁磷肥和硅钙镁钾肥 4 种钝化剂显著降低水稻籽粒的 Cd 含量(见图 4-9),这 4 种钝化剂施用也保持水稻产量在平均产量以上。

晚稻试验比较了硅肥、沸石、腐殖酸、海泡石、竹炭、稻壳生物炭、稻秆生物炭、麦秆生物炭、蚕粪有机肥、石灰、钙镁磷肥、调理剂(2 种)、普通过磷酸钙、硅钙镁钾肥、羟基磷灰石和木质炭等 17 种材料。晚稻试验品种为前期筛选出来的 Cd 低积累水稻品种甬优 1540。2017 年田间小区试验的晚稻产量如图 4-10 所示,不同土壤钝化剂处理后晚稻产量为 8213~9986 kg·hm$^{-2}$,平均产量为 8887 kg·hm$^{-2}$。结果表明土壤钝化剂处理水稻产量基本接近对照,与对照相比,水稻产量差异在正负 9.7% 之间,其中腐殖酸增加产量 9.7%,而蚕粪有机肥、木质炭、石灰分别降低水稻产量 9.7%、8.9% 和 7.9%。2018 年田间小区试验的晚稻产量为 7260~8715 kg·hm$^{-2}$,平均产量为 7830 kg·hm$^{-2}$。其中促进水稻增产的土壤调理剂有沸石、腐殖酸、稻壳生物炭、竹炭、硅钙镁钾和复合调理剂 1,增产 10% 以上,其余土壤调理剂对水稻产量没有明显影响。

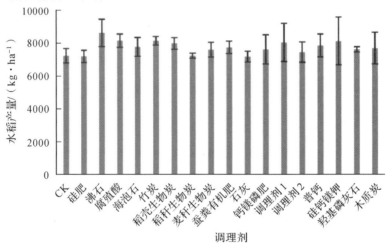

图 4-10　不同土壤调理剂处理对晚稻产量的影响

不同土壤钝化剂处理后晚稻籽粒和秸秆的 Cd 含量(见图 4-11)测定表明,施用钙镁磷肥、硅钙镁钾肥、石灰、稻秆生物炭的晚稻籽粒 Cd 含量都在 0.1 mg·kg$^{-1}$ 以下,与对照相比分别降低 69%、46%、38% 和 61%。结果表明,碱性物质、磷肥和碱性肥料等可显著降低水稻各部位中的 Cd 含量,降低 Cd 从根系到籽粒的转运系数。在 2018 年试验中,根据籽粒 Cd 含量测定,施用钙镁磷肥、硅钙镁钾肥、稻秆生物炭的晚稻籽粒 Cd 含量都在 0.1 mg·kg$^{-1}$ 以下。

### 4.3.3　河谷平原区重金属钝化剂筛选试验

河谷平原区 2018—2020 年开展了 3 季单季稻 12 种土壤调理剂田间小区试验。田间小区试验的土壤类型系发育于冲积物上的潴育型水稻土(泥质田),土壤 pH 为 5.4,有机质含量为 49.8 mg·kg$^{-1}$,水解氮 221 mg·kg$^{-1}$,有效磷 15.0 mg·kg$^{-1}$,速效钾 46 mg·

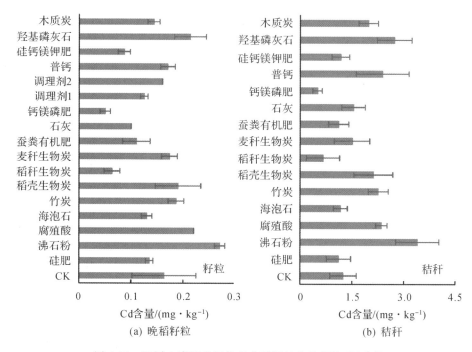

图 4-11　不同土壤调理剂处理晚稻籽粒和秸秆的 Cd 含量

kg$^{-1}$。试验区土壤 Cd 含量为 0.43～0.53 mg·kg$^{-1}$，平均值为 0.48 mg·kg$^{-1}$。根据《土壤环境质量 农用地土壤污染风险管控标准》，试验区 Cd 含量超过农用地土壤污染筛选值，存在污染风险。12 种钝化剂分别是硅钙镁钾肥、钙镁磷肥、过磷酸钙、海泡石、膨润土、沸石粉、木质炭、果壳生物炭、腐殖酸、商品土壤调理剂、复合改良剂 1 号和复合改良剂 2 号。钝化剂用量根据前期试验和预备试验确定，以不施钝化剂处理为对照。试验水稻品种是前期筛选出来的 Cd 低积累水稻品种甬优 1540。钝化剂筛选试验区全景如图 4-12 所示。

图 4-12　河谷平原区钝化剂筛选试验区全景

　　不同钝化剂对水稻产量的影响表明，施用钝化剂的水稻产量较对照均有所增加。其中，海泡石和膨润土处理的水稻产量增幅为 12.3%，沸石粉、土壤调理剂、过磷酸钙和钙镁磷肥处理增产 8% 左右，其他钝化剂处理的增产效果不明显。不同钝化剂对水稻籽粒中 Cd 含量的影响表明（见图 4-13），试验水稻糙米的 Cd 平均含量为 0.14 mg·kg$^{-1}$，低于国家规定的稻米 Cd 安全限量标准。施用 12 种钝化剂后，其糙米中的 Cd 含量较对照均有所下降，降幅为 14%～71%,其中效果最明显的是硅钙镁钾肥和钙镁磷肥,降幅分别为 64% 和 71%。以《食品安全国家标准 食品中污染物限量》为依据,结合水稻产量,田间小区试验表明以钙镁磷肥和硅钙镁钾肥的效果最为明显,其次为膨润土、果壳生物炭、木质炭、过磷酸钙、商品土壤调理剂、腐殖酸和复合改良剂 1 号,其余钝化剂的效果不明显。

　　水稻根系的 Cd 含量测定结果表明(见图 4-13),海泡石、土壤调理剂、钙镁磷肥、过磷酸钙、腐殖酸处理的水稻根系 Cd 含量较对照降低,而沸石粉、硅钙镁钾肥、果壳生物炭、复合改良剂 1 号和复合改良剂 2 号处理的水稻根系 Cd 含量较对照增加。另外,Cd 在水稻各部位的累积量从大到小依次为:根系、秸秆、籽粒。水稻根系、秸秆和籽粒之间 Cd 含量的相关分析表明,秸秆中 Cd 含量与籽粒中 Cd 含量呈显著线性关系($r=0.809$,$P<0.05$),说明秸秆中富集的重金属能够向籽粒中转移。秸秆的 Cd 含量比籽粒高 10 倍左右。因此,Cd 污染农田上种植的水稻秸秆若直接还田,会将作物吸收的重金属重新带入土壤,导致修复效率大大降低。因此,对 Cd 污染农田土壤进行修复时,对农作物秸秆应进行移除并做适当处理,以有效去除土壤中的 Cd。

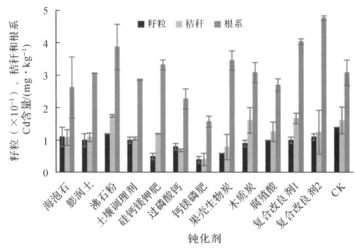

图 4-13　不同钝化剂处理单季晚稻籽粒、秸秆和根系的 Cd 含量

　　钝化剂主要通过降低土壤中的有效态 Cd 以阻控水稻吸收,采用 DTPA 浸提剂提取土壤中有效态 Cd 含量(DTPA-Cd),分析了钝化剂对 Cd 有效性的影响,结果如图 4-14 所示。钝化处理后 DTPA-Cd 含量为 $0.303～0.437 \mathrm{~mg \cdot kg^{-1}}$,平均值为 $0.359 \mathrm{~mg \cdot kg^{-1}}$。其中明显降低有效态 Cd 的钝化剂有沸石粉、过磷酸钙和钙镁磷肥,DTPA-Cd 平均降低 20.3%,土壤调理剂、木质炭和复合改良剂 2 号增加 DTPA-Cd 含量;而膨润土、硅钙镁钾、果壳生物炭,以及腐殖酸降低 DTPA-Cd 含量 7.1%～8.5%,海泡石等对 DTPA-Cd 含量几乎没有影响。水稻籽粒、秸秆和根系中 Cd 含量与土壤中 DTPA-Cd 含量的相关性分析发现,水稻根系中 Cd 积累与 DTPA-Cd 含量的相关性不显著,而水稻秸秆和籽粒 Cd 含量与 DTPA-Cd 显著直线相关,相关系数分别为 0.542 和 0.572($P<0.05$)。可见,土壤中有效态 Cd 的含量能够影响水稻秸秆和籽粒中 Cd 的积累,因此,降低土壤有效态 Cd 的含量是减缓水稻秸秆和籽粒中 Cd 积累的有效措施。结果表明,一方面,碱性物质、磷肥和碱性肥料等可显著降低水稻各部位中的 Cd 含量,降低 Cd 从根系到籽粒的转运系数。其主要机制可能是添加的碱性

肥料和磷肥对重金属的直接固定作用降低土壤中重金属的有效性,通过提高土壤 pH 改善土壤的理化性质间接减少重金属的生物毒性,减少水稻植株对重金属的富集,进而阻控 Cd 向水稻地上部分各器官的迁移和分配,降低了 Cd 在籽粒中的累积。另一方面,试验区农田土壤养分不平衡,表现为中量矿质元素缺乏而氮富集,由于硅钙镁钾等元素的缺乏影响水稻的正常生长,钝化剂海泡石、膨润土、沸石、土壤调理剂、硅钙镁钾肥、过磷酸钙、钙镁磷肥等的施用也补充了水稻需要的矿质营养。以水稻产量、糙米 Cd 含量、土壤有效态 Cd 含量为评价指标,根据 12 种钝化剂的田间试验效果,在保持水稻产量达到常规水平、农产品安全达标的前提下,考虑钝化剂成本、来源、安全性等因素,认为适宜河谷平原区推广的钝化剂为硅钙镁钾肥和钙镁磷肥。筛选出来的钝化剂除了能够保持水稻产量达到常规水平或增产,农产品安全达标外,还具有低成本、易推广等优势。

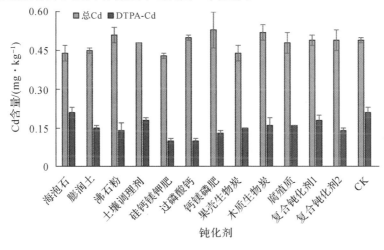

图 4-14　不同钝化剂处理水稻土有效态 Cd 含量

针对重金属重度污染农田,采用低积累水稻品种和土壤调理剂处理虽然降低重金属在籽粒和秸秆中的积累,但籽粒中的重金属含量难以达到食品中 Cd 的限量国家标准。以某 Cd 和 Cu 重度污染农田为例,重度污染土壤中采用低积累水稻品种和土壤调理剂难以修复,可以划分为粮食、蔬菜等农作物禁产区,或者改变农作制度,将水稻退出生产,改种旱地作物。

### 4.3.4　典型土壤钝化剂适宜用量确定

温州市按照《浙江省受污染耕地安全利用推进年行动方案》(浙农专发〔2020〕6 号),在各县(市)区农业农村部门统一组织下,2020 年全面开展了受污染耕地安全利用工作。以省市农业"两区"和受污染耕地安全利用试点成果为基础,采用以低积累水稻品种、土壤钝化剂和农艺措施为主的轻中度污染耕地水稻安全生产。其中各县(市)区采用的土壤钝化剂主要以石灰、钙镁磷肥、硅钙镁钾肥等产品为主,采用的施用量为 1500~4500 kg·hm$^{-2}$。尽管土壤钝化剂在治理重金属 Cd 污染、保障水稻安全生产的效果明显,取得了很好的效果,但是各地钝化剂的用量不一,缺少土壤钝化剂合理用量的科学数据,需要从土壤钝化剂的钝化效果、成本和经济效益进行科学评价,为受污染耕地安全利用提供科学依据。

以目前温州地区广泛施用的土壤钝化剂为材料,通过田间对比试验,提出土壤钝化剂的适宜用量。对温州市受污染耕地安全利用采购的主要钝化剂硅钙镁钾、钙镁磷肥和石灰,采用田间小区对比试验确定其适宜施用量(见图 4-15)。硅钙镁钾肥、钙镁磷肥和石灰设计用量为 3 个梯度($750 \mathrm{~kg} \cdot \mathrm{hm}^{-2}$、$1500 \mathrm{~kg} \cdot \mathrm{hm}^{-2}$ 和 $2250 \mathrm{~kg} \cdot \mathrm{hm}^{-2}$),以不施钝化剂为对照,设 3 次重复。田间小区面积 $30 \mathrm{~m}^{2}$,试验小区采用土埂分隔,用塑料薄膜铺盖至田间土表 30 cm 以上,单灌单排;各个处理除了安全利用措施不同外,其他田间管理和施肥措施相同。施肥采用常规施肥,按照农民施肥习惯与施肥量进行。以晚稻为主进行一季试验。试验水稻品种采用 Cd 低积累水稻品种甬优 15。水稻成熟后每个小区单独收割、测产和采集水稻与土壤样品。监测土壤有效态 Cd 和稻米 Cd 含量和肥力指标等地力因子,考虑到土壤酸度与重金属的有效性十分密切,分析了土壤总酸度、交换性 $\mathrm{H}^{+}$、$\mathrm{Al}^{3+}$ 等指标。以食品中污染物限量标准(GB 2762—2017)为依据,结合水稻产量、经济成本、重金属 Cd 含量等综合因素确定土壤钝化剂的经济合理用量,作为今后温州市受污染耕地安全利用的建议用量。

图 4-15　土壤钝化剂用量筛选试验田间小区示意

不同钝化剂用量对晚稻产量的影响见图 4-16。对照区水稻产量平均每小区为 21.7 kg。不同钝化剂处理后每小区的晚稻产量为 21.7～23.4 kg,与对照相比,水稻产量增幅为 1.2%～7.7%,其中硅钙镁钾肥、钙镁磷肥和石灰分别增加产量 1.2%～2.8%、3.7%～6.1% 和 1.7%～3.7%。可见,钙镁磷肥对水稻的增产作用较为明显,而硅钙镁钾肥和石灰对水稻产量没有明显的增产作用。对照区水稻秸秆生物量平均每小区为 65.0 kg。不同钝化剂处理后秸秆生物量每小区为 66.8～71.8 kg,与对照相比,秸秆生物量增幅为 2.8%～10.5%,其中硅钙镁钾肥、钙镁磷肥和石灰分别增加秸秆生物量 2.8%～4.6%、4.2%～5.7% 和 1.7%～3.1%。

不同钝化剂处理后晚稻籽粒的 Cd 含量如图 4-17 所示。对照小区糙米的 Cd 含量为 $0.44 \mathrm{~mg} \cdot \mathrm{kg}^{-1}$,超过国家食品卫生标准的污染物限量值,存在重金属超标问题。施用 750～2250 $\mathrm{kg} \cdot \mathrm{hm}^{-2}$ 的硅钙镁钾肥、钙镁磷肥和石灰显著降低糙米 Cd 含量。与对照相比,施用 2250 $\mathrm{kg} \cdot \mathrm{hm}^{-2}$ 硅钙镁钾肥、钙镁磷肥和石灰的晚稻籽粒 Cd 含量分别降低 73%、68% 和 77%。结果表明,施用钙镁磷肥、硅钙镁钾肥和石灰可显著降低水稻糙米中的 Cd 含量,施用 2250 $\mathrm{kg} \cdot \mathrm{hm}^{-2}$ 钙镁磷肥、硅钙镁钾肥和石灰可使稻米 Cd 含量处于安全范围。

水稻籽粒中重金属 Cd 的积累与土壤的有效态 Cd 含量密切相关,不同钝化剂种类和用量对 DTPA-Cd 含量的影响如图 4-18 所示。施用硅钙镁钾肥、钙镁磷肥和石灰显著降低土壤中有效态 Cd 含量($P<0.05$),而且土壤中有效态 Cd 含量降低的效果随着钝化剂用量的增加而增加。与对照相比,施用 2250 $\mathrm{kg} \cdot \mathrm{hm}^{-2}$ 硅钙镁钾肥、钙镁磷肥和石灰的土壤有效态

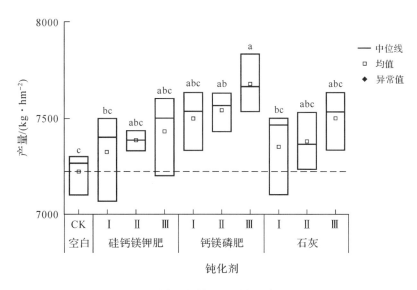

图 4-16　不同钝化剂用量对水稻产量的影响

注:不同小写字母表示处理间差异显著($P<0.05$)。Ⅰ表示施用量为 750 kg·hm$^{-2}$;Ⅱ表示施用量为 1500 kg·hm$^{-2}$;Ⅲ表示施用量为 2250 kg·hm$^{-2}$;虚线为空白组产量的平均值。

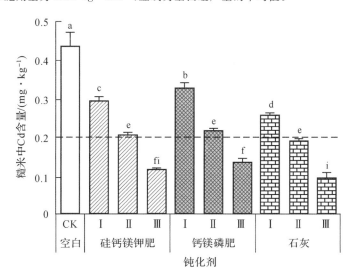

图 4-17　不同钝化剂用量对水稻 Cd 含量的影响

注:不同小写字母表示处理间差异显著($P<0.05$);虚线为《食品安全国家标准 食品中污染物限量》(GB 2762—2017)中对糙米中镉污染物的限量标准(0.2 mg·kg$^{-1}$)。

Cd 含量分别降低 28%、17% 和 31%。

施用硅钙镁钾肥、钙镁磷肥和石灰降低土壤中有效态 Cd 含量与钝化剂改良土壤酸化有关,试验土壤的 pH、交换性酸、交换性 H$^+$ 和交换性 Al$^{3+}$ 含量的变化如表 4-4 所示。钝化剂施用可显著提高土壤 pH,降低土壤酸度。3 种钝化剂以石灰降低土壤的 pH 和土壤酸度的效果最为明显,施用 2250 kg·hm$^{-2}$ 石灰提高土壤 pH 0.86 个单位。与对照相比,施用 2250 kg·hm$^{-2}$ 硅钙镁钾肥、钙镁磷肥和石灰分别降低土壤交换性酸 66%、69% 和 78%,降低土壤中交换性 Al$^{3+}$ 含量 94%、81% 和 88%。糙米 Cd 含量与 DTPA-Cd、土壤 pH 和酸度的相

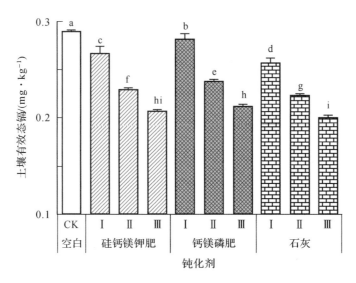

图 4-18　不同钝化剂用量对土壤 DTPA-Cd 含量的影响

注:不同字母代表处理间的差异显著($P<0.05$)。

关性分析表明(见表 4-5),土壤 pH 和酸度是影响土壤 Cd 有效性的重要性质,土壤中 DTPA-Cd 与土壤 pH 极显著负相关($P<0.01$),与土壤交换性酸极显著正相关。糙米 Cd 含量与土壤中 DTPA-Cd 含量极显著正相关,与土壤 pH 极显著负相关,与土壤交换性酸显著正相关($P<0.01$)。可见,钝化剂降低糙米 Cd 含量的主要原因是无机碱性改良剂提高土壤 pH,与重金属发生沉淀、吸附等物理化学反应,降低了重金属 Cd 的生物有效态含量,从而降低了土壤中重金属 Cd 的生物有效性和迁移性,不易被水稻吸收,进而抑制了其向水稻地上部分转移,降低了水稻籽粒的 Cd 积累。无机改良剂提供 $Ca^{2+}$ 等盐基离子,$Ca^{2+}$ 等盐基离子可以与 $Cd^{2+}$ 发生竞争吸附作用,从而减少水稻对土壤中 $Cd^{2+}$ 的吸收。

表 4-4　不同钝化剂用量对土壤 pH 和酸度的影响

| 钝化剂 | pH | 交换性酸总量 /(cmol · kg$^{-1}$) | 交换性 H$^+$ /(cmol · kg$^{-1}$) | 交换性 Al$^{3+}$ /(cmol · kg$^{-1}$) |
|---|---|---|---|---|
| 对照 | 5.29±0.10 | 0.36 ±0.02 | 0.04±0 | 0.32±0.02 |
| 硅钙镁钾肥 | 5.47±0.20 | 0.14±0.04 | 0.07±0.01 | 0.06±0.03 |
|  | 5.73±0.17 | 0.11±0.05 | 0.07±0.02 | 0.05±0.02 |
|  | 5.91±0.28 | 0.12±0.00 | 0.10±0.02 | 0.02±0.02 |
| 钙镁磷肥 | 5.60±0.03 | 0.21±0.07 | 0.10±0.02 | 0.11±0.05 |
|  | 5.77±0.03 | 0.19± 0.02 | 0.08±0.02 | 0.11±0.04 |
|  | 5.94±0.21 | 0.11±0.06 | 0.07±0.01 | 0.06±0.03 |
| 石灰 | 5.90±0.07 | 0.15±0.02 | 0.07±0.01 | 0.08±0.02 |
|  | 5.81±0.09 | 0.10±0.04 | 0.06±0.03 | 0.04±0.02 |
|  | 6.15±0.20 | 0.08±0.02 | 0.05±0.01 | 0.04±0 |

表 4-5　糙米 Cd 含量与土壤中 DTPA-Cd、pH 和酸度的相关性

| | 糙米 Cd | 土壤总 Cd | DTPA-Cd | pH | 交换性酸 | 有效磷 |
|---|---|---|---|---|---|---|
| 糙米 Cd | 1 | — | — | — | — | — |
| 土壤总 Cd | 0.972** | 1 | — | — | — | — |
| DTPA-Cd | 0.969** | 0.986** | 1 | — | — | — |
| pH | −0.687** | −0.660** | −0.648** | 1 | — | — |
| 交换性酸 | 0.738** | 0.686** | 0.690** | −0.664** | 1 | — |
| 有效磷 | −0.078 | −0.067 | −0.047 | 0.042 | −0.142 | 1 |

注:** 表示结果间呈极显著差异,($P<0.01$)。

不同钝化剂对土壤交换性盐基离子的影响如图 4-19 所示,与对照比较,3 种钝化剂施用都不同程度地增加了各盐基离子含量,且随着钝化剂用量的增加,交换性盐基离子含量增多。3 种钝化剂用量为 750 kg·hm⁻² 时,土壤中交换性钾含量没有显著增加,当用量为 1500 和 2250 kg·hm⁻² 时,钙镁磷肥和硅钙镁钾肥处理显著增加交换性钾含量,而石灰只在

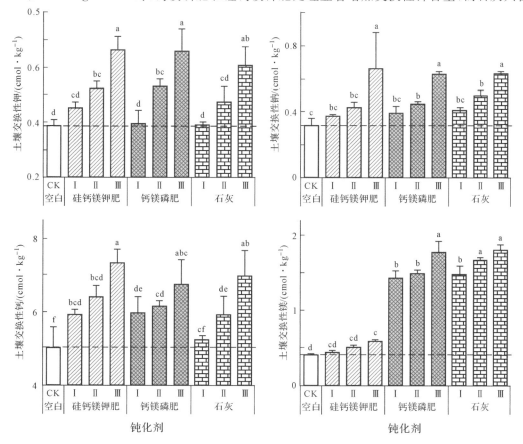

图 4-19　不同钝化剂对土壤交换性盐基离子含量的影响

注:柱中竖线表示标准差,不同小写字母表示处理间交换性盐基离子的显著差异($P<0.05$)。虚线表示对照(空白)处理的均值。

2250 kg·hm⁻²时显著增加；当钝化剂用量达 2250 kg·hm⁻²时,3 种钝化剂均显著增加交换性钠、交换性钙和交换性镁离子含量,750 kg·hm⁻²和 1500 kg·hm² 硅钙镁钾肥处理未能显著增加土壤交换性镁离子。不同钝化剂对土壤 pH、交换性酸和交换性阳离子影响的 F检验(见表 4-6)表明,钝化剂对 pH,交换性酸总量(EA)和铝、交换性 K、Na 和 Ca 有极显著影响。

表 4-6　不同无机钝化剂对土壤 pH、交换性酸和交换性阳离子影响的 F 检验

| 项　目 | pH | EH | EA | EAl | K | Na | Ca | Mg | 总　量 |
|---|---|---|---|---|---|---|---|---|---|
| 硅钙镁钾肥 | 6** | 3.8* | 47.9** | 23.5** | 16** | 14.4** | 16.5** | 2.8 | 130.9 |
| 钙镁磷肥 | 6.1** | 3.8* | 32.6** | 15.5** | 19.1** | 11** | 9.1** | 145.2** | 242.6 |
| 石　灰 | 10.4** | 1.1 | 44.7** | 26** | 12.1** | 11.4** | 13.7** | 164** | 283.4 |

注:F 值是显著性差异的水平,F 越大,处理的效果越显著,* 表示 $P<0.05$；** 表示 $P<0.01$

土壤中重金属的生物有效性与重金属的化学形态紧密相关,土壤钝化剂通过改变土壤性质进而影响土壤重金属的化学形态。采用连续提取法分析土壤钝化剂处理土壤的化学形态,结果表明,钝化剂显著降低了土壤中弱酸提取态(Fi)和可还原态(Fii)Cd 的含量,显著增加土壤中残渣态(Fiv)Cd 的含量。表明钝化剂明显改变了土壤中 Cd 的化学形态,将易溶性的 Cd 转变为难溶性的形态。例如,施用石灰降低弱酸提取态 Cd 含量 20.8%～34.6%,降低可还原态 Cd 含量 16.5%～20.7%,增加残渣态 Cd 含量 12.4%～14.2%。土壤中 Cd 有效性和化学形态与水稻糙米 Cd 含量的相关性分析如图 4-20(a)所示。糙米 Cd 含量与DTPA-Cd、弱酸提取态 Cd 和可还原态 Cd 呈显著正相关关系,而 DTPA-Cd 与弱酸提取态 Cd,可还原态 Cd 显著正相关,与可氧化态 Cd、残渣态 Cd、交换性 K、Na、Ca 和 Mg 显著负相关。土壤 pH 与糙米 Cd、DTPA-Cd、弱酸提取态 Cd 和可还原态 Cd 显著负相关,与残渣态 Cd、交换性 K、Na、Ca 和 Mg 显著正相关。土壤交换性铝离子(EAl)与 pH、残渣态 Cd、土壤交换性 K、Na 和 Ca 显著负相关,与糙米 Cd、DTPA-Cd、弱酸提取态 Cd、可还原态 Cd 显著正相关。弱酸提取态 Cd 和可还原态 Cd 与残渣态 Cd、交换性 K、Na 和 Mg 显著负相关。相关性分析表明,土壤 DTPA-Cd 与土壤 pH 呈显著负相关关系($r=-0.72**$),与糙米 Cd 含量呈显著正相关关系($r=0.96**$),表明稻米镉含量受土壤中镉的形态及土壤 pH 的强烈影响。在此基础上,选出与糙米 Cd 含量和水稻产量相关性高的指标,通过偏最小二乘路径模型分析各项指标之间的逻辑关系,结果如图 4-20(b)所示。该模型拟合优度(GoF)为 0.634,其中潜变量交换性阳离子(EC)用交换性氢离子(EH)、交换性铝(EAl)、交换性 K、Na、Ca 和 Mg 这 6 项可测量变量来表征；潜变量生物有效镉(Bio-Cd)用弱酸提取态 Cd(Fi-Cd)、可还原态 Cd(Fii-Cd)和 DTPA-Cd 这 3 项可测量变量表征。土壤 pH 对 Bio-Cd 的路径系数为 −0.767,达到显著水平。EC 对水稻产量、糙米 Cd 和 Bio-Cd 的路径系数分别为 0.873、−0.566 和 −0.866,达到显著水平。潜变量 Bio-Cd 对糙米 Cd 的路径系数为 0.392,达到显著水平。土壤 pH 对糙米 Cd 和水稻产量的路径系数分别为 −0.045 和 0.069,未达到显著水平,pH 主要通过影响 Bio-Cd 而间接影响糙米 Cd。而 EC 对产量和糙米 Cd 的间接效应系数分别为 −0.414,Bio-Cd 对糙米 Cd 的间接效应系数为 0.034,可见交换性阳离子和生物有效镉对水稻产量和镉含量的影响既有直接影响也有间接影响,且直接影响更明显。偏最小二乘路径模型分析[见图 4-20(b)]表明,钝化剂施用后改变土壤 pH 而直接影响 Cd 的生物有

效性,通过降低 Cd 的生物有效性间接影响糙米中 Cd 的含量。同样,土壤交换性酸和阳离子组成也直接影响 Cd 的生物有效性,进一步影响水稻中 Cd 的积累。土壤 pH 对水稻 Cd 积累的影响机制已有许多证明,本研究进一步证明了土壤交换性阳离子对控制水稻 Cd 积累的重要性,为土壤钝化剂筛选提供了科学依据。

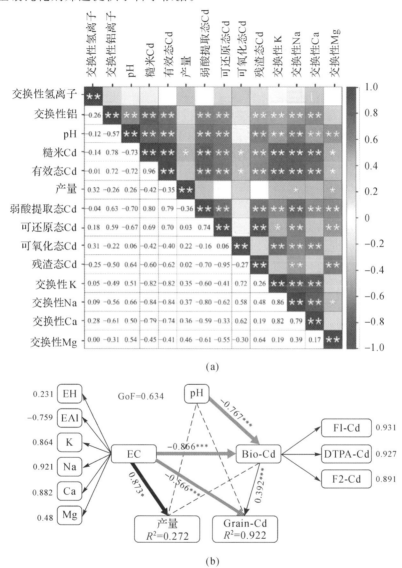

图 4-20　水稻 Cd 含量与有效 Cd、化学形态和土壤性质的相关性(a)和偏最小二乘路径模型分析(b)
注:虚线表示路径未达到显著水平,蓝色线表示路径系数为正,红色表示路径系数为负,线条粗细表示路径系数大小,* 表示 $P<0.05$;** 表示 $P<0.01$,*** 表示 $P<0.001$;可测量变量框外数值表示该观察变量对潜变量的贡献权重。

　　通过田间小区对比试验,综合水稻产量、水稻籽粒 Cd 积累量、土壤有效态 Cd 含量、土壤理化指标等参数,结合钝化剂的经济成本筛选适宜的钝化剂材料与用量。目前在温州地区广泛使用的硅钙镁钾肥、钙镁磷肥和石灰能有效降低糙米中的 Cd 含量,是 Cd 轻中度污

染耕地水稻安全生产比较理想的钝化剂,建议硅钙镁钾肥、钙镁磷肥和石灰的适宜使用量为
2250 kg·hm$^{-2}$,可实现轻中度 Cd 污染稻田水稻的安全生产,生产的糙米 Cd 含量稳定
达标。

### 4.3.5　钝化剂对土壤的影响

　　土壤钝化剂是否会对土壤理化性质产生潜在影响是土壤钝化剂应用十分关注的问题。
为此,在水稻收获后,采集了钝化剂处理土壤样品,检测了不同土壤钝化剂处理土壤的 pH、
交换性阳离子、有机质含量和有效磷等土壤理化性质。从土壤钝化剂对酸性土壤 pH 的影
响看,与对照相比,部分土壤钝化剂由于所含的碱性物质中和了土壤中的活性 H$^+$,从而提
高了土壤的 pH。河谷平原区不同土壤钝化剂对土壤 pH 的增幅为 0.02～1.39 个单位(见
图 4-21),其中石灰对土壤 pH 的影响最大,有显著影响($P<0.05$)的土壤钝化剂包括石灰、
生物炭、钙镁磷肥等,而羟基磷灰石和黏土矿物类土壤调理剂对土壤 pH 没有显著影响。不
同土壤调理剂对土壤交换性 Ca$^{2+}$、Mg$^{2+}$、K$^+$ 和 Na$^+$ 含量的影响(见表 4-7),表现为交换性
Ca$^{2+}$ 和 Mg$^{2+}$ 含量增加,而对交换性 K$^+$ 和 Na$^+$ 含量的影响则不明显。其中钙镁磷肥提高土壤
交换性 Ca$^{2+}$ 和 Mg$^{2+}$ 含量最为明显,分别增加交换性 Ca$^{2+}$ 和 Mg$^{2+}$ 含量 3.73 和 2.44 cmol·
kg$^{-1}$。土壤钝化剂增加土壤 pH 的原因是石灰、生物炭、钙镁磷肥等本身含有碱性物质,其
次是这些土壤钝化剂中的 Ca$^{2+}$、Mg$^{2+}$、K$^+$、Na$^+$ 可与土壤表面的 H$^+$、Al$^{3+}$ 离子发生交换,
这种盐效应可降低土壤的 pH。土壤 pH 的提高,一方面,增加土壤表面胶体所带负电荷量,
从而增加重金属离子的电性吸附,直接导致或诱导重金属形成氢氧化物沉淀,从而达到钝化
目的;另一方面,通过离子交换、专性吸附及共沉淀反应降低土壤中重金属活性,同时降低了
土壤酸化对土壤养分有效性的影响。

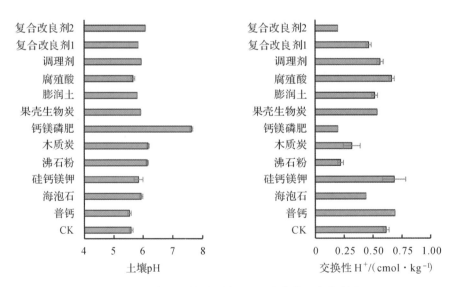

图 4-21　土壤调理剂对土壤 pH 和交换性 H$^+$ 的影响

表 4-7　土壤调理剂对土壤交换性阳离子组成的影响

| 调理剂 | 交换性 $Ca^{2+}$ | 交换性 $Mg^{2+}$ | 交换性 $K^+$ | 交换性 $Na^+$ |
|---|---|---|---|---|
| | $cmol \cdot kg^{-1}$ | | | |
| CK | 2.40 | 0.36 | 0.30 | 0.51 |
| 普　钙 | 2.67 | 0.34 | 0.22 | 0.45 |
| 海泡石 | 2.84 | 0.90 | 0.21 | 0.49 |
| 硅钙镁钾 | 2.42 | 0.32 | 0.25 | 0.48 |
| 沸石粉 | 3.42 | 0.32 | 0.20 | 0.49 |
| 木质炭 | 2.72 | 0.39 | 0.25 | 0.45 |
| 钙镁磷肥 | 6.13 | 2.80 | 0.20 | 0.44 |
| 果壳生物炭 | 2.53 | 0.39 | 0.20 | 0.45 |
| 膨润土 | 2.62 | 0.39 | 0.16 | 0.49 |
| 腐殖酸 | 2.18 | 0.29 | 0.19 | 0.42 |
| 调理剂 | 2.50 | 0.36 | 0.19 | 0.51 |
| 复合改良剂 1 号 | 2.53 | 0.40 | 0.43 | 0.63 |
| 复合改良剂 2 号 | 3.02 | 0.56 | 0.33 | 0.49 |

如图 4-22 所示,土壤有机质含量测定结果表明,与对照相比,仅水稻秸秆生物炭处理下土壤有机质含量有明显的增加,而石灰和钙镁磷肥降低土壤有机质含量,其他的处理对有机质含量没有显著影响。土壤调理剂对土壤阳离子交换量没有显著影响。

水稻吸收 Cd 的关键因子是土壤中的有效态 Cd 含量。土壤中的有效态 Cd 强烈地影响水稻对 Cd 的吸收,是决定 Cd 在水稻中积累的重要控制因子。土壤的有效态 Cd 受多个因素的影响,如土壤 pH、土壤阳离子交换量(CEC)、土壤的团粒结构、土壤有机质以及离子间的作用等。温州地区的土壤多为强酸性土壤,有效态重金属的比例较高。多项研究表明,降低有效态 Cd 浓度是修复重金属污染农田的主要途径。水稻收获后采集钝化剂处理的土壤,分析了水网平原区钝化剂对有效态 Cd 的影响,结果如图 4-23 所示。钝化处理后 DTPA-Cd 浓度在 $0.28 \sim 0.37$ mg $\cdot$ kg$^{-1}$。根据钝化剂降低 DTPA-Cd 的程度可分成两种类型。第一种类型钝化剂降低有效 Cd 含量 10% 以上,主要包括土壤调理剂、过磷酸钙、钙镁磷肥、果壳生物炭四种钝化剂;第二种类型钝化剂影响较小,降低土壤有效 Cd 含量在 10% 以下或者没有降低,包括海泡石、膨润土、沸石粉、硅钙镁钾肥、木质炭、腐殖酸、复合改良剂 1 和复合改良剂 2。钝化处理后 EDTA 提取的 Cd 浓度为 $0.32 \sim 0.40$ mg $\cdot$ kg$^{-1}$。与对照相比,过磷酸钙降低土壤 EDTA 态 Cd 的效果较为明显,其余钝化剂都不明显。

土壤有效态 Cd 与土壤 pH 的统计分析表明,土壤 pH 是影响土壤有效 Cd 含量的重要因素之一,试验结果显示土壤 DTPA-Cd 含量与土壤 pH 呈负相关关系,这是因为 Cd 在稻田土壤中的吸附与解吸受土壤 pH 的强烈影响,土壤钝化剂应用后引起的土壤 pH 升高,使土壤对 Cd 的吸附能力逐渐增强,Cd 的吸附量增大,有效态 Cd 含量相对减少,导致水稻植株以及稻米中 Cd 含量下降。土壤酸化会影响肥料的有效性,加剧土壤矿物质营养元素的流失,

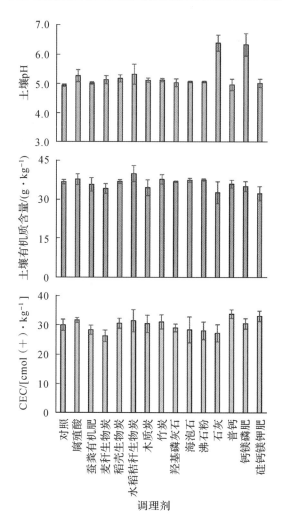

图 4-22　土壤调理剂对土壤 pH、有机质含量和 CEC 的影响

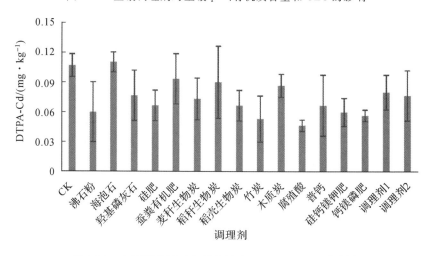

图 4-23　土壤调理剂对土壤有效态 Cd(DTPA-Cd)的影响

使得钾、钠、钙、镁等离子的淋溶加剧,导致土壤肥力下降。土壤酸化可促进有毒有害金属元素的活化和溶出,加重铝、锰、铬、镉有毒金属离子的淋失和溶出,使得土壤退化加剧,污染土壤和水环境。硅钙镁钾肥中添加了钙、镁、硅等中微量元素,不仅能改良土壤酸化,还能够满足作物对钙、镁等中微量元素和硅等有益元素的吸收。

### 4.3.6　钝化剂的后效

　　土壤钝化技术作为温州地区受污染耕地安全利用的主要技术得到广泛应用,但目前获得的效果都是根据钝化剂施用当年评估的,至于钝化剂的后效如何,施一次钝化剂可以保持多长时间的效果,是人们十分关注的,也是实现受污染耕地安全利用长效性评价的重要内容。因此,在河谷平原区开展了钝化剂效果筛选后续试验,在施用钝化剂当年效果对比试验基础上,进行第二年的后效对比试验。主要观察钝化剂施用第二年的水稻产量、稻米和土壤中有效态 Cd 含量与土壤理化性质变化,以证明钝化剂在第二年是否有效,筛选出来的推荐钝化剂能否在第二年达到稻米镉含量低于食品安全国家标准限量值。后效试验钝化剂包括硅钙镁钾肥、石灰、钙镁磷肥、过磷酸钙、海泡石、膨润土、沸石粉、木质炭、果壳生物炭、稻壳生物炭、复合改良剂 1 号和复合改良剂 2 号等 12 种钝化剂,设计空白对照,共 13 个处理(见图 4-24)。试验以第 1 年钝化剂用量为基础,第二年不施钝化剂,采用相同水肥管理措施。试验水稻品种为甬优 15 号。第二年试验结束后每个小区单独收割、测产和采集水稻与土壤样品。进行土壤、水稻籽粒中的重金属 Cd 含量测定,通过比较不同钝化剂处理土壤与水稻糙米中重金属 Cd 的含量测定,验证土壤钝化剂效果的持续性,判断钝化剂施用后第二年是否有效。

　　单季晚稻钝化剂处理后的测产结果表明,与对照相比,海泡石、膨润土和腐殖酸处理产量增产 6% 以上,其他钝化剂的增产效果均不明显。与空白对照相比,根据钝化剂降低水稻籽粒中 Cd 的程度可分成三种类型。第一类钝化剂能降低水稻籽粒中 Cd 含量 15% 以上,有土壤调理剂、过磷酸钙、钙镁磷肥、果壳生物炭、腐殖酸、复合改良剂 2 号,尤其是过磷酸钙、果壳生物炭、复合改良剂 2 号分别能降低 25.8%、24.4% 和 26.4%;第二类钝化剂降低水稻籽粒中 Cd 含量 15% 以下,有海泡石、沸石粉、复合改良剂 1 号;第三类钝化剂则对水稻籽粒中 Cd 含量没有效果。与对照相比,钙镁磷肥处理后能显著降低水稻根系中的 Cd 含量。另外土壤调理剂、过磷酸钙、果壳生物炭、腐殖酸、复合改良剂 1 号的处理也能降低水稻根系的 Cd 含量,但是幅度较小。结果表明,磷肥和有机肥等钝化剂施用有一定的后效,可有效降低水稻籽粒中的 Cd 含量。其主要机制可能是磷肥和有机肥对重金属的直接固定作用降低土壤中重金属的有效性,另外钙镁磷肥等对提高土壤 pH 的效果明显,可改变重金属的化学形态间接减少重金属的生物毒性,减少水稻植株对重金属的富集,进而阻控 Cd 向水稻地上部分各器官的迁移和分配,降低了 Cd 在籽粒中的累积。对于施用当年具有显著效果的硅钙镁钾肥等,则第二年的后效不明显,可能原因与硅钙镁钾肥的施用量低(1125 kg · hm$^{-2}$)有关。总体上,碱性肥料和磷肥(钙镁磷肥)对重金属 Cd 的钝化效果比较一致,而其他钝化剂在不同地区的效果并不完全一致。原因可能与碱性肥料和磷肥(钙镁磷肥)的降酸和平衡水稻中微量元素营养有关,而其他钝化剂在降酸和平衡矿质营养方面效果受土壤性质的影响较大。

　　钝化剂施用改变土壤酸度的后效分析表明,施用钝化剂之后,土壤 pH 均呈升高趋势,

图 4-24　土壤重金属钝化剂后效试验田间小区

尤其是钙镁磷肥的效果最为显著,第二年土壤 pH 提高 0.51 个单位。土壤交换性 $H^+$ 基本呈降低趋势,钙镁磷肥和沸石粉比较显著,分别降低了 0.2 和 0.125 $cmol \cdot kg^{-1}$。另外钙镁磷肥处理后的交换性 $Al^{3+}$ 降低了 0.025 $cmol \cdot kg^{-1}$,说明钙镁磷肥能减少农田土壤的活性酸(pH 的决定因子)和潜性酸(交换性酸)。施用钝化剂之后,土壤交换性 $Ca^{2+}$、$Na^+$ 和 $Mg^{2+}$ 均有不同程度的增加,施用钙镁磷肥的处理对交换性 $Ca^{2+}$ 和 $Mg^{2+}$ 的提高幅度较大,分别增加了 0.49 和 0.98 $cmol \cdot kg^{-1}$。根据钝化剂施用后土壤酸度和交换性离子组成变化看,钙镁磷肥在提升土壤 pH、增加交换性 $Ca^{2+}$ 和 $Mg^{2+}$、减少交换性 $H^+$ 和 $Al^{3+}$ 各方面都有显著的效果。从水稻籽粒的 Cd 含量和土壤有效态 Cd 含量变化看,钙镁磷肥也具有较好的后效性。钙镁磷肥是一种枸溶性肥料,具有无毒、无腐蚀性、不易吸湿结块等优点。它是一种含有丰富营养元素,包括钙、镁、硅等中微量营养元素,性能优良的碱性矿质肥料,可用作酸性土壤调理剂。

## 4.3.7　推荐的钝化剂种类

根据温州市 4 个县(市、区)两年四季水稻的土壤钝化剂效果筛选试验,在保持水稻产量达到常规水平,考虑土壤调理剂的成本、来源、安全性等因素的基础上,根据不同土壤调理剂处理后水稻籽粒的 Cd 含量,初步提出适宜当地推广的土壤调理剂推荐产品(见表 4-8),其中主要产品为钙镁磷肥、硅钙镁钾肥和石灰。根据晚稻籽粒 Cd 含量分析,施用钙镁磷肥、硅钙镁钾肥和石灰的籽粒 Cd 含量都在 0.1 mg·kg$^{-1}$ 以下。其主要机制可能是它们对重金属的直接固定作用降低土壤中重金属的有效性以及通过提高土壤 pH 改善土壤的理化性质间接减少重金属的生物毒性,减少水稻植株对重金属的富集,进而阻控 Cd 向水稻地上部分各器官的迁移和分配,降低 Cd 在籽粒中累积。钙镁磷肥、硅钙镁钾肥和石灰等的施用也补充了水稻需要的矿质营养。农田土壤养分不平衡,表现为中量矿质元素缺乏而氮富集,导致硅钙钾镁等元素的缺乏影响水稻的正常生长。考虑到稻秆生物炭等材料往往含有较高的 Cd,这些物质的施用会带入一定数量的 Cd,虽然能够有效地降低水稻籽粒的 Cd 积累,不适宜作为 Cd 污染农田的修复材料。碱性物质、磷肥和碱性肥料等材料,具有容易获取、低成本和使用简单等特色,推荐作为受污染耕地安全利用的修复材料。

**表 4-8　适宜温州市受污染耕地安全利用的土壤调理剂推荐品种**

| 县(区)市 | 推荐品种 | 试验依据 | 推荐依据 |
|---|---|---|---|
| 乐清 | 钙镁磷肥、硅钙镁钾肥、石灰等 | 连续 3 年田间小区对比试验与大田验证 | 水稻增产或保持产量达到常规水平,水稻糙米安全达标,成本低、来源易、产品安全性好 |
| 鹿城 | 海泡石,沸石粉,土壤调理剂,硅钙钾镁和钙镁磷肥 | 连续 3 年田间小区对比试验与大田验证 | 保持水稻产量达到常规水平,水稻糙米安全达标,成本低、来源易、产品安全性好 |
| 瓯海 | 钙镁磷肥、硅钙镁钾肥、石灰 | 2 年大田对比示范试验 | 保持水稻产量达到常规水平,水稻糙米安全达标 |
| 平阳 | 石灰、钙镁磷肥等 | 1 年大田对比验证试验 | 保持水稻产量达到常规水平,水稻糙米安全达标 |

# 4.4　叶面阻控技术

## 4.4.1　叶面阻控剂

叶面阻控技术是向植物叶面喷施阻 Cd 剂,通过阻 Cd 剂改变重金属在植株体内的分配,抑制重金属向农产品可食部位运输,降低农产品中重金属的含量。其机理是通过叶面喷施阻 Cd 剂把重金属元素阻隔在叶片的细胞壁或者细胞器上,提高水稻对重金属的抗性,减少甚至阻断重金属向食物链转移。叶面阻控剂可分为非金属元素型叶面阻控剂(主要有硅 Si、硒 Se、磷 P 等)、金属元素型叶面阻控剂(主要有锌 Zn、铁 Fe、锰 Mn、铜 Cu、硼 B、钼 Mo 等)和有机型叶面阻控剂(农残降解剂脯氨酸、谷氨酸、半胱氨酸等氨基酸)共三大类。目前,应用较广的叶面阻控剂是非金属元素型产品(主要是硅)。非金属元素型叶面阻控剂主要原理是提高水稻根系保护酶活力和自由空间中交换态 Cd 的比重,降低细胞膜透性及自由基对细胞膜的损害,进而抑制水稻对 Cd 吸收和转运来缓解其毒害。金属元素型产品主要是利用竞争性阳离子与 Cd 离子产生拮抗效应,抑制水稻对 Cd 吸收和转移到稻谷中;有机型产品主要是有效成分氨基酸等有机酸进入水稻叶片后能够与重金属 Cd 发生络合反应,或氨基酸促进了水稻体内蛋白质的合成,使之钝化沉淀下来。叶面阻控剂作为一种常用的土壤重金属 Cd 污染修复措施,具有养分利用高、肥效好、使用方便、环境友好、价格实惠等特点。叶面喷施硅、硒、锌等微量元素可以显著影响水稻对重金属 Cd 的吸收,还能促进其生长、提高其抗逆性。研究表明,喷施叶面硅肥能够显著影响 Cd 在水稻体内的分配,将 Cd 富集于水稻根和茎中,减少重金属 Cd 向地上部位的迁移。喷施的叶面硒、锌、铁肥等,与重金属 Cd 产生拮抗作用,可抑制水稻根系对 Cd 的吸收和转运,降低水稻糙米中的重金属 Cd 含量。近年来,无人机技术快速发展,降低了叶面阻控剂喷施的成本,极大地促进了叶面阻控剂在受污染耕地安全利用中的应用。

目前,温州地区受污染耕地安全利用叶面阻控产品主要以含 Si 叶面阻控剂为主。叶面阻控剂按形态有水剂和粉剂两种,主要成分为 Si,其次为 Na、$K_2O$、Zn 等。硅是水稻不可或缺的元素,与氮、磷、钾并称水稻必需的"四大元素",可增加水稻叶面积、叶绿素含量和光合能力。叶面阻控技术操作简单,采用叶面喷施的方式,但需要注意高温或配施后 24 h 内下雨的情况,同时叶面阻控剂与农药喷施间隔时间在 3 d 以上。叶面阻控剂施用时期有分蘖期、拔节期、孕穗期、抽穗期、扬花期、灌浆期共 6 个水稻生育期,大部分叶面阻控剂集中在 2 个时间段喷施:主要是分蘖期、其次是孕穗期和灌浆期。水剂型叶面阻控剂单季用量为 2250~15000 mL $\cdot$ $hm^{-2}$,成本在 20~120 元,粉剂型叶面阻控剂单季用量为 1500~7500 g $\cdot$ $hm^{-2}$,成本在 20~60 元。但目前施用方法有待提升,缺乏统一的、规范化的喷施技术,也会影响叶面阻控剂的施用效果。研究表明,土壤钝化与叶面阻控联合能更加有效地降低水稻地上部对 Cd 的吸收,采用土壤调理剂/叶面阻控剂与水稻品种、水肥调控等多种修复措施组合效果更佳。

### 4.4.2　叶面阻 Cd 剂的效果

根据施用 4 种不同剂量叶面阻控剂(硅肥、硒肥、海中钙、黄腐酸钾)对比试验,水稻籽粒 Cd 含量测定表明,对照稻田的水稻稻米含 Cd 0.121 mg $\cdot$ $kg^{-1}$,喷施 4 种叶面阻控剂处理后水稻稻米中的 Cd 含量分别是硅肥 0.049 mg $\cdot$ $kg^{-1}$,硒肥 0.068 mg $\cdot$ $kg^{-1}$,海中钙 0.056 mg $\cdot$ $kg^{-1}$ 和黄腐酸钾 0.050 mg $\cdot$ $kg^{-1}$。大田验证表明以硅肥和矿源黄腐酸钾叶面阻控剂效果较好。河谷平原区以水溶性硅肥为叶面阻控剂进行试验,结果表明叶面阻控剂对稻米中 Cd 含量均有不同程度的降低,水稻稻米 Cd 含量降低幅度为 23%~76%。

叶面阻控剂具有使用方便和价格低廉等特点,使得叶面阻控剂在受污染耕地安全利用得到广泛应用。采用植保无人机喷施叶面阻控剂,喷施均匀、用量减少、效果提高。叶面阻 Cd 剂用水稀释后,在水稻抽穗期至灌浆期时,选择晴天或多云天气,采用植保无人机对水稻叶面喷施。图 4-25 是无人机喷施叶面阻 Cd 剂的作业图。通过喷施叶面阻控剂,可以使 Cd 停留在植物根、茎基部,阻止其向稻米中传送;叶面阻控剂同时通过阻止水稻茎叶中的 Cd 向外转运,从而降低稻壳和稻米中 Cd 的含量。叶面阻控剂在降低水稻重金属积累的同时,还可以提高水稻抗性,具有抗倒伏与抗病害的功能。

图 4-25　无人机喷施叶面阻 Cd 剂作业示意(最右为无人机喷施阻 Cd 剂路线图)
(1 亩＝666.67 平方米)

## 4.5　农艺调控技术

受污染耕地安全利用的农艺调控措施主要通过田间水分管理、施肥与种植方式、耕作制度等手段,降低土壤重金属的生物可利用性,进而减少农作物对其吸收、转移与累积的量,达到安全生产的目的。农艺措施调控对土壤环境的破坏及潜在风险较小,适宜大面积推广应用。

### 4.5.1　水分调控技术

水分调控技术是利用水稻生长过程中的不同水分管理措施来调节耕层土壤的氧化还原状态,促进根系表面氧化铁胶膜的形成与增加,通过氧化铁胶膜对 Cd 的吸收来阻挡 Cd 进到根系内部,从而降低稻米中的 Cd 含量(见图 4-26)。田间水分管理作为农业生产中的一项重要管理方法,能有效地控制农田土壤中 Cd 的活性。土壤中重金属的生物有效性受 pH、温度、氧化还原电位(Eh)、有机质、阳离子交换量等土壤理化性质的影响,而其中 pH 和 Eh 是影响重金属溶解性的重要因子,因而可通过土壤水分管理调节土壤 pH 和 Eh,从而调控土壤重金属的生物有效性。淹水条件下有利于稻田中可溶性态 Cd 向稳定态 Cd 形态转换。有研究表明,全生育期淹水条件下会促进土壤中 $Fe^{2+}$ 与 $Cd^{2+}$ 的竞争,并促进硫化物与 $Cd^{2+}$ 形成沉淀,进而降低土壤中 Cd 元素的活性。不同的水分管理方式会影响水稻的生长发育,同时也会影响水稻对 Cd 的积累。在水稻不同的生育期进行烤田会增加水稻对 Cd 的积累,不同的烤田时期水稻积累 Cd 的程度也有差异。植物体内积累的 Cd 来自土壤中的有效 Cd,而淹水时间长短也会影响土壤中有效 Cd 的浓度。有研究显示水稻全生育期进行淹水灌溉时,水稻各器官的 Cd 含量较其他方式都低。水稻各部位 Cd 含量降低的直接原因是土壤中 Cd 的生物有效性的降低,其作用机制为:在长期淹水的还原条件下 $Fe^{2+}$ 等金属离子和 $Cd^{2+}$ 的竞争吸附作用以及 $S^{2-}$ 和 $Cd^{2+}$ 的共沉淀作用均增强。水分调控技术主要通过控制土壤的 Eh 及土壤的水分状况,使土壤作物形成一个较稳定的滞水期,减少 Cd 进入植株内的含量。

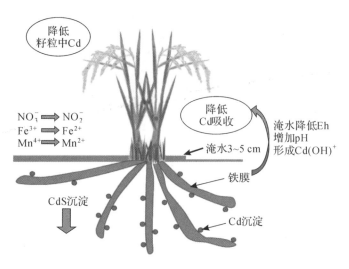

图 4-26　水分调控技术原理示意

　　水分调控技术影响土壤 Cd 生物有效性的调控效率与土壤硫含量密切相关。相比低硫土壤，高硫土壤溶液中 $Cd^{2+}$ 的去除速率更快，且土壤可交换态 Cd 占比更低。在还原条件下，土壤 $SO_4^{2-}$ 被还原为 $S^{2-}$，$Cd^{2+}$ 可与 $S^{2-}$ 形成溶解性较低的 CdS，土壤排水后进入氧化状态，CdS 被氧化为 $CdSO_4$，$CdSO_4$ 可溶于水，因此 Cd 的移动性和生物有效性增大。利用水分管理与硫肥管理相结合的方法，可有效调控土壤 Cd 的生物有效性。例如，在淹水条件下，施加硫肥可显著降低水稻籽粒 Cd 的累积量。需要注意的是，镉砷复合污染农田土壤，淹水调控减少 Cd 生物有效性的同时会增大水稻籽粒砷累积量，因此合理调节淹水时间可最大限度地避免稻米砷过量累积，水稻抽穗期后淹水比水稻抽穗期前淹水对降低稻米 Cd 累积更有效，而砷累积的增大量相对较小。

　　针对受污染耕地的水分调控技术进行了田间试验。试验土壤类型为青紫塥黏田，土地利用方式为双季水稻，土壤质地为黏壤土。试验土壤 pH 为 4.9～5.5，平均值为 5.2；土壤有机质平均含量为 28.22 g·$kg^{-1}$；土壤有效磷平均含量 20.08 mg·$kg^{-1}$；土壤速效钾平均含量为 142 mg·$kg^{-1}$。土壤含 Cd 量为 0.157～0.487 mg·$kg^{-1}$，平均值为 0.321 mg·$kg^{-1}$；有 62% 的样品 Cd 含量在 0.30 mg·$kg^{-1}$ 以上，为 Cd 轻度污染耕地。大田试验设计 3 个水分处理：①处理 1，全生育期淹水深灌（田面保持 5～10 cm 水层），在收获前 10 d 排水；②处理 2，每 667 $m^2$ 施生石灰 180 kg，同时全生育期淹水深灌（田面保持 5～10 cm 水层），在收获前 10 d 排水；③处理 3，对照，不施用生石灰，水分按农户常规管理。生石灰在早稻种植前撒施，结合翻耕与土壤混匀。早稻和晚稻品种分别为甬优 17 和甬优 1540。试验期间其他管理措施相同，采用农户习惯管理方式。

　　如表 4-9 所示，结果表明，与对照相比，淹水深灌及淹水深灌—酸度/钝化调理措施均不会降低早稻和晚稻的产量，早稻平均产量分别比对照增加 11.6% 和 6.2%，晚稻平均产量分别比对照增加 0.7% 和 2.1%。淹水深灌处理，早稻和晚稻的秸秆 Cd 含量和籽粒 Cd 含量均有明显的下降。其中，早稻和晚稻的秸秆 Cd 含量平均分别下降 47.8% 和 50.4%，早稻和晚稻的籽粒 Cd 含量平均分别下降 49.1% 和 49.4%。淹水深灌—酸度/钝化调理处理，早稻和晚稻的秸秆 Cd 含量和籽粒 Cd 含量均有明显的下降。其中，早稻和晚稻的秸秆 Cd 含量平均分别下降 53.1% 和 62.9%，早稻和晚稻的籽粒 Cd 含量平均分别下降 54.6% 和 64.0%。与淹水深灌比较，淹水深灌－酸度/钝化处理可更明显地降低早稻和晚稻的秸秆 Cd 含量和籽粒 Cd 含量，这表明淹水深灌－酸度/钝化这两种技术并用比单一深灌可更有效地降低水稻中的 Cd 含量。淹水深灌－酸度/钝化处理早稻和晚稻的秸秆 Cd 含量平均分别比淹水深灌下降 10.2% 和 25.1%，早稻和晚稻的籽粒 Cd 含量平均分别下降 10.8% 和 28.9%。淹水深灌及淹水深灌－酸度/钝化调理等 2 种措施的所有 5 个重复的籽粒 Cd 含量都在 0.20 mg/kg 以下，满足水稻安全生产要求。

表 4-9　不同水分调控技术对水稻秸秆和糙米中 Cd 含量的影响　　单位：mg·kg$^{-1}$

| 处　理 | 早　稻 | | 晚　稻 | |
|---|---|---|---|---|
| | 秸秆 Cd | 糙米 Cd | 秸秆 Cd | 糙米 Cd |
| 1 | 0.433±0.057b | 0.111±0.014b | 0.355±0.069b | 0.090±0.021b |
| 2 | 0.389±0.116b | 0.099±0.037b | 0.266±0.045b | 0.064±0.011b |
| 3 | 0.830±0.189a | 0.218±0.053a | 0.716±0.189a | 0.178±0.050a |

深灌技术主要通过营造一个土壤还原环境，促进土壤中 CdS 化合物的形成，而 CdS 是一种难溶于水的化合物，其可促进土壤中 Cd 向无效化（低活性）转化，从而实现降低水稻 Cd 积累的目的。深灌技术比较适合水源充足的地区，本试验表明，深灌对水稻产量没有明显的影响。在采用深灌技术时，须按照要求进行深水灌溉，直至收获前 5~10 天根据需要进行排水。不同处理对农田土壤性状的影响如表 4-10 所示，与对照相比，处理 1 对土壤 pH、有机质、全氮、速效磷和速效钾无显著影响，但可显著降低土壤有效 Cd 含量（降低 24%）；处理 2 可显著提高土壤的 pH（提高 1.25 个 pH 单位）和速效磷含量（增加 30%），显著降低土壤有效 Cd 含量（降低 48%），但对土壤有机质、全氮和速效钾含量无显著影响。检测不同处理对土壤 Cd 化学形态的影响如表 4-11 所示，与对照相比，处理 1 对土壤中交换态 Cd 含量的影响相对较小，主要促进了土壤中氧化物结合态 Cd 的形成；处理 2 促进了土壤中交换态 Cd 向碳酸盐结合态、氧化物结合态和残余态 Cd 的转变，从而降低了土壤有效 Cd 的含量。

表 4-10　不同水分调控措施对土壤理化性状的影响

| 处　理 | pH | 有效镉/(mg·kg$^{-1}$) | 有机质/(g·kg$^{-1}$) | 全　氮/(g·kg$^{-1}$) | 速效磷/(mg·kg$^{-1}$) | 速效钾/(mg·kg$^{-1}$) |
|---|---|---|---|---|---|---|
| 1 | 5.06±0.12b | 0.179±0.019c | 30.45±1.26a | 1.73±0.04a | 17.51±1.07b | 136±7a |
| 2 | 6.37±0.10a | 0.122±0.006b | 30.37±0.80a | 1.74±0.06a | 21.21±2.49a | 130±2a |
| 3 | 5.12±0.07b | 0.234±0.033a | 29.95±1.71a | 1.71±0.08a | 16.29±1.78b | 133±10a |

注：同列不同字母表示结果差异显著（$P<0.05$）。

表 4-11　不同水分调控技术措施对土壤 Cd 化学形态的影响

| 处　理 | 交换态/% | 碳酸盐结合态/% | 有机质结合态/% | 氧化物结合态/% | 残余态/% |
|---|---|---|---|---|---|
| 1 | 18.54 | 3.97 | 19.14 | 29.58 | 28.77 |
| 2 | 8.95 | 8.59 | 19.33 | 31.02 | 32.11 |
| 3 | 22.24 | 3.84 | 19.84 | 26.74 | 27.34 |

结果表明,采用水分调控技术可使试验农田早稻和晚稻的安全利用率达100%。同时,这些技术对土壤肥力无不良影响,甚至对土壤肥力有一定的改善,适用于Cd轻度污染农田土壤的安全利用。此外,水分调控措施与碱性物质的原位钝化技术结合能最大限度地降低水稻中Cd的积累,可考虑采用综合措施用于Cd中度污染耕地的水稻安全生产。

### 4.5.2　施肥调控技术

施肥对作物吸收Cd的影响也不容忽视。目前,我国农业生产存在施肥结构单一且过量施用的问题,尤其是铵态氮肥的长期过量施用导致农田土壤加速酸化,使得作物对重金属的吸收量增加。以硝态氮肥替代铵态氮肥可提高作物根系土壤pH,降低根际土壤Cd的有效性,减少作物对Cd的吸收。此外,含钾、硅、钙、锰、铁等元素的功能性肥料对作物吸收Cd也有一定的抑制作用。从温州地区的试验结果可见,在轻中度Cd污染酸性水稻土中,施用硅钙镁钾肥可以将水稻糙米中的含Cd量显著降低至0.2 mg·kg以下,且可以增加土壤有效态中微量元素的含量,达到稻米安全生产与农田地力提升的"双赢"目标。

### 4.5.3　深翻耕技术

对于人为成因的重金属污染耕地,重金属在土壤剖面中的分布一般呈现上高下低的特征,即重金属主要集中分布在耕作层,而耕作层以下的犁底层和母质层重金属含量较低。因此,通过深翻耕,使重金属含量较高的耕地表层土壤与犁底层甚至母质层的洁净土壤充分混合,可以稀释深翻耕后新耕作层中的重金属含量,降低对农作物的污染风险,从而实现农产品的安全生产。深翻耕同时具有加厚耕层,疏松土壤,恢复土壤结构,促进土壤熟化等作用。深翻耕的实施时间一般为冬闲或春耕翻地时,无须占用农时。

深翻耕不适用于连续两年深翻的稻田、沙漏田、潜育性田。深翻耕实施的时间、周期和深度等需要根据当地种植习惯、作物类型、土壤类型和耕作厚度等来确定。由于农田土壤有机质与养分多集中在耕地表层,深翻耕在降低耕地表层土壤重金属含量的同时,也会降低表层土壤有机质和养分的含量。因此,深翻耕后应配施有机肥,满足农作物生长的需要。深翻耕也可配合施石灰。深翻耕技术对于一般耕地均适用,但对于稻田,耕作层加犁底层厚度应在25 cm以上,且稻田耕作厚度≤15 cm,稻田犁底层厚度≥15 cm。深翻耕技术不适用于地质高背景农田。一般须在实施前进行土壤重金属剖面分布分析,确认土壤重金属具表聚特征。

## 4.6　替代种植与耕作制度调整技术

《土壤污染防治法》中提出替代种植是污染农田安全利用的重要途径。低积累作物的筛选和应用是目前最廉价、快捷、环境友好的解决重金属污染耕地农产品安全的方法,也是最可能投入实际生产、切实解决这项民生问题的方法。为寻找和验证低积累作物和品种适应性,在温州地区开展了低积累油菜和玉米品种的筛选。通过土壤、油菜籽粒、籽壳、秸秆和根系中的重金属含量测定,比较不同品种重金属含量,结合油菜产量,综合分析试验结果并从中筛选出效果较好的 Cd 低吸收油菜品种,评价安全利用替代品种可行性。由于水稻是最易吸收积累重金属的作物,在轻中度重金属污染耕地上稻米往往重金属超标,通过改变耕作制度和替代种植是简单易行、绿色经济高效的农田安全利用措施。研究表明,油菜具有修复重金属污染土壤的能力,可以作为 Cd 等重金属污染农田修复的替代种植作物。在重金属轻中度污染的农田上,通过种植重金属低积累油菜品种来实现降低农产品中重金属含量,可以生产出符合食品安全标准的农产品。

## 4.6.1　替代作物油菜品种筛选

油菜(*Brassica napus* L.)属于十字花科芸薹属植物,研究一方面发现油菜是一类对重金属吸收累积能力较强的作物,通过盆栽、水培等试验筛选出高积累 Cd 的油菜品种,可以作为 Cd 超积累品种来修复 Cd 污染土壤;另一方面,发现有些油菜品种对 Cd 具有较高的耐受性和较低的吸收积累能力,通过筛选 Cd 低积累油菜品种,可以作为污染农田安全利用的替代作物。可见,不同油菜品种吸收累积重金属存在较大差异,通过研究不同油菜品种对土壤重金属的吸收积累差异,可以利用油菜品种为实现污染耕地生产安全农产品提供科学依据。综合现有研究发现,不同油菜品种吸收重金属的研究多为盆栽或人工添加重金属模拟试验,由于油菜吸收土壤重金属受到许多环境因子如气候、土壤类型、水分、污染程度等的影响,模拟试验结果难以反映真实情况,跟生产实际应用有一定距离。因此,研究不同区域油菜品种对耕地土壤重金属的吸收特征,是运用低积累作物品种实现污染农田安全生产的重要方法。作者以某 Cd 和 Cu 复合污染农田为基地,研究了不同品种油菜对重金属的吸收、富集和迁移规律,以筛选出适合该区域污染农田安全利用的油菜品种。由于采用田间试验,具有较强的针对性与实用性,可为当地开展的受污染耕地安全利用提供技术。

田间试验的土壤类型为泥质田,土壤的基本理化性质如下:pH 为 5.3,有机质为 16.96 g·kg$^{-1}$,碱解氮含量为 276.3 mg·kg$^{-1}$,速效钾含量为 99.3 mg·kg$^{-1}$。土壤全 Cd 平均含量为 0.91 mg·kg$^{-1}$,全 Cu 平均含量为 187.03 mg·kg$^{-1}$。根据《土壤环境质量:农用地土壤污染风险管控标准》,试验地土壤中 Cd 和 Cu 含量均超过农用地土壤污染风险筛选值,存在农用地土壤污染风险。前期监测分析表明,该地稻田种植的水稻稻米 Cd 超过食品安全国家标准几倍。试验用油菜品种为当地农户主栽品种,购买自当地种子公司。油菜品种共计 14 个,它们是:赣油杂 6 号、华湘油 1 号、徽油 1 号、纯油王 1 号、极早 98 号、中油 828、早熟 100 天、美国纯油王 981、丰油 737、秦油 2 号、荣油 18 号、旺成油 8 号、浙油 50 和浙油 51。试验设 14 个处理(品种),每个处理 3 个重复。所有品种采用相同的栽培和农田管理条件种植(施肥、水分、耕作等),成熟后每个小区单独收割测产,采集土壤和收获整株油菜。将采集的油菜植株分成根、茎秆、果荚和籽粒四个部分,105℃下杀青 15 min,然后在 70℃下烘干至恒重研细,采用硝酸和高氯酸消化,微波消解仪消解。石墨炉原子吸收测定重金属 Cd 的含量,原子吸收光谱测定 Cu 含量。用富集系数和转运系数评价重金属从土壤向油菜各器官的运输和富集能力。富集系数包括根、茎秆、果荚和籽粒;转运系数包括重金属从根到茎、茎到果荚、果荚到籽粒。

如图 4-27 所示,田间试验的油菜产量为 935～1985 kg·hm$^{-2}$,平均产量为 1275 kg·hm$^{-2}$,不

同油菜品种产量变幅大。油菜秸秆产量为 5085～11130 kg·hm$^{-2}$,平均值为 6900 kg·hm$^{-2}$。

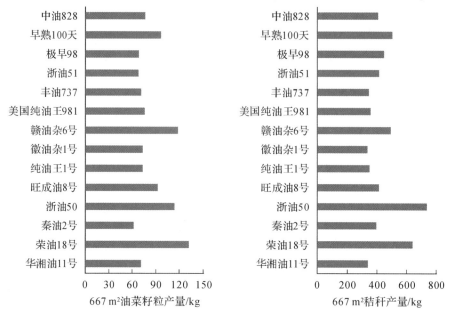

图 4-27 不同油菜品种籽粒和秸秆产量

油菜籽粒中的 Cd 和 Cu 含量如图 4-28 所示。油菜籽粒的 Cd 含量为 0.16～0.57 mg·kg$^{-1}$,平均值为 0.27 mg·kg$^{-1}$。《食品安全国家标准食品中污染物限量》规定,油菜籽粒 Cd 限量 0.5 mg·kg$^{-1}$。其中 2 个油菜品种 Cd 超标,其余 12 个品种 Cd 在安全限值范围。油菜籽粒的 Cu 含量为 6.30～10.56 mg·kg$^{-1}$,平均值为 7.76 mg·kg$^{-1}$,秸秆的 Cu 平均含量为 1.87～4.39 mg·kg$^{-1}$,籽粒对 Cu 的富集高于秸秆。油菜各部位的重金属 Cd 和 Cu 含量如表 4-12 所示。由表可知,重金属在油菜各部位中的含量都存在显著差异,而且 Cd 和 Cu 表现出不同的分布规律。油菜不同器官间 Cd 含量由大到小依次为茎、根、壳、籽粒,油菜茎、根、壳、籽粒平均 Cd 含量分别为 1.32 mg·kg$^{-1}$、0.93 mg·kg$^{-1}$、0.65 mg·kg$^{-1}$ 和 0.12 mg·kg$^{-1}$,油菜籽粒 Cd 含量仅为茎 Cd 含量的 9.0%、根 Cd 含量的 12.9%、壳 Cd 含量的 18.5%。结果表明茎和根是油菜储存 Cd 的最主要器官,油菜的重金属转移过程中经过根、茎及壳的 3 层阻控,进入籽粒的 Cd 大幅下降,特别是角果和籽粒对 Cd 的低转运系数,阻碍 Cd 向籽粒中的转移。重金属 Cu 在油菜各部位的分布由大到小依次为根、果荚、籽粒、茎秆,油菜根、果荚、籽粒、茎秆平均 Cu 含量分别为 24.51 mg·kg$^{-1}$、8.80 mg·kg$^{-1}$、5.89 mg·kg$^{-1}$ 和 1.92 mg·kg$^{-1}$。

表 4-12 油菜各器官重金属含量 单位:mg·kg$^{-1}$

| 部 位 | Cd | | Cu | |
| --- | --- | --- | --- | --- |
| 籽粒 | 0.08－0.23[a] | 0.12±0.03[b] | 3.10～9.90 | 5.89±1.34 |
| 壳 | 0.23～1.55 | 0.65±0.25 | 4.84～18.33 | 8.80±2.43 |
| 茎秆 | 0.46～3.01 | 1.32±0.47 | 0.73～4.50 | 1.92±0.76 |
| 根系 | 0.34～2.85 | 0.93±0.47 | 8.12～41.83 | 24.51±7.35 |

注:a,含量范围;b,平均值±标准误差。

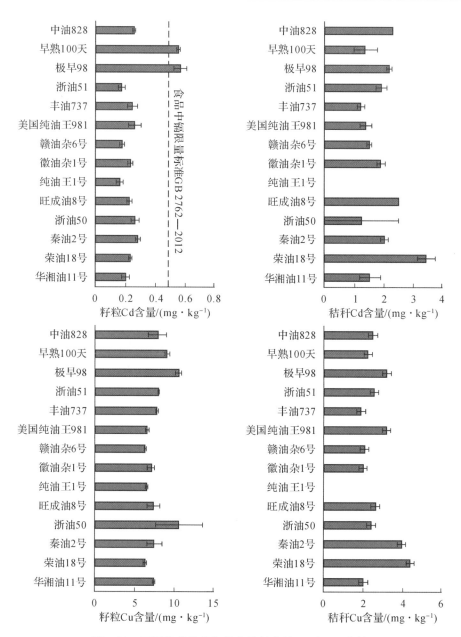

图 4-28　不同油菜品种籽粒和秸秆中的 Cd 和 Cu 含量

油菜籽粒和茎秆对重金属的富集系数如表 4-13 所示，不同油菜品种和同一品种不同部

表 4-13　油菜的重金属富集系数和转运系数

| 系　数 | Cd | | Cu | |
|---|---|---|---|---|
| 籽粒富集系数 | 0.20～0.70[a] | 0.34±0.16[b] | 0.032～0.053 | 0.039±0.006 |
| 茎秆富集系数 | 1.53～4.28 | 2.36±0.78 | 0.008～0.028 | 0.014±0.006 |
| 茎秆－籽粒转运系数 | 0.07～0.40 | 0.16±0.09 | 1.13～5.07 | 3.300±1.049 |

注：a，含量范围；b，平均值±标准误。

位间 Cd 和 Cu 的富集系数存在显著差异。油菜茎秆的 Cd 富集系数明显大于籽粒,油菜籽粒的 Cd 富集系数为 0.20～0.70,茎秆 Cd 富集系数为 1.53～4.28。油菜的 Cu 富集系数显著低于 Cd。籽粒对 Cu 的富集系数为 0.032～0.053,茎秆的 Cu 富集系数为 0.008～0.028,表明油菜对 Cu 的富集能力很低,大大低于对 Cd 的富集。从不同品种油菜籽粒 Cd 富集系数可以看出不同品种油菜的 Cd 吸收能力存在显著差异,这可作为筛选低积累品种的依据。

转运系数是表征油菜对重金属富集能力的重要指标。油菜秸秆向籽粒的 Cd 转运系数较小,平均为 0.164(见表 4-14),油菜茎秆到籽粒的 Cd 转运系数为 0.07～0.40,平均值为 0.16,表明向籽粒转移的 Cd 较少,也说明茎是油菜富集 Cd 的主要器官。而茎向角果和籽粒的低转运系数减少了 Cd 向籽粒中转移的量,保证了食用部分的安全性。与 Cd 比较,油菜对 Cu 的累积低,而茎秆向籽粒转移较多,平均为 3.30(见表 4-14)。可见土壤中的 Cd 在向上转运的过程中,经过根、茎和角果的 3 层过滤作用,以及茎对 Cd 的高转运系数和角果与籽粒对 Cd 的低转运系数,使得进入籽粒的 Cd 大幅下降,这一特性有利于保证重度污染农田食品的安全性,使得油菜用于修复 Cd 污染土壤成为可能。考虑到油菜秸秆生物量大,采用秸秆离田生物修复方式是一个较好的选择。油菜秸秆 Cd 平均含量为 1.23～3.46 mg·$kg^{-1}$,秸秆 Cd 富集系数为 1.56～4.28,秸秆的 Cd 富集系数明显高于籽粒。以秸秆产量 30000 kg·$hm^{-2}$ 计,每季秸秆离田可以带走 36.9～103.8 g Cd,约可以降低 0.0246～0.0692 mg·$kg^{-1}$(以每 667 $m^2$ 表土 $1×10^5$ kg 土估算),可以作为生物修复材料。

针对 Cd 和 Cu 复合污染土壤,筛选出的 Cd 低积累品种对 Cu 也表现出较低的累积。由表 4-14 数据可看出,油菜 Cu 的根系到茎叶转运系数为 0.02～0.24,平均值为 0.08;茎叶到壳的转运系数明显提高 2.59～10.46,平均值为 5.11;茎叶到籽粒的转运系数为 1.46～8.50,平均值为 3.52。油菜籽粒的 Cu 含量为 6.30～10.56 mg·$kg^{-1}$,秸秆的 Cu 平均含量为 1.87～4.39 mg·kg,籽粒对 Cu 的富集高于秸秆。籽粒对 Cu 的富集系数为 0.032～0.053,表明油菜对 Cu 污染耐性比较大。秸秆的 Cu 富集系数为 0.008～0.028,表明油菜对 Cu 的富集能力很低,大大低于对 Cd 的富集。油菜秸秆的 Cd 富集系数为 1.53～4.28,秸秆—籽粒的转运系数为 0.07～0.40,表明向籽粒转移的 Cd 较少。与 Cd 比较,油菜对 Cu 的累积低,而秸秆向籽粒转移较多。综合上述结果可知,油菜对 Cd 和 Cu 同时具有低累积特征,可用作修复 Cd 和 Cu 复合污染农田的作物品种。

综合田间试验结果表明,油菜对 Cd 和 Cu 同时具有低累积特征,可用作 Cd 和 Cu 复合污染农田安全利用的作物品种。初步提出重金属低积累标准为籽粒 Cd 累积量<0.2 mg·$kg^{-1}$,富集系数≥0.20,产量接近当地水平。根据油菜产量、重金属积累和富集情况,初步筛选出适宜 Cd 和 Cu 复合污染农田安全利用的推荐油菜品种 3 个。浙油 51:籽粒 Cd 平均含量为 0.17 mg·$kg^{-1}$,富集系数为 0.21。赣油杂 6 号:籽粒 Cd 平均含量为 0.17 mg·$kg^{-1}$,富集系数为 0.21。纯油王 1 号:籽粒 Cd 平均含量为 0.16 mg·$kg^{-1}$,富集系数为 0.20。下面是这三个油菜品种的主要种植性状。

浙油 51,中熟甘蓝型半冬性油菜。熟期适中,株高中等,株高 165 cm,株型紧凑,角果与每角粒数多,千粒重高,抗倒性较强,丰产性好;菌核病抗性强,含油量高。重金属积累特性:籽粒 Cd 平均含量为 0.17 mg·$kg^{-1}$,富集系数为 0.21,秸秆—籽粒转运系数为 0.09。籽粒 Cu 平均含量为 8.00 mg·$kg^{-1}$,富集系数为 0.041。宜在中度 Cd(Cd >1.0 mg·$kg^{-1}$)和 Cu 复合污染农田种植。栽培技术要点:10 月中下旬播种,播种量 3.75～4.5 kg·

$hm^{-2}$；重视前期肥料施用，基、苗肥占总施肥量的 2/3，苔花肥占 1/3，立春后用复合肥催苗。增施硼肥，每公顷施硼肥 15 kg，在苗期、苔期作叶面肥喷施。

赣油杂 6 号，属甘蓝型半冬性双低油菜，全生育期 201 天。幼苗直立，子叶肾脏形，真叶长椭圆形，有缺刻。种子深褐色，圆形。株型紧凑，株高 152 cm，试验区平均产量 1770 kg · $hm^{-2}$。重金属积累特性：试验区籽粒 Cd 平均含量为 0.17 mg · $kg^{-1}$，富集系数为 0.21，秸秆—籽粒转运系数为 0.11。籽粒 Cu 平均含量为 6.30 mg · $kg^{-1}$，富集系数为 0.033。宜在中度 Cd（Cd＞1.0 mg · $kg^{-1}$）和 Cu 复合污染农田种植。栽培技术要点：11 月上中旬播种，用种量 3～6 kg · $hm^{-2}$。每公顷施复合肥 450～525 kg、磷肥 375 kg，追施尿素 60 kg。增施硼肥，每公顷施硼肥 15 kg，在苗期、苔期作叶面肥喷施。

在镉和铜复合污染土壤田间小区试验基础上，在温州市河谷平原区进行了重金属低积累油菜品种筛选大田试验（见表 4-14），在相同的农田管理条件下（施肥、水分、耕作等）比较了不同油菜品种的重金属积累情况。研究发现油菜对 Cd、Pb 和 Cr 同时具有低累积特征，可用作修复 Cd、Pb 和 Cr 复合污染农田的作物品种。其中茎是油菜富集 Cd 的主要器官，而茎向角果和籽粒的低转运系数减少了 Cd 向籽粒中转移，保证了食用部分的安全性。在大田对比试验中，不同油菜品种油菜籽的 Cd 含量为 0.020～0.040 mg · $kg^{-1}$，平均值为 0.028 mg · $kg^{-1}$，远低于食品安全标准限量值。秸秆中 Cd 含量平均值为 0.38 mg · $kg^{-1}$，是油菜籽的 13.6 倍，秸秆离田可以作为生物修复手段。对 Cd 积累较低的油菜品种有：中双 11、浙油 50、优越 1203 和浙大 622 等。

表 4-14　不同油菜品种籽粒和秸秆中的重金属含量（大田对比试验）　　单位：mg · $kg^{-1}$

| 品　　种 | 籽　　粒 | | | 秸　　秆 | | | 秸秆—籽粒 Cd 转运系数 |
|---|---|---|---|---|---|---|---|
| | Pb | Cd | Cr | Pb | Cd | Cr | |
| 优越 1203 | N. D. | 0.024 | N. D. | 1.08 | 0.44 | 1.53 | 0.0545 |
| 中双 11 | N. D. | 0.037 | N. D. | 0.72 | 0.51 | 0.87 | 0.0725 |
| 浙油 33 | N. D. | 0.025 | 0.056 | 0.95 | 0.32 | 1.36 | 0.0781 |
| 浙油 51 | N. D. | 0.024 | 0.045 | 0.70 | 0.36 | 1.06 | 0.0667 |
| 浙大 622 | N. D. | 0.029 | N. D. | 0.63 | 0.42 | 1.58 | 0.0690 |
| 浙油 50 | N. D. | 0.040 | 0.021 | 0.67 | 0.43 | 0.84 | 0.0930 |
| 浙油杂 319 | N. D. | 0.025 | 0.025 | 0.73 | 0.27 | 0.29 | 0.0926 |
| 浙大 630 | N. D. | 0.025 | 0.034 | 0.67 | 0.29 | 0.93 | 0.0690 |
| 平均值 | — | 0.028 | 0.036 | 0.769 | 0.380 | 1.134 | 0.0744 |

注：N. D. 表示未测出。

## 4.6.2　替代作物玉米品种筛选

为筛选出适宜温州地区种植的重金属低积累玉米品种，选择了 12 个玉米品种在 Cd 和 Cu 复合污染农田进行田间试验，研究玉米对土壤中 Cd 和 Cu 元素积累和富集的差异，以期筛选出适合在重金属污染农田种植的玉米品种。研究表明，不同玉米品种对重金属的吸收存在明显差异。为此,以玉米为材料,采用田间试验的方法,研究了重金属在玉米体内的积累、转运和富集差异性,以筛选具有重金属低积累特性的玉米品种,为安全利用重金属污染耕地提供替代作物。

试验地为某 Cd 和 Cu 复合污染耕地,土壤全 Cd 平均含量为 0.91 mg·kg$^{-1}$,全 Cu 平均含量为 187.03 mg·kg$^{-1}$。试验玉米品种为银糯 1 号、福华甜玉米、彩糯 10 号、万糯 1 号、科甜 981、嵊科甜 208、香雪糯、东糯 4 号、珍糯 2 号、万糯 2000、苏科糯 3 号等共 12 个品种,玉米种子均购自当地种子市场。试验采用完全随机区组设计,设置 12 个处理(品种),3 个重复。按当地传统模式进行栽培、施肥、耕作等田间管理。玉米成熟后测定采集籽粒、秸秆和根系样品中重金属。计算重金属富集系数和转运系数。通过比较不同品种玉米的重金属 Cd 含量,结合产量状况,综合分析试验结果并从中筛选出效果较好的 Cd 低吸收玉米品种。

在相同土壤和管理条件下,不同玉米品种的产量为 1860~3810 kg·hm$^{-2}$,平均为 2805 kg·hm$^{-2}$。不同品种玉米籽粒、茎叶和根的重金属含量如图 4-29 和图 4-30 所示。由图可见,玉米品种间籽粒 Cd 含量存在较大差异,12 个玉米品种籽粒的 Cd 含量为 0.06~0.52 mg·kg$^{-1}$,最低值与最高值相差近 9 倍。根据食品安全国家标准,试验品种中有 2 个玉米品种籽粒的 Cd 含量超标,其余 10 个品种的 Cd 含量符合国家标准。玉米秸秆 Cd 含量为 0.45~3.21 mg·kg$^{-1}$,根系为 1.12~4.72 mg·kg$^{-1}$,可见玉米品种不同部位 Cd 含量趋势从大到小依次为根、茎叶、籽粒。由此分析,根是玉米吸收和储存重金属的主要器官,对 Cd 向地上部运输起到限制作用。玉米籽粒中 Cd 积累作用相对较弱的品种,其根系中积累的 Cd 较高。对籽粒富集 Cd 的玉米品种如东糯 4 号和福华甜玉米,其根系往往表现为有较低的 Cd 含量。测定不同玉米品种籽粒、秸秆和根系中的 Cu 含量,结果籽粒为 4.73~8.30 mg·kg$^{-1}$,秸秆为 7.50~24.46 mg·kg$^{-1}$,根系为 32.89~134.15 mg·kg$^{-1}$,同样表现出根>茎叶>籽粒的分布趋势。在试验的 12 个品种中万糯 2000、嵊科甜 208、福华甜玉米等品种有较高的 Cu 含量,而万糯 1 号、银糯 1 号等 Cu 含量较低。

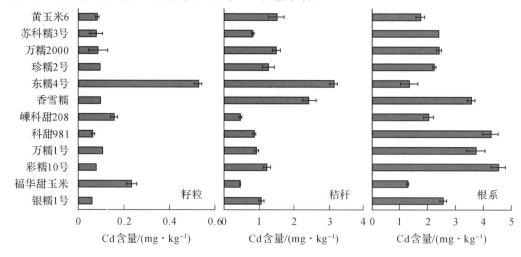

图 4-29　不同玉米品种籽粒、秸秆和根系中的 Cd 含量

根据玉米籽粒、秸秆和根系中的重金属含量计算玉米的重金属富集系数和转运系数。富集系数表示重金属从土壤向玉米各器官的转运程度,茎叶/根转运系数代表重金属从根部

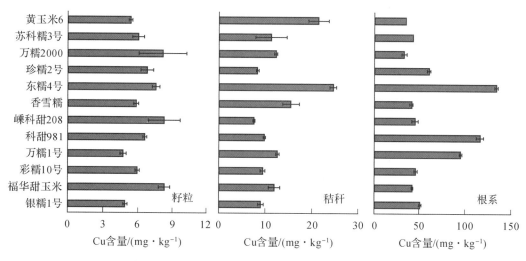

图 4-30　不同玉米品种籽粒、秸秆和根系中的 Cu 含量

向茎叶中的转运程度,两者比例越小,表明重金属从根部向籽粒和茎叶中转运越困难。籽粒/茎叶表示重金属从茎叶向籽粒中转运的能力,比值越大,表明重金属越容易从茎叶中向籽粒中转运。由表 4-15 可知,玉米籽粒对 Cd 的富集系数为 $0.07 \sim 0.58$,秸秆的富集系数为 $0.51 \sim 3.41$,根系的富集系数为 $1.42 \sim 4.92$,表明玉米籽粒对 Cd 具有较低的富集;玉米茎叶—籽粒间的转运系数为 $0.05 \sim 0.55$(见表 4-16),根系—籽粒间的转运系数为 $0.02 \sim 0.43$,根系—茎叶间的转运系数在 $0.20 \sim 2.33$,表明土壤中的 Cd 向上转运的过程中,经过玉米根系和茎叶的屏蔽作用,降低了重金属向籽粒的转移。玉米对 Cu 的富集系数表现为根＞茎叶＞籽粒,同样的,Cu 主要积累在玉米根系中。与 Cd 比较,玉米对 Cu 的富集更低。

表 4-15　不同玉米品种的重金属富集系数

| 重金属 | 玉米器官 | 范　　围 | 平均值 |
|---|---|---|---|
| Cd | 籽粒 | $0.07 \sim 0.58$ | 0.15 |
| | 茎叶 | $0.51 \sim 3.41$ | 1.42 |
| | 根系 | $1.42 \sim 4.92$ | 2.91 |
| Cu | 籽粒 | $0.03 \sim 0.04$ | 0.04 |
| | 茎叶 | $0.04 \sim 0.13$ | 0.07 |
| | 根系 | $0.18 \sim 0.72$ | 0.33 |

表 4-16　不同玉米品种的重金属转运系数

| 重金属 | 玉米器官 | 范　　围 | 平均值 |
|---|---|---|---|
| Cd | 根系—茎叶 | $0.20 \sim 2.33$ | 0.59 |
| | 茎叶—籽粒 | $0.05 \sim 0.55$ | 0.15 |
| | 根系—籽粒 | $0.02 \sim 0.43$ | 0.08 |

续表

| 重金属 | 玉米器官 | 范　围 | 平均值 |
|---|---|---|---|
| | 根系－茎叶 | 0.08～0.61 | 0.25 |
| Cu | 茎叶－籽粒 | 0.25～1.10 | 0.58 |
| | 根系－籽粒 | 0.05～0.24 | 0.13 |

针对重金属低积累农作物品种筛选，除了考虑农作物品种体内重金属的含量外，还应综合考虑农作物的产量状况。如前所述，即使在相同的土壤和管理条件下，不同玉米品种的产量也存在较大差异，必须综合考虑低重金属积累和适度高产的平衡。根据调查，在镉铜中重度污染农田上种植水稻，其糙米中 Cd 含量往往超过食品安全国家标准的几倍。通过筛选低积累重金属的玉米品种替代水稻种植来减少食物链重金属富集是经济可行的安全利用模式。理想的重金属低积累作物应该同时具备以下特征：该作物可食部位重金属含量低于国家相关标准；该作物对重金属的富集系数较低（<1）；该作物对重金属毒害具有较高的耐受性，产量或生物量无明显下降。因此，综合考虑玉米产量和污染物积累的试验结果，初步提出银糯 1 号、彩糯 10 号、科甜 981、苏科糯 3 号等品种为两者兼具的推荐品种。银糯 1 号产量为 2760 kg·hm$^{-2}$，籽粒 Cd 含量为 0.06 mg·kg$^{-1}$，富集系数为 0.065；彩糯 10 号产量为 2910 kg·hm$^{-2}$，Cd 含量为 0.08 mg·kg$^{-1}$，富集系数为 0.087；科甜 981 产量为 3210 kg·hm$^{-2}$，籽粒 Cd 含量为 0.065 mg·kg$^{-1}$，富集系数为 0.071；苏科糯 3 号产量为 3525 kg·hm$^{-2}$，籽粒 Cd 含量为 0.08 mg·kg$^{-1}$，富集系数为 0.087。香雪糯、黄玉米、万糯 2000 等品种的秸秆－籽粒转运系数低，秸秆富集能力强，推荐作为生物修复品种。

镉铜复合污染农田的玉米筛选试验表明，Cd 低积累的玉米品种同样具有较低的 Cu 积累特性，表明在镉铜复合污染土壤中低积累玉米品种具有对 Cd 和 Cu 的共同抗性，可作为中重度复合污染土壤安全利用的替代作物。针对中度污染农田玉米替代品种筛选，进一步开展了大田验证试验。比较了温州常见的 6 个玉米品种浙糯玉 16、黑甜糯 168、浙甜 11、浙糯玉 14、嵊科甜 208 和金玉甜 1 号的重金属积累情况。不同玉米品种籽粒、秸秆和根系中的 Cd 含量如表 4-17 所示。大田试验的玉米籽粒 Cd 含量为 0.003～0.038 mg·kg$^{-1}$，秸秆为 0.102～0.260 mg·kg$^{-1}$，根系为 0.098～0.260 mg·kg$^{-1}$，6 个玉米品种的 Cd 含量符合国家食品安全标准。玉米秸秆－籽粒间的转运系数在 0.025～0.0846，根系－秸秆间的转运系数在 0.45～2.45，表明土壤中的 Cd 在向上转运的过程中，经过玉米根系和秸秆的屏蔽作用，降低了重金属向籽粒的转移。结合品种筛选试验结果，初步判断黑甜糯 168、浙糯玉 16、嵊科甜 208、金玉甜 1 号是重金属中度污染农田可选择的品种类型。浙甜 11、浙糯玉 14 对 Cd 具有较强的富集能力，推荐作为生物修复品种。

表 4-17　不同玉米品种籽粒、秸秆和根系中的重金属含量（大田验证试验）单位：mg·kg$^{-1}$

| 品　种 | 籽　粒 | | 秸　秆 | | 根　系 | | 转运系数 | |
|---|---|---|---|---|---|---|---|---|
| | Pb | Cd | Pb | Cd | Pb | Cd | 根－秸秆 | 秸秆－籽粒 |
| 浙糯玉 16 | 0.047 | 0.007 | 0.180 | 0.106 | 0.463 | 0.123 | 0.86 | 0.07 |
| 黑甜糯 168 | 0.038 | 0.004 | 0.073 | 0.102 | 0.970 | 0.207 | 0.49 | 0.04 |

| 品　种 | 籽　粒 | | 秸　秆 | | 根　系 | | 转运系数 | |
|---|---|---|---|---|---|---|---|---|
| | Pb | Cd | Pb | Cd | Pb | Cd | 根-秸秆 | 秸秆-籽粒 |
| 金玉甜 1 号 | 0.041 | 0.003 | 0.052 | 0.118 | 1.500 | 0.260 | 0.45 | 0.03 |
| 浙甜 11 | 0.040 | 0.038 | 0.160 | 0.457 | 0.873 | 0.217 | 2.11 | 0.08 |
| 浙糯玉 14 | 0.044 | 0.021 | 0.148 | 0.240 | 1.225 | 0.098 | 2.45 | 0.09 |
| 嵊科甜 208 | 0.040 | 0.004 | 0.05 | 0.147 | 0.807 | 0.143 | 1.03 | 0.03 |

### 4.6.3　替代作物与耕作制度调整

对于重度污染的耕地土壤,采用作物替代种植技术,即改种不被人体摄入的非食用经济作物(如桑树、花卉)、非粮作物(如酒用高粱、饲料玉米等)和能源植物(如高粱)。一方面,切断了重金属污染食物链,实现了农田土壤的污染修复;另一方面,为当地创造了就业机会和经济效益,实现了农田土壤的高效利用和可持续发展。此外,中重度重金属污染耕地可以规划作为良种繁育基地。如将污染严重的耕地改作水稻良种基地,收获的稻米不作为直接食用的商品粮,而是作为种子。也可以通过改变耕作制度,如水田改为水旱轮作或旱作。水稻容易积累重金属 Cd 往往出现糙米 Cd 超标现象,如某重度重金属污染耕地,种植双季稻出现糙米 Cd 含量超标几倍至十多倍的情况,改种油菜、玉米等旱作,利用油菜、玉米等作物对 Cd 的耐性,实现粮食安全生产,生产的油菜籽和玉米符合国家食品安全标准。采用油-稻或稻-玉米耕作制,利用水稻生物量较大、适应性强、生长迅速的特点,将水稻作为植物修复的作物,移除生产的水稻生物量,从而降低土壤重金属含量。将水稻作为重金属富集作物用于污染修复解决了大多数超积累植物生长缓慢、生物量小、地域性强、难以规模化应用和推广的难题;而将既具有富集能力,又具有广泛的区域适应性,同时还能实现机械化栽培和收割的水稻用于土壤修复,具有更强的现实意义。

## 4.7　安全利用综合技术

安全利用综合技术模式旨在探索并形成可大面积示范及推广的"边生产边修复"的受污染耕地安全利用技术模式,以保障农产品质量安全。在部分土壤污染成因复杂、土壤 Cd 浓度较高的情况下,单一的阻控措施难以保障粮食安全生产,采用多种措施综合防控更为有效。如湖南长株潭 Cd 重度污染稻田开展的"VIP+$n$"技术模式,提出对选种 Cd 低积累的水稻品种(variety,V),采用全生育期淹水灌溉(irrigation,I)方式,施生石灰调节土壤酸碱度(pH,P),增施有机肥和土壤钝化剂、喷施叶面阻控剂、深翻耕改土、稻草离田(即"+")等单项技术进行组装集成与示范,该模式已得到广泛应用。温州市耕地土壤以轻微至轻度污染居多,根据全省农业"两区"污染治理试点成果,利用试点成果集成开展受污染耕地安全利用综合技术模式示范。

　　结合前期试验成果,选用前期田间试验筛选出来的适宜温州地区种植的低积累水稻品种和土壤钝化剂,结合农艺调控与叶面阻控技术,组配形成 6 种安全利用综合技术模式,开展受污染耕地安全利用集成技术模式示范。6 种模式包括:①模式 1,低积累水稻品种＋水分调控(3～5 cm 水层);②模式 2,低积累水稻品种＋土壤钝化剂(钙镁磷肥 2250 kg·hm$^{-2}$);③模式 3,低积累水稻品种＋土壤钝化剂(硅钙镁钾肥 1125 kg·hm$^{-2}$);④模式 4,低积累水稻品种＋叶面阻控剂(喷 3 次);⑤模式 5,低积累水稻品种＋土壤钝化剂(钙镁磷肥 2250 kg·hm$^{-2}$)＋叶面阻控剂(喷 1 次);⑥模式 6,低积累水稻品种＋水分调控＋叶面阻控剂(喷 2 次)。其中 Cd 低积累水稻品种为甬优 1540 和甬优 15,采用大田对比裂区试验,监测水稻产量、稻米和土壤有效 Cd 含量以及土壤理化性质。不同安全利用技术模式的具体措施如下:水分处理在水稻灌浆期－蜡熟期保持田面 3～5 cm 水位,蜡熟期后排干;土壤钝化剂(钙镁磷肥、硅钙镁钾肥)在水稻插秧前 10 天,人工均匀散施在土表,耕翻耙匀,灌水;叶面阻控剂采用含硅水溶肥,在水稻分蘖盛期、抽穗期、齐穗期喷施,每次每 667 m$^2$ 喷阻 Cd 剂 500 mL,加 3 倍水稀释,选择晴天或多云天气喷施,阻 Cd 剂的 Si≥120 g·L$^{-1}$、水不溶物 ≤10g·L$^{-1}$。水稻成熟收割前 1～2 天进行土壤和水稻样品采集。土壤和水稻样品采用多点混合样方法采集,样品采集完成后,进行水稻测产。

　　试验结果表明受污染耕地不同安全利用模式的水稻产量存在明显差异(见表 4-18),产量最高的是模式 3,水稻产量达 7671 kg·hm$^{-2}$,这是由于硅钙镁钾肥对水稻的增产作用;最低的是模式 1,水稻产量为 6417 kg·hm$^{-2}$。施用以水溶性硅为主要成分的叶面阻 Cd 剂也具有增产作用,这是由于水稻往往缺硅,施硅可以平衡中量营养元素,提高产量。

表 4-18　受污染耕地安全利用技术模式对水稻生长状况的影响

| 模 式 | 株 高 /cm | 穗 长 /cm | 穗总粒 /粒数 | 穗实粒 /粒数 | 结实率 /% | 千粒重 /克 | 产 量 /kg·hm$^{-2}$ | 全生育期 /天 |
|---|---|---|---|---|---|---|---|---|
| 1 | 113 | 27.1 | 307 | 251.5 | 81.92 | 28.8 | 6417 | 145 |
| 2 | 115 | 27.8 | 343 | 283.3 | 82.59 | 28.8 | 7347 | 145 |
| 3 | 115 | 27.7 | 364 | 296.6 | 81.48 | 28.8 | 7671 | 145 |
| 4 | 115 | 26.8 | 362 | 295.4 | 81.60 | 28.8 | 7590 | 145 |
| 5 | 116 | 27.9 | 351 | 289.3 | 82.42 | 28.8 | 7399 | 145 |
| 6 | 117 | 27.8 | 347 | 287.4 | 82.82 | 28.8 | 7392 | 145 |

　　不同安全利用模式水稻籽粒中 Cd 的含量测定结果如图 4-31 所示,可见以模式 2 和 3 降低糙米 Cd 含量较为明显,叶面阻控剂对水稻也具有一定的阻 Cd 作用。不同安全利用模式的水稻根系 Cd 含量,则以模式 4 中根系的 Cd 含量最高,而施用钝化剂的模式(2、3 和 5)中根系的 Cd 含量较低,表明钝化剂具有固定重金属的功能,降低了根系对 Cd 的吸收,从而降低 Cd 从根系向籽粒的转移。土壤中有效态 Cd 含量(DTPA-Cd)测定结果如图 4-32 所示。土壤中 DTPA-Cd 以模式 2、3 和 5 较低。综合水稻产量、籽粒 Cd 含量和土壤有效态 Cd 含量,对 Cd 轻度污染土壤的安全利用以 Cd 低积累水稻品种＋土壤钝化剂的综合效果较佳。

　　为了探索不同安全利用模式钝化重金属的机制,测定了不同安全利用模式对土壤 pH

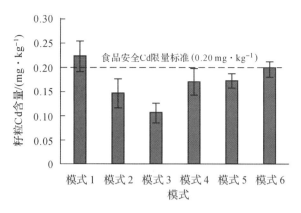

图 4-31　受污染耕地安全利用技术模式对糙米 Cd 含量的影响

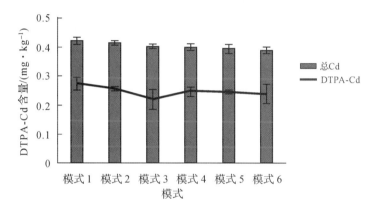

图 4-32　受污染耕地安全利用技术模式对土壤 DTPA-Cd 含量的影响

和交换性离子含量的影响,结果表明采用土壤钝化剂的模式,土壤 pH 均呈升高趋势,其中模式 2 和 3 对 pH 的提高和交换性 $H^+$ 的降低较为显著,土壤 pH 分别提高了 0.80 和 0.35 个单位,交换性 $H^+$ 分别降低了 0.23 cmol·$kg^{-1}$ 和 0.18 cmol·$kg^{-1}$;交换性 $Al^{3+}$ 均呈降低趋势,模式 3 和 6 对交换性 $Al^{3+}$ 的降低较为显著,分别降低了 0.425 cmol·$kg^{-1}$ 和 0.55 cmol·$kg^{-1}$;与模式 1 比较,采用土壤调理剂和叶面阻控剂的模式,交换性 $K^+$、$Ca^{2+}$、$Mg^{2+}$ 均呈升高趋势,其中模式 3、4 和 6 对交换性 $K^+$ 的提高幅度较大,分别增加了 0.22 cmol·$kg^{-1}$、0.49 cmol·$kg^{-1}$ 和 0.37 cmol·$kg^{-1}$;模式 2 对交换性 $Ca^{2+}$ 的提高幅度最大,增加了 2.00 cmol·$kg^{-1}$;模式 5 对交换性 $Mg^{2+}$ 的提高幅度最大,增加了 0.22 coml·$kg^{-1}$。

# 4.8　严格管控区水稻秸秆处理技术

## 4.8.1　Cd 富集水稻秸秆二次污染问题

水稻是属于重金属 Cd 富集作物,尤其是水稻秸秆的富集作用尤为明显。据测定水稻秸秆中 Cd 的含量可达 10 mg·$kg^{-1}$ 以上,部分 Cd 重度污染稻田的秸秆含 Cd 可达 20～30 mg·

$kg^{-1}$,表现出明显的 Cd 富集特性。以某重金属重度污染耕地为例,种植的水稻各器官中的 Cd 含量如图 4-33 所示。

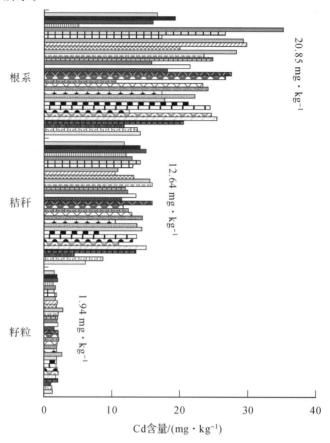

图 4-33　重金属重度污染土壤种植的水稻籽粒、秸秆和根系的 Cd 含量

　　秸秆还田是提升耕地地力、促进水稻增产的重要农艺措施,但将重金属污染稻田中产出的秸秆直接还田会将秸秆中的重金属返回农田或转移至其他农田。因此,将水稻秸秆移除是重度污染区土壤修复的推荐技术。如果没有采用有效措施处理移除的高 Cd 含量水稻秸秆,将产生消纳秸秆农田的二次污染。目前,移除的水稻秸秆后续处理是实施土壤污染生物修复的主要问题。因此,需要研发重金属污染水稻秸秆中重金属的处理技术。

## 4.8.2　Cd 富集水稻秸秆资源化处置技术

　　利用水稻秸秆制备生物炭是控制富 Cd 水稻秸秆二次污染的新技术。通过秸秆炭化固定重金属技术,减轻严格管控区水稻秸秆回田中重金属的二次污染。生物质炭化技术是在较少或有限的氧气条件下将秸秆热分解形成高碳材料。在水稻秸秆制备生物质炭过程中,重金属含量随着有机成分的热解而提高,重金属转变为难以溶解的形态而得到固定。生物炭已在环境治理、土壤改良以及污染修复等方面得到广泛应用。以严格管控区水稻秸秆为材料,应用不同热解温度制备生物炭,研究了不同生物炭制备工艺对 Cd 固化的影响以及生物炭中重金属的生物有效性,以通过生物炭固化技术防止重金属二次污染。

生物炭制备过程中水稻秸秆热解温度分别为 300℃、350℃、400℃、450℃、500℃ 和 550℃。同时,采用钙和铁改性处理,制备钙基和铁基生物炭。按照公式计算水稻秸秆生物炭产率:

$$生物炭的产率(\%) = 生物炭的重量/水稻秸秆重量 \times 100\%$$

水稻秸秆制备生物炭的产率随着热解温度的升高,由 48% 下降至 33%,这是由于秸秆中某些有机成分的分解,损失的部分主要是以 $CO$、$CO_2$ 和 $H_2O$ 的形式散失。热解温度越高,有机物损失越大。制备的生物炭中 C 元素的含量为 37%~50%。水稻秸秆和生物炭中的总 Cd 含量测定表明(见图 4-34),水稻秸秆的平均 Cd 含量是 14.60 mg·$kg^{-1}$,而 300℃、350℃、400℃、450℃、500℃ 和 550℃ 制成的生物炭中的 Cd 含量分别为 23.52 mg·$kg^{-1}$、28.64 mg·$kg^{-1}$、29.69 mg·$kg^{-1}$、29.74 mg·$kg^{-1}$、34.43 mg·$kg^{-1}$ 和 39.92 mg·$kg^{-1}$。显然,水稻秸秆高温热解转化后 Cd 在生物炭中富集,并且随着热解温度的升高,Cd 元素在生物炭中的富集增高。生物炭中 Cd 富集是由于热解过程中有机成分损失而重金属残留在生物炭中,导致炭化过程中 Cd 富集。通过铁和钙改性,可明显降低生物炭中的 Cd 含量。通过计算生物炭中 Cd 的保留率(RR),可以了解 Cd 在生物炭中的残留情况。保留率计算为生物炭中的 Cd 含量除以水稻秸秆中的 Cd 含量。随着生物炭制备温度的增加,Cd 的 RR 从 1.61 增加到 2.73。生物炭改性处理可降低生物炭的 Cd 含量。

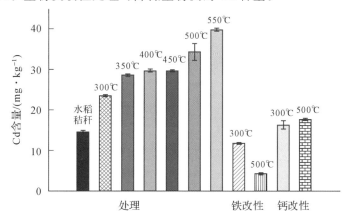

图 4-34　水稻秸秆和生物炭中总 Cd 含量

利用 DTPA 提取剂评价了水稻秸秆固化处理的 Cd 生物有效性。水稻秸秆和生物炭中 DTPA-Cd 含量如图 4-35 所示。结果表明,水稻秸秆中 DTPA-Cd 含量为 10.93 mg·$kg^{-1}$,表明秸秆中的 Cd 元素具有较高的生物有效性。300℃、350℃、400℃、450℃、500℃ 和 550℃ 制备的生物炭中 DTPA-Cd 含量分别为 6.42 mg·$kg^{-1}$、5.72 mg·$kg^{-1}$、7.54 mg·$kg^{-1}$、5.69 mg·$kg^{-1}$、3.87 mg·$kg^{-1}$ 和 3.23 mg·$kg^{-1}$。DTPA 提取率分别为 27%、20%、25%、19%、11% 和 8%。随着热解温度的升高,与秸秆相比,生物炭中 DTPA-Cd 含量明显降低。特别是在高于 500℃ 条件下制备的生物炭中的 DTPA-Cd 含量显著降低,可能与高温下制备的生物炭中 Cd 形成更稳定的 Cd 化合物有关。300℃ 和 500℃ 铁改性与钙改性的生物炭中 DTPA-Cd 含量分别为 4.61 mg·$kg^{-1}$、0.76 mg·$kg^{-1}$、5.62 mg·$kg^{-1}$ 和 2.46 mg·$kg^{-1}$。生物炭改性可显著降低 DTPA-Cd 含量,降低 Cd 的生物有效性。

因此,水稻秸秆炭化处理后尽管其 Cd 含量增加,但其生物有效态含量显著降低。由于

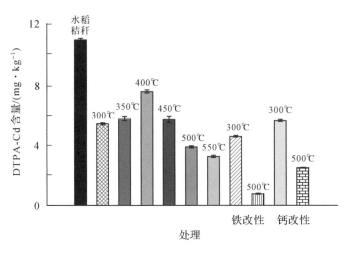

图 4-35　水稻秸秆和生物炭中 DTPA-Cd 含量

重金属的污染主要取决于生物有效性部分,与水稻秸秆相比,炭化处理明显降低了生物有效态 Cd 含量,因此将富 Cd 秸秆通过热解转变为生物炭是降低 Cd 毒性的有效方法。用氧化铁和碳酸盐改性也可以显著地降低生物有效态 Cd 含量。总之,水稻秸秆经热解固化可以降低秸秆中 Cd 的二次污染风险,氧化铁和碳酸盐改性生物炭可进一步降低重金属的环境风险。水稻秸秆资源化后的生物炭施入土壤,不仅可以增加土壤养分,提升土壤碳库贮备,还能够调节土壤酸碱度,改善土壤理化性状以及控制有害物质迁移,进而降低化肥农药施用量,减少温室气体的排放,实现生态绿色农业的目标。

# 第5章 重金属污染耕地安全利用的温州实践

为全面落实《土壤污染防治行动计划》和《浙江省土壤污染防治工作方案》的要求,在农用地土壤污染状况详查和耕地土壤环境质量类别划分的基础上,结合温州市耕地土壤重金属污染现状,按照国家相关文件和标准规范,制定全市重点县(市、区)受污染耕地安全利用实施方案。综合采取低积累水稻品种,结合土壤酸化治理、重金属钝化、农艺调控、叶面阻控等技术措施,全面开展受污染耕地安全利用技术示范应用,形成适宜温州地区不同污染程度的受污染耕地安全利用模式。通过安全利用类耕地土壤—农产品重金属含量联合监测,建立稻米重金属含量预测模型,利用建立的模型提出农产品超标高风险区(包括可能超标区域),为开展受污染耕地安全利用划定重点区域。

## 5.1 受污染耕地安全利用实施方案的编制

耕地是我国经济社会可持续发展的物质基础,关联着人民群众身体健康,关系到美丽中国建设,保护好土壤环境是推进生态文明建设和维护国家生态安全的重要内容。国务院《土壤污染防治行动计划》、浙江省人民政府《浙江省土壤污染防治工作方案》、农业农村部办公厅生态环境部办公厅《关于进一步做好受污染耕地安全利用工作》、浙江省农业农村厅《浙江省受污染耕地安全利用推进年行动方案》等文件明确提出,对农用地实施分类管控,分类制定土壤污染治理规划,明确污染土壤治理技术措施,以达到污染耕地安全利用的目的。为深入贯彻习近平生态文明思想,落实中央打赢土壤污染防治攻坚战的总体部署,确保按期完成国家下达的阶段性土壤污染防治任务,最大限度地利用有限的耕地资源,从源头保障主要农产品质量安全,依法推动土壤污染防治工作,有效管控农用地土壤环境风险,让老百姓吃得放心,受污染耕地安全利用重点县(市、区)需结合本地实际,制定实施方案。

### 5.1.1 编制目的及依据

编制《受污染耕地安全利用实施方案》是为了全面贯彻落实国务院《土壤污染防治行动计划》《浙江省人民政府《浙江省土壤污染防治工作方案》和《浙江省受污染耕地安全利用推进年行动方案》的要求,在全国农用地土壤污染状况详查结果和耕地土壤环境质量类别划分的基础上,按照国家提出的优先保护类、安全利用类和严格管控类的分类标准,结合当地耕地土壤污染实际情况,参照《轻中度污染耕地安全利用与治理修复推荐技术名录(2019年版)》(农办科〔2019〕14号)、《浙江省受污染耕地安全利用和管制方案(试行)》(浙农专发

〔2018〕96 号)等文件精神和标准规范,综合采取低积累品种替代、土壤酸化治理、土壤重金属钝化、农艺调控、叶面阻控等技术措施,按乡镇、按污染类别定量、分类、分区制订详细的污染耕地安全利用技术措施及相关计划,为全面实施受污染耕地安全利用提供技术指导,为实现受污染耕地安全利用率达标提供技术保障。

编制实施方案的依据主要包括国家相关的法规规章、政策文件、标准规范,如:《中华人民共和国土壤污染防治法》;《国务院关于印发土壤污染防治行动计划的通知》(国发〔2016〕31 号);《浙江省土壤污染防治工作方案》(浙政发〔2016〕47 号);《土壤环境质量　农用地土壤污染风险管控标准》(GB 15618—2018);《食品安全国家标准 食品中污染物限量》(GB 2762—2017);等等。

### 5.1.2　编制原则与目标

以习近平新时代中国特色社会主义思想和党的十九大精神为指导,全面贯彻习近平生态文明思想;以改善土壤环境质量为核心,保障农产品质量和人居环境安全为出发点,按照"分类施策、农用优先,预防为主、治用结合"的原则;以保障农产品质量安全为核心目标,建立优先保护类、安全利用类、严格管控类耕地土壤分类管理制度;以受污染耕地为重点区域,突出风险管控、强化监测评价、狠抓任务落实,建立受污染耕地可持续安全利用长效机制,严控新增污染、逐步减少存量,切实解决关系人民群众切身利益的突出土壤环境问题,促进耕地资源永续利用,为农业高质量、绿色、可持续发展提供基础保障。编制遵循以下原则。

1. 针对性原则:提出的安全利用实施方案主要基于当地耕地的生产特性及污染现状,充分考虑当地的农业生产特点。

2. 安全性原则:在污染耕地安全利用技术选择上重点以其对农产品安全性的效果为主要依据,同时兼顾避免对环境的二次污染。

3. 实用性原则:污染耕地安全利用方案的确定,应选定操作方便、治理时间最短的措施或技术。

4. 经济性原则:在满足技术、环境要求的前提下,应选定经济成本最少的安全利用措施或技术,而不单纯追求技术的先进性。

5. 可操作性原则:实施方案在目前的政策、政府管理体制、经济机制、技术水平等方面是可以操作运行的;以乡镇或街道为基础,选择轻中度污染和农产品超标的典型区域,因地制宜开展受污染耕地安全利用工作,确保农产品重金属不超标。

### 5.1.3　实施范围与目标

实施方案涉及的安全利用对象为行政区内受重金属不同程度污染的耕地,包括轻度(含轻微)、中度和重度污染的单一元素污染耕地和复合污染耕地。

治理目标:通过加强风险管控和土壤安全利用项目的实施,耕地土壤污染加重趋势得到初步遏制,耕地土壤环境安全得到基本保障,部分突出的农田土壤环境污染问题得到基本解决,受污染耕地土壤环境风险得到有效控制,土壤环境质量总体保持稳定。到 2020 年受污染耕地安全利用率达到 92% 以上;到 2030 年,受污染耕地安全利用率达到 95% 以上。

### 5.1.4　区域概况

#### 5.1.4.1　区域自然与社会经济概况

包括地理位置,行政区划,人口;自然环境;土壤类型;土地利用类型;社会经济情况;等等。

#### 5.1.4.2　污染源分析

行政区域范围内耕地土壤重金属污染情况;耕地土壤重金属污染调查数据;农产品质量监测数据;耕地质量长期定位监测点;历年农田土壤及农产品污染监测情况;主要污染物和分布区域成因分析;等等。

#### 5.1.4.3　受污染耕地安全利用情况

受污染耕地安全利用组织工作;受污染耕地安全利用的技术;受污染耕地安全利用技术和模式试点情况;等等。

#### 5.1.4.4　土壤环境质量类别划分

根据国家农用地污染状况详查数据和类别划分初步成果,将耕地划分为优先保护、安全利用和严格管控三个类别。三类耕地的面积、比例;安全利用类耕地分乡镇(街道)分布面积、比例;安全利用类耕地在水稻等主要粮食作物种植面积;耕地土壤环境质量类别划分技术报告;安全利用类耕地分布图、污染类型与程度分布图、土地利用类型分布图;等等。

### 5.1.5　受污染耕地安全利用总体技术方案

根据国家耕地土壤环境质量类别划分的类型、分布面积与分布,对优先保护类耕地,将符合条件的划为永久基本农田,实行严格保护,确保其面积不减少、土壤环境质量不下降,高标准农田建设项目优先向此类耕地集中区域倾斜。对安全利用类耕地,根据土壤污染状况和农产品超标情况,结合主要作物品种和种植习惯等情况,采取重金属低积累品种、农艺调控、土壤调理等措施,降低农产品超标风险,着力推进受污染耕地安全利用。对严格管控类耕地,加强耕地的用途管控,依法划定特定农产品禁止生产区域,严禁种植特定可食用农产品。按照国家有关文件要求,对符合条件的重度污染耕地开展种植结构调整或退耕还林还草。

以国家耕地土壤环境质量类别划定的安全利用类耕地为重点区域,按照"分类施策、农用优先,预防为主、治用结合"的原则,开展适用的受污染耕地安全技术示范推广,突出风险管控,强化监测评价。一是综合考虑受污染耕地的污染类型、污染程度、污染成因以及各项技术措施的治理效果、修复成本和环境影响等因素,科学合理选择安全利用或治理与修复技术模式。在查明受污染耕地污染源和污染途径的基础上,采取有效措施,首先管控污染源头、切断污染途径,控制污染增量,避免边污染、边治理。二是安全利用和治理与修复方案及技术要综合考虑成本因素,不能脱离当前经济和社会发展的实际。对轻中度污染的耕地,优先采取易操作、成本低、效果好的农艺措施;对中重度污染耕地,采取原位钝化、土壤调理修复等措施。三是安全利用和治理与修复技术应具有环境友好性,防止对实施人员、周边人群健康产生危害,避免对实施区域及周边环境产生二次污染。四是优先选择不影响农业生产、不降低土壤生产功能的治理与修复技术模式,保障耕地土壤资源的可持续利用,实现边生产、边治理。受污染耕地安全利用流程图如图 5-1 所示。

## 5.1.6　安全利用类耕地(水稻)

对划定为安全利用类的耕地,通过污染原因分析,结合当地主要作物品种和种植习惯,根据污染程度和土壤性状,依据《轻中度污染耕地安全利用与治理修复推荐技术名录(2019年版)》(农办科〔2019〕14 号)、《浙江省受污染耕地安全利用和管制方案(试行)》(浙农专发〔2018〕96 号))等文件精神和标准规范,结合各地近年来试点示范经验,综合采取低积累品种、土壤调理、水肥调控、叶面阻控等技术措施,集成推广受污染耕地安全利用技术方案和实施模式。

### 5.1.6.1　安全利用类耕地水稻安全生产基本原则

水稻安全生产的基本原则如下。

1. 控源:水稻安全生产实施区周边应有效控制或消除土壤污染源,切断各类污染物进入土壤的途径,切实防止"边治理边污染";使用的化肥、有机肥、土壤调理剂等投入品须符合国家质量标准,严禁重金属超标农业投入品进入水稻安全生产区。

2. 实施中要综合考虑土壤理化性状、耕作方式、栽培模式等因素,选用具有针对性的技术措施和施用方案。

3. 受污染稻田产生的秸秆不宜直接还田,应结合秸秆能源化、原料化等综合利用技术,实现秸秆移除和无害化处置。

4. 实施期间应适时开展实施效果评估,并根据评估结果及时优化调整相关技术措施。

### 5.1.6.2　安全利用类耕地水稻安全生产技术措施

按照"摸清家底、因地制宜、分区治理、科学施策"的总体思路和"边生产、边治理、边修复"的技术路径,构建以"轻度污染农艺调控—中度污染钝化降活"为核心的安全利用类耕地水稻安全生产综合技术与模式。

轻度污染耕地农艺综合调控技术:在选用低积累品种的基础上,通过科学施肥、淹水灌溉、叶面阻控、秸秆离田、适度调整作物布局与复种方式等措施,来有效降低农产品中重金属的含量,实现轻度污染耕地的农业安全利用。

中度污染耕地原位钝化技术:在全面推广应用轻度污染耕地农艺综合调控技术的基础上,针对中度污染耕地,因地制宜,增施土壤钝化剂,降低土壤中重金属的活性,减少农作物对重金属的吸收和在农产品中的积累,实现中度污染耕地的安全利用。

### 5.1.6.3　安全利用类耕地水稻安全生产推荐技术

Cd 低积累水稻品种:通过农业"两区"试点低积累水稻品种筛选试验成果,综合考虑种

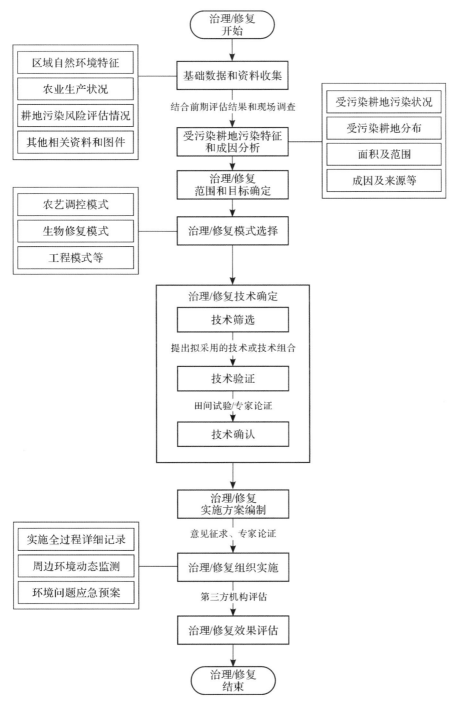

图 5-1　受污染耕地安全利用流程

植习惯、品种特性等,推荐 Cd 低积累水稻品种。早稻有中嘉早 17、中嘉早 39、甬籼等;晚稻有甬优 1540、甬优 538、甬优 15、中浙优 8 号等。低积累品种不仅限于上面所列,今后还将增补或调整适合推广种植的品种。低积累水稻品种选用需与高产栽培技术措施相结合,以保障水稻产量和品质。

　　土壤钝化剂:建议推荐的种类包括石灰、硅钙镁钾肥、钙镁磷肥等。土壤调理剂的施用量根据土壤 Cd 含量、土壤 pH 和质地等情况确定,具体推荐用量如表 5-1 所示。土壤钝化剂产品应在当季土壤翻耕后,水稻直播或插秧前 7～10 天进行机械化或人工撒施,再引入田面水进行田面平整,使钝化剂与耕层土壤充分混匀,保持养护时间不少于 3 天。之后的农事操作与当地常规种植模式保持一致。

表 5-1　土壤钝化剂施用量推荐表　　　　　　　　单位:kg·hm$^{-2}$

| 土壤钝化剂 | 土壤镉含量 | 土壤 pH | 砂壤土 | 壤 土 | 黏 土 |
|---|---|---|---|---|---|
| 石 灰 | <0.6 | <5.5 | 1500 | 1800 | 2250 |
| | | 5.5～6.5 | 1125 | 1500 | 1800 |
| | 0.6～0.9 | <5.5 | 1800 | 2250 | 3000 |
| | | 5.5～6.5 | 1500 | 1800 | 2250 |
| 硅钙镁钾 | <0.6 | <5.5 | 1125 | 1500 | 1500 |
| | | 5.5～6.5 | 1125 | 1500 | 1500 |
| | 0.6～0.9 | <5.5 | 1500 | 1500 | 2250 |
| | | 5.5～6.5 | 1500 | 1800 | 2250 |
| 钙镁磷肥 | <0.6 | <5.5 | 1800 | 2250 | 2250 |
| | | 5.5～6.5 | 2250 | 2250 | 2250 |
| | 0.6～0.9 | <5.5 | 2250 | 3000 | 3750 |
| | | 5.5～6.5 | 2250 | 3750 | 3750 |

　　叶面阻控:喷施叶面阻控剂一般集中在水稻分蘖末期至灌浆期,可根据实际情况,选择无人机或人工喷施硅、锌、硒等叶面阻控剂 2 次,每次施用间隔 7～10 天。叶面阻控剂喷施时,注意参照叶面阻控剂产品介绍确定具体施用量,并选在晴朗无风且温度不高的下午喷施,促进喷施的叶面阻控剂能够在叶面充分停留和被农作物吸收。为保证喷施叶面阻控剂的均匀度,建议采用植保无人机专业化作业。

　　水分调控:在水源充足、灌排方便的 Cd 轻度污染水稻种植区,在水稻灌浆期—腊熟期保持田面水位 3～5 cm,进入腊熟期后排干作业。在水源充足、灌排方便的 Cd 中度污染水稻种植区,在水稻灌浆期—腊熟期保持田面水位 3～5 cm,直至完熟期后再排干作业。在水源不足、灌排不便的 Cd 中轻度污染水稻种植区,应确保水稻孕穗期至灌浆期淹水,保持田面水位 3～5 cm。

　　秸秆处置:受污染稻田产生的秸秆不建议原地还田,建议异地处置,应结合秸秆资源化、能源化等综合利用技术,实现秸秆移除和异地无害化安全处置,坚持资源化利用原则。

　　综合技术模式:根据土壤 Cd 污染状况及其农产品超标风险,选择合适的调控技术组合,推荐技术具体如表 5-2 所示。

表 5-2　受污染耕地水稻安全生产综合技术推荐表

| 土壤污染状况 | 土壤 Cd 含量 （mg·kg$^{-1}$） | 农产品超标风险 | 选用调控技术 |
|---|---|---|---|
| 轻微污染 | 0.4～0.6 | 低 | Cd 低积累水稻品种 |
| | | 中 | Cd 低积累水稻品种＋土壤钝化剂 |
| | | 高 | Cd 低积累水稻品种＋土壤钝化剂＋水分调控 |
| 轻度污染 | 0.6～0.9 | 低 | Cd 低积累水稻品种＋土壤钝化剂 |
| | | 中 | Cd 低积累水稻品种＋土壤钝化剂＋水分调控 |
| | | 高 | Cd 低积累水稻品种＋土壤钝化剂＋水分调控＋叶面阻控 |
| 中度污染 | 0.9～1.5 | — | Cd 低积累水稻品种＋土壤钝化剂＋水分调控＋叶面阻控＋秸秆处置 |

#### 5.1.6.4　工作流程

受污染耕地水稻安全生产工作流程如下。

1. 根据安全利用类耕地水稻种植区分布,开展种植意向调查,划定区块。

2. 确定水稻安全生产技术方案。根据耕地土壤重金属含量、土壤类型和种植习惯、水稻专业合作社和种植大户情况确定。

3. 采购修复物资,采用公开招投标方式采购土壤污染修复物资。建议水稻连片种植区,采用专业服务队实施修复材料的使用。也可以连体采购土壤修复改良物资和专业服务队,专业服务队由物资方负责组建和承担。建议采用专业化服务组织统一时间、统一技术进行撒施,提高效果。

4. 由专业服务队按规程施用修复物资,种植户按规程负责耕作、播种、施肥等水稻种植管理。

5. 评估单位在农作物收获前开展取样分析,经检测合格的农产品由种植户正常上市销售;总结受污染耕地水稻安全生产和治理修复经验,为来年及时修改调整实施方案提供参考。

### 5.1.7　安全利用类耕地(旱作)

随着城市化进程的不断加快,土地利用结构发生了重大变化。安全利用类耕地中水稻种植面积减少,旱作(蔬菜为主)或水旱轮作(蔬菜－水稻轮作)种植面积明显扩大。目前,受污染耕地蔬菜安全生产尚缺乏系统试验和成熟技术,需要针对实际开展部分进行先期监测与试验。

安全利用类耕地旱作种植区安全利用基本原则如下。①农业污染源头控制。受污染耕地安全利用和治理与修复所使用的化肥、有机肥、土壤调理剂和其他农业投入品的重金属(Cd、Hg、Pb、Cr、As)含量,不能超过《土壤环境质量标准》(GB 15618)规定的筛选值。灌溉水符合灌溉水质国家标准。②蔬菜作物对重金属的积累能力因种类、品种、部位而异,受基因型、土壤理化性质和外界环境条件的制约,因此调整种植布局、选用重金属低积累品种、施用土壤改良剂或钝化剂等技术措施是轻中度重金属污染蔬菜地安全利用的重要技术。

### 5.1.7.1 推荐技术

重金属低积累蔬菜种类和品种:选择重金属低积累的蔬菜种类和品种是受污染耕地蔬菜安全生产的主要措施。不同的蔬菜种类和品种对重金属的富集能力存在明显差异。在缺乏明确的重金属低积累蔬菜种类和品种名录情况下,在安全利用类耕地上采集当地种植的代表性蔬菜种类和品种,通过检测安全利用类耕地上生产蔬菜的重金属含量来决定当地安全种植的蔬菜种类。对蔬菜重金属含量明显低于国家食品安全标准的蔬菜,将之作为安全利用类耕地的推荐蔬菜种类。对蔬菜重金属含量虽然没有超过国家食品安全标准,但重金属含量比较高的蔬菜品种,建议退出中度污染耕地种植。根据经验,蔬菜对大多数重金属元素的富集能力,一般表现为:叶类蔬菜>根茎类>瓜果类。可以针对不同类型重金属污染蔬菜地选取富集程度低的蔬菜种类进行种植。在中度重金属污染地区,尽量少种容易富集重金属的叶菜类蔬菜,改种富集力弱的果菜和低积累的根菜等。蔬菜品种处于不断更新中,而且各品种具有地区特异性。因此,对低积累蔬菜种类和品种筛选需因地制宜,与时俱进,并根据各地需求建立低积累蔬菜种类名录。除蔬菜种类外,同种蔬菜不同品种和不同基因型对同种重金属的积累也有一定差异,种植通过试验筛选出的重金属含量符合《国家食品安全标准》(GB 2762—2017)的低积累品种蔬菜,可以有效控制轻中度污染蔬菜地的安全生产。蔬菜重金属含量监测结果存在高风险的区域,列之为重金属污染蔬菜安全治理区,采取治理措施,实施受污染耕地蔬菜安全治理工程。

重金属低积累玉米品种:在轻度重金属污染耕地,种植玉米、油菜等作物基本是安全的。综合考虑玉米产量和污染物积累情况,初步认为银糯 1 号、彩糯 10 号、科甜 981、苏科糯 3 号等品种属于重金属低积累玉米品种。浙油 51、赣油杂 6 号和纯油王 1 号等品种为油菜推荐品种。

受污染耕地蔬菜安全生产土壤钝化剂:推荐重金属污染耕地蔬菜安全生产的土壤钝化剂为石灰、钙镁磷肥、硅钙镁钾肥、生物炭和矿物类调理剂等。考虑到蔬菜生产化肥用量大、土壤酸化和中微量元素缺乏等受污染耕地的伴生问题,加之蔬菜经济效应相对较高,可以采用部分价格相对较高的产品如生物炭等。

**表 5-3 中轻度 Cd 污染耕地蔬菜安全生产土壤钝化剂推荐用量**

| 土壤钝化剂 | 轻 微<br>(0.3~0.6 mg·kg$^{-1}$) | 轻 度<br>(0.6~0.9 mg·kg$^{-1}$) | 中 度<br>(0.9~1.5 mg·kg$^{-1}$) |
|---|---|---|---|
| 石 灰 | 1125~1500 | 1800~2250 | >2250 |
| 硅钙镁钾肥 | 1125 | 1125~1500 | >1800 |
| 钙镁磷肥 | 1500 | 1800 | >250 |
| 生物炭 | 11250 | 15000 | 22500 |
| 矿物类调理剂 | 3000 | 3750 | 7500 |

蔬菜安全生产农艺修复技术:推荐深松作业为受污染耕地蔬菜安全生产的农艺修复技术。通过对蔬菜地土壤重金属污染耕地进行深翻,均匀混合土壤,将聚集在耕作层土壤中的重金属分散到更深的土壤层中,降低耕作层土壤中重金属浓度,减少蔬菜对重金属的富集。该技术适用于土壤重金属背景值较低或者土壤底层重金属浓度较低的污染蔬菜地。深松作业可以与钝化剂联合使用,在钝化剂施入土壤后进行深松作业,使钝化剂与土壤充分接触。

### 5.1.7.2　工作流程

安全利用类耕地旱作安全利用工作流程如图 5-2 所示。

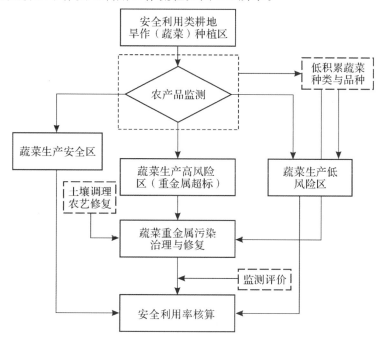

图 5-2　安全利用类耕地旱作(蔬菜)安全利用工作流程示意

1. 组织实地踏勘调查。根据安全利用类耕地旱作分布,明确受污染耕地旱作(蔬菜)种植的面积以及分布情况,建立需采取安全利用和治理与修复措施的受污染耕地清单。

2. 由第三方专业机构进行旱地作物农产品加密采样监测。根据农产品重金属监测结果,筛选适宜当地种植的蔬菜种类和品种,划出农产品污染低风险区和高风险区。低风险区纳入安全利用耕地,在保证控制污染物投入情况下,作为安全利用耕地。高风险区作为重点区域,从污染物种类、污染程度、主栽农作物种类、种植制度、土壤理化性质及其因素,确定受污染耕地的污染源、污染特征及类型,突出风险管控、源头防控,进一步细化受污染耕地分布范围。

3. 划出农产品超标高风险区,实施安全利用技术。根据耕地土壤污染状况和农产品中重金属含量超标情况,结合主要作物品种和种植习惯,综合考虑农户接受度、技术成本、修复时间等,统筹确定适宜的受污染耕地安全利用和治理与修复技术模式。

4. 治理修复物资采购,组建并选定专业服务队;也可以连体采购土壤修复改良物资和专业服务队,专业服务队由物资方负责组建和承担。

5. 由专业服务队按规程施用修复物资,种植户按规程负责旱作(蔬菜)地耕作、施肥等管理。

6. 强化监测评价和效果评估,精准确定重金属污染高风险区,切实有效保障农产品质量安全。评估单位在农作物收获前开展取样分析,经检测合格的农产品由种植户正常上市销售。

7. 及时总结污染区蔬菜安全利用和治理修复经验,提出适宜当地种植的重金属低积累蔬菜品种,分区分类型推荐蔬菜种植类型和品种,建立受污染耕地安全技术体系。

## 5.1.8　严格管控类耕地管制措施

《土壤污染防治行动计划》要求加强对严格管控类耕地的用途管理,依法划定特定农产品禁止生产区域,严禁种植食用农产品。应结合实际情况,主要采取种植结构调整或退耕还林还草、轮作休耕等治理修复措施。

### 5.1.8.1　严格管控类耕地管控原则

1. 依法划定特定农产品禁止生产区,对污染特别严重且难以修复的,依规退耕还林或调整用地功能。

2. 调整种植结构,对不宜种植食用农产品的重度污染耕地,为确保其农用地性质,用非食用农作物进行替代种植,通过切断食物链以减少重金属对人畜的危害。

3. 开展严格管控类耕地利用现状调查,详细掌握严格管控类耕地当前利用情况,特别是食用农产品种植情况,记录田块和农户信息,并建立清册。

4. 根据耕地土壤污染分布、农产品质量及当前农业利用情况,由政府按照有关规定划定为特定农产品生产禁止区。

5. 集中流转严格管控类耕地,并向土地承包权所有者发放补偿资金,其金额参照当地镇、街道农用地流转标准;在禁产区内种植的多年生果树,由当地镇、街道按合适的价格补偿农户,将其移除。

6. 开展土壤和农产品协同监测与评价,根据农产品和土壤监测结果,经论证,按程序进行动态调整耕地类别。并因地制宜制定安全利用或治理方案,实施治理修复。

7. 以政府名义下达受污染耕地严格管控任务,依法划定特定农产品禁止生产区域,严禁种植特定可食用农产品。积极与自然资源、生态环境等部门沟通衔接,按照国家有关文件要求,开展种植结构调整或退耕还林还草。

### 5.1.8.2　种植结构调整

在严格管控类耕地范围内,因地制宜调整种植结构,改种非粮食作物或不进入食物链的植物或低污染物吸收植物(例如,桑、麻、花卉苗木以及经过安全评估的特色水果、油料作物、饲用作物等农作物或高粱等植物),逐步将生产超标农产品的耕地退出食用农产品生产。

1. 农产品重金属含量超标的严格管控类耕地要强制进行种植结构调整。

2. 在禁止永久基本农田"非粮化"的前提下,允许农户或经营业主以种植花卉和多年生作物的方式进行种植结构调整和修复治理,但不得改变永久基本农田现状,不得挖塘养鱼等。

3.认真执行国家粮食收购政策,在纳入种植结构调整范围的严格管控类耕地区域内,将超标粮食退出政策性粮食收购范围,严禁超标粮食流入口粮市场。

种植结构调整应以市场需求为导向,充分尊重农民意愿,因地制宜,分类施策,宜耕则耕、宜林则林、宜草则草。根据严格管控类耕地安全利用目标任务,到 2020 年年底,全部完成严格管控类耕地种植结构调整或退耕还林还草目标任务。

#### 5.1.8.3　退耕还林还草

对于无法实施因地制宜调整种植结构的重度污染耕地,建议自然资源局将这些土地调整为林业用地或一般农用地,实施退耕还林还草或建设非种植农业设施用地,将其纳入国家新一轮退耕还林还草实施范围。

#### 5.1.8.4　试行轮作休耕修复

当地农业农村部门组织专业人员开展轮作休耕试验,逐渐实现污染耕地绿色修复,具体可通过改水稻为能源高粱、花生、油葵等,实现"轮作除污"的目的。

1.能源高粱,可分为生物质高粱、甜高粱、兼用型高粱 3 种,其特点是生物质产能高、重金属富集能力强,经过 10 年左右即可恢复到安全利用的程度。

2.花生、油葵等油料作物,也都是生物量高、Cd 吸收积累作用强的植物,可选择使用(但其压榨出来的油,因 Cd 含量超标不宜食用)。

3.种植 Cd 超积累植物,如东南景天、伴矿景天、龙葵和天蓝遏蓝菜等。

4.其他作物(植物),如苎麻、低积累玉米、景观苗木等,也都可用于 Cd 污染土壤的修复。

5.种植 Cd 超积累植物＋配套措施(施用活化剂增加土壤 Cd 的活性;增施肥料促进超积累植物生长);待土壤 Cd 含量降低到一定水平后可以采用钝化修复技术并结合农艺调控技术进行治理。

在条件许可的情况下,也可采用工程措施,包括客土法、去表土法等。客土法是在污染的土壤上加入未污染的新土来控制污染土壤对植物的危害;去表土法是将污染的表土移去来减少对植物的影响。这一方法需要有清洁土源的前提才能实施,且成本较高。

### 5.1.9　优先保护类耕地保护对策

根据国务院《土壤污染防治行动计划》要求,将符合条件的优先保护类耕地划为永久基本农田或纳入永久基本农田整备区。实行严格保护,确保其面积不减少、土壤环境质量不下降、用地性质不改变,除法律规定的重点建设项目选址确实无法避让外,其他任何建设项目不得占用;高标准农田建设项目向优先保护类耕地集中的地区倾斜。自然资源部门牵头负责将优先保护类耕地划为永久基本农田,纳入耕地红线管理,按照面积不减少、质量不下降要求实施最严格的保护。严格控制在优先保护类耕地集中区域新建有色金属冶炼、化工、电镀、制革等行业企业,加强对现有相关行业企业的监管。对工艺技术落后的企业要责令其限期整改、转产或搬迁。

健全永久基本农田动态监管机制,完善永久基本农田动态监管和年度更新系统,以自然资源遥感监测"一张图"和综合监管平台为基础,结合建设用地审批、土地督察、全天候遥感监测、年度土地变更调查与遥感监测等,对永久基本农田数量和质量实行动态监测,严肃查处违法违规占用永久基本农田行为。

### 5.1.10 受污染耕地安全利用效果评价

#### 5.1.10.1 采样监测

对实施了安全利用类或治理修复措施的轻中度重金属污染耕地开展农产品抽查。

对安全利用类耕地水稻种植示范区,以自然村为抽测单元,选取集中连片水稻种植区,在水稻成熟收割前1～2天进行水稻样品采集。抽测点布局方法按照《农、畜、水产品污染监测技术规范》(NY/T 398—2000)执行,布点密度为 10 hm²/点。

对安全利用类旱作(蔬菜)种植区,开展土壤-蔬菜协同采样。对旱作(蔬菜)种植代表性地块,采用多点采集混合样方法分别采集土壤样品,同时采集主要蔬菜种类样品。通过土壤-蔬菜协同采样与监测,筛选低积累蔬菜种类和品种。土壤样品采集与分析方法按照《农田土壤环境质量监测技术规程》(NY/T 395—2012)执行。

对安全利用类旱作(蔬菜)种植治理区,试验前采集基础土壤样品,实施安全利用措施后,协同采集土壤-蔬菜样品,验证蔬菜安全生产技术措施效果与农产品安全性。

#### 5.1.10.2 评价方法

受污染耕地安全利用率核算,按照农业农村部《受污染耕地安全利用率核算方法(试行)》(农办科〔2019〕13号)要求,开展受污染耕地安全利用率核算,评估受污染耕地安全利用率。评价依据以国家标准《土壤环境质量 农用地土壤污染风险管控标准(试行)》(GB 15618—2018)和国家食品安全标准为评价标准。

### 5.1.11 保障措施

#### 5.1.11.1 加强组织领导

建立政府主导、部门联动、公众参与、协同推进的工作机制,制定本地区受污染耕地安全利用工作和严格管控工作实施方案,明确工作目标、工作措施、部门分工、时间节点等要求,认真组织实施,确保取得实效。市农业农村局成立相应的领导小组,明确责任主体,层层抓落实,将受污染耕地安全利用和严格管控纳入土壤污染防治工作的考核内容。各乡镇、街道成立相应组织机构,形成上下良性互动的推进机制,共同推进受污染耕地安全利用。

#### 5.1.11.2 强化示范引领

依托省内外科研院校技术优势,开展产学研用协同攻关,采用简单有效易操作的受污染耕地安全利用技术模式,推动受污染耕地安全利用和严格管控工作,加大技术培训力度,举办各种形式的技术培训班,提高队伍技术水平和业务素质。

### 5.1.11.3　突出监督评估强化过程监管,严把质量控制

对于开展安全利用的区域,进行耕地和农产品污染情况综合评估。建立目标考核机制,开展阶段性绩效考核和终期评估,保证实施前有目标、实施中有监督、实施后有效果。加强规划实施动态监管。定期对受污染耕地安全利用和治理与修复技术措施落实情况进行监督检查,确保相关技术和物化产品应用规范。委托第三方机构对受污染耕地安全利用和治理与修复效果进行监测评估。

### 5.1.11.4　落实资金保障

加大受污染耕地安全利用投入力度,建立稳定的财政投入机制。积极争取财政设立受污染耕地安全利用专项经费,加大对土壤污染防治工作的支持力度,统筹现有政策和资金渠道,探索耕地安全利用和治理与修复投融资机制,通过政府购买服务、第三方治理、事后补贴等形式,吸引社会资本投资参与耕地污染治理修复,逐步建立健全社会化服务体系。

## 5.1.12　进度安排与重点项目

### 5.1.12.1　进度安排

启动受污染耕地安全利用工作。明确部门职责分工,政府农业农村部门负责安全利用的规划编制和年度实施方案;开展受污染农田农艺措施、替代种植、品种推荐、水肥综合管理等安全利用技术的试验、示范与推广;提出划定特定农产品禁止生产区域的建议,并加强各项分类管控措施的指导。

全面启动受污染耕地安全利用和严格管控工作,组织编制受污染耕地安全利用实施方案。根据耕地污染特征,因地制宜,制订受污染耕地安全利用和治理与修复工作计划,明确目标任务、工作重点和分阶段实施计划并组织实施。明确重点实施区域,梳理受污染耕地安全利用和治理与修复清单,优选适宜技术,采取有效措施示范推广。

开展水稻安全利用物资招标,落实水稻安全利用物资采购;落实单季稻安全利用措施,落实受污染耕地安全利用技术模式,构建受污染耕地安全利用、严格管控技术体系和政策支持体系。

全面开展受污染耕地蔬菜安全利用样品采集与监测,筛选蔬菜安全生产高风险区。筛选低积累重金属蔬菜初步目录。明确重点实施区域,梳理受污染耕地安全利用和治理与修复清单,优选适宜技术,采取有效措施示范推广。

开展受污染耕地蔬菜安全生产治理。在受污染耕地上全面推广安全利用和治理与修复技术、管控措施及监管机制,

开展效果评估工作,建立受污染耕地安全利用及严格管控推进机制。完成国家下达的轻度和中度污染耕地安全利用及重度污染耕地严格管控任务。实现受污染耕地安全利用和治理与修复技术措施全覆盖,全面完成省市下达的受污染耕地安全利用和治理与修复任务,实现受污染耕地安全利用率达标。

### 5.1.12.2　重点项目

受污染耕地安全利用重点项目主要有:安全利用类耕地重点乡镇(街道)水稻安全生产项目,严格管控类耕地管控项目,蔬菜安全利用推荐品种筛选与名录,蔬菜安全利用与污染修复项目,受污染耕地安全利用效果监测、核算与评估等,并编制重点项目内容、规模、期限与投资概算等重点项目表。重点项目根据项目性质、内容和要求由农业农村局负责,分别由街道、乡镇、第三方机构和种植大户和合作社具体实施。

### 5.1.12.3　附　图

受污染耕地安全利用实施方案主要附图包括:安全利用类耕地分布图,安全利用类耕地污染类型与等级分布图,安全利用类耕地土地利用类型分布图,安全利用类耕地水稻种植区分布图,安全利用类耕地旱作(蔬菜)种植区分布图,各乡镇街道安全利用类耕地分布图等。

# 5.2　受污染耕地安全利用技术模式

针对受污染耕地安全利用,对轻中度污染耕地采用低积累水稻品种,结合土壤有效态重金属控制技术主要包括调节 pH、施加土壤钝化剂、调整水肥管理、叶面阻等多措施联用技术。经过几年试验,初步形成适宜温州地区不同污染程度的受污染耕地安全利用模式。

## 5.2.1　轻度 Cd 污染农田低积累水稻＋降酸＋水分调控技术模式

针对轻度 Cd 污染(Cd 浓度$<0.6$ mg·kg$^{-1}$)和酸化耕地,该类耕地由于高强度施肥,因此土壤酸化,导致土壤重金属的生物有效性增强。尽管耕地 Cd 含量不高,但酸化导致的 Cd 生物有效性增强,常常发生稻米 Cd 超标现象。该模式以 Cd 低积累水稻品种为主,施加石灰性物质降低酸度,水分调控以改善土壤条件降低重金属生物有效性为主的技术模式。该模式推荐 Cd 低积累水稻品种甬优 15、甬优 1540、甬优 5550、甬优 538、中浙优 8 号等,通过调控土壤酸度的常规产品石灰性物质结合田间水分管理,降低土壤重金属的生物有效性,实现水稻安全生产。该模式不改变当地的耕作制度和农艺管理措施,符合轻度重金属污染农田修复的简单、易行、低成本原则,是适合类似地区应用的可复制、易推广的农田土壤修复模式。

### 5.2.1.1　操作技术要点

1.筛选重金属低积累水稻品种。

2.施用石灰调控土壤酸度,降低重金属生物有效性。

3.农田水分管理,水稻全生育期保持稻田有水层,成熟期落干。

### 5.2.1.2　操作流程

1.人力或机械撒施石灰,石灰建议用量为 $2250\sim4500$ kg·hm$^{-2}$。

2. 农田翻耕,翻耕深度为 0～20 cm,将石灰均匀混入土壤。

3. 老化,插秧前让土壤与石灰作用 10～15 天。

4. 水稻品种选择,在筛选出的 Cd 低积累水稻品种中选择当地主推品种。

5. 水稻全生育期保持稻田 3～5 cm 水层,成熟期落干。

6. 其他农田管理措施同常规农田。

### 5.2.1.3　适宜范围

主要针对土壤重金属 Cd 轻度污染区,Cd 浓度<0.6 mg·kg$^{-1}$,土壤 pH<5.5 的农田。适宜在单季稻或双季稻区推广。

### 5.2.1.4　注意事项

1. 石灰用量可根据土壤 pH、质地和肥力高低进行适当调整,施用期限为 2～3 年一次,避免过度使用,引起土壤板结。

2. 石灰施用时间可根据农时,选择在中稻或晚稻收获后的冬闲田施用。

3. 增施有机肥,增大土壤对 Cd 重金属的自净容量。

4. 施肥注意碳铵、硫酸铵等氮肥不能与石灰混施。

## 5.2.2　轻度 Cd 污染农田低积累水稻＋调理剂修复技术模式

该模式通过低积累水稻品种和土壤调理剂降低重金属有效性的联合作用,从降低生物吸收重金属和降低重金属生物有效性两方面,修复重金属污染农田,实现稻米安全生产。对高肥力水稻土采用低积累水稻品种＋碱性土壤调理剂或磷肥模式;低肥力水稻土采用低积累水稻品种＋生物有机肥或有机类土壤调理剂模式。通过碱性矿质肥料的施用,一方面,可提升土壤 pH,土壤 pH 的升高将增加土壤表面胶体所带负电荷量,从而增加重金属离子的电性吸附,直接导致或诱导重金属形成氢氧化物沉淀,从而达到降活性目的。另一方面,提供酸化土壤普遍需要的 Ca、Mg、Si 等矿质营养元素,进而阻控 Cd 向水稻地上部分各器官的迁移和分配,降低 Cd 在茎、叶和籽粒中的累积,实现水稻安全生产和养分平衡与农田地力提升的协同效应。该模式适于轻度 Cd 污染酸化水稻土,实现污染修复与地力提升双重目标。

### 5.2.2.1　操作技术要点

1. 水稻低积累品种选择:建议选择甬优 15、甬优 1540、甬优 5550、甬优 538、绍糯 9714、中浙优 8 号等。

2. 土壤调理剂选择:推荐硅钙镁钾、钙镁磷肥、生物有机肥、生物炭等碱性土壤调理剂。

### 5.2.2.2　技术流程

1. 田块翻耕,采用人工或机械翻耕,翻耕深度在 20 cm 左右。

2. 土壤调理剂的施用,采用人工和机械方式,在水稻插秧前 10～15 天将土壤调理剂一次性均匀播撒在耕地表面。土壤调理剂量:建议硅钙镁钾 1875 kg·hm$^{-2}$ 或钙镁磷肥 2250 kg·hm$^{-2}$ 或生物有机肥 4500 kg·hm$^{-2}$ 或生物碳 11250 kg·hm$^{-2}$。

3. 品种选择, 选择 Cd 低积累水稻推荐品种中的当地主推品种。

4. 施肥管理, 基肥施水稻专用肥 675 kg·hm$^{-2}$, 追肥尿素 112.5 kg·hm$^{-2}$。

### 5.2.2.3　适宜范围

主要针对土壤重金属 Cd 轻度污染区, Cd 浓度＜0.6 mg·kg$^{-1}$, 土壤 pH＜6.0 的农田。适宜在单季稻或双季稻区推广。

### 5.2.2.4　注意事项

1. 土壤调理剂: 河谷平原区水稻土适当增加用量 20％; 黏质酸性土壤推荐生物有机肥或生物炭, 壤质酸性土壤推荐硅钙镁钾。

2. 施用时期: 碱性肥料以基肥一次性施入, 每年施用; 生物炭在耕地翻耕前施入, 翻耕均匀混入土壤。

3. 适当增施有机肥, 补充氮磷等营养, 以保证水稻生长所需营养元素。

4. 对于部分强酸性以及重金属有效性高耕地, 在轻度 Cd 污染修复技术模式的基础上, 增加水分调控或叶面阻控剂措施。

## 5.2.3　轻中度 Cd 污染农田低积累水稻＋降酸/调理剂＋叶面阻控技术模式

对轻中度 Cd 污染农田, 在降酸/调理剂降低重金属有效性的基础上, 通过叶面阻控剂调控 Cd 在水稻体内的分配, 将 Cd 富集于水稻根和茎中, 减少重金属 Cd 向地上部位的迁移, 降低水稻糙米中的重金属 Cd 含量。

### 5.2.3.1　操作技术要点

1. Cd 低积累水稻品种选择推荐的主栽品种。

2. 土壤调理剂: 推荐硅钙镁钾、钙镁磷肥、石灰等碱性土壤调理剂。

### 5.2.3.2　技术流程

1. 田块翻耕, 采用人工或机械翻耕, 翻耕深度在 20 cm 左右。

2. 土壤调理剂施用, 采用人工和机械方式, 在水稻插秧前 10~15 天将土壤调理剂一次性均匀播撒在耕地表面。土壤调理剂用量: 硅钙镁钾 1500 kg·hm$^{-2}$ 或钙镁磷肥 2250 kg·hm$^{-2}$ 或石灰 1500 kg·hm$^{-2}$。

3. 品种选择, 在筛选出的低重金属积累水稻品种中选择当地主推品种。

4. 叶面阻控剂: 水溶性硅肥 2250~15000 mL·hm$^{-2}$, 纳米硅肥 1500~7500 g·hm$^{-2}$, 喷施季节选择水稻分蘖期、孕穗期和灌浆期。

5. 施肥管理, 基肥施水稻专用肥 675 kg·hm$^{-2}$, 追肥尿素 102.5 kg·hm$^{-2}$。

### 5.2.3.3　适宜范围

适宜农田为土壤重金属 Cd 轻中度污染区, Cd 浓度＜0.6 mg·kg$^{-1}$, 土壤 pH＜6.0 的农田。适宜在单季稻或双季稻区推广。

#### 5.2.3.4　注意事项

1. 叶面阻控剂喷施次数为 2～3 次,采用植保无人机喷施。
2. 施用时期:碱性肥料以基肥一次性施入,每年施用。
3. 适当增施有机肥,补充氮磷等营养,以保证水稻生长。

### 5.2.4　中重度 Cd 污染低积累蔬菜＋替代作物修复技术模式

针对中重度 Cd 污染耕地,即多数安全利用技术或综合模式难以实现水稻安全生产的耕地,采用 Cd 低积累蔬菜＋替代作物修复技术,利用豆类、瓜类等蔬菜对 Cd 低积累特性,与油菜、玉米等 Cd 低积累粮食作物轮作,实现蔬菜和粮食安全生产,并利用油菜秸秆富集重金属特性,通过油菜秸秆移除降低耕地土壤重金属总量。对温州地区的调查发现,豆类和瓜类蔬菜可食部分具有对重金属低积累特点,监测数据中几乎没有发现重金属超标样品。油菜具有籽粒低积累而秸秆富集 Cd 的特性,尤为明显的是油菜对铜具有显著的低积累性特征,籽粒对 Cu 的富集系数为 0.03～0.05。油菜秸秆的 Cd 富集系数为 1.56～4.28。按油菜秸秆产量 30000 kg·hm$^{-2}$ 计,每季油菜秸秆离田可以带走 36.9～103.8 g Cd,约每年降低土壤 Cd 含量 0.0246～0.0692 mg·kg$^{-1}$。该模式在不采用土壤调理剂情况下,可实现中重度污染土壤上农产品安全,同时降低重金属含量修复污染土壤。

### 5.2.5　重度 Cd 污染农田水稻富集＋旱粮替代安全利用技术模式

Cd 重度污染农田水稻富集＋旱粮替代安全利用技术模式利用水稻富集重金属,水稻秸秆移除减少土壤重金属总量,改种重金属低积累旱地作物或其他非食用作物。该模式选择种植超富集重金属水稻品种,利用水稻生物量大、适应性强、生长迅速、管理措施简单等特点,通过水稻秸秆移除减少土壤重金属总量;若按当地正常种植模式计算,水稻每年可从土壤中提取 150～180 g·hm$^{-2}$ Cd,对土壤总 Cd 浓度 1.0 mg·kg$^{-1}$ 的耕地,水稻年提取 Cd 达 6.7% 以上,通过种植水稻将耕地土壤 Cd 降低到《土壤环境质量　农用地土壤污染风险管控标准》(GB 15618—2018)的农用地土壤污染风险筛选值(0.4 mg·kg$^{-1}$)内最短只需 7 年左右。采用单季稻－油菜轮作制。油菜具有籽粒低积累而秸秆富集 Cd 的特性,油菜秸秆的 Cd 富集系数明显高于籽粒。尤为明显的是油菜对铜具有显著的低积累性特征,籽粒对 Cu 的富集系数在 0.03～0.05,显著低于油菜对 Cd 的富集系数。该模式适宜重度重金属污染耕地修复,具有成本低、操作简单、方便实用,易推广等特点,可实现 Cd 和 Cu 复合污染耕地土壤的安全利用。

#### 5.2.5.1　技术要点

1. 采用茎叶高富集重金属水稻品种。
2. 选用可食部分低富集且茎叶高积累的油菜品种。
3. 作物秸秆收获移除,进行资源化处置。

#### 5.2.5.2　操作流程

1. 污染农田翻耕,翻耕地深度为 0～20 cm。
2. 移栽水稻秧苗。
3. 水稻常规水肥管理。
4. 水稻成熟后所有生物量移除用于资源化利用。
5. 种植重金属低积累油菜,推荐选择赣油杂 6 号或浙油 51。
6. 油菜成熟后收获。
7. 油菜秸秆全部移除,进行资源化利用。

#### 5.2.5.3　适宜范围

适宜于土壤重金属 Cd 和 Cu 重度复合污染耕地(Cd 浓度＞1.0 mg·kg$^{-1}$),水稻籽粒重金属 Cd 和 Cu 超标耕地。

#### 5.2.5.4　注意事项

1. 水稻品种选用生物量大,管理方便,生育期短的当地主推品种。
2. 油菜品种选用产量高、生育期短、抗寒能力强的重金属低积累品种。
3. 水稻所有生物量包括籽粒和秸秆以及油菜秸秆全部移除,进行炭化处理生产土壤改良剂。
4. 油菜种植注意重施底肥,施复合肥 450～525 kg·hm$^{-2}$、磷肥 375 kg·hm$^{-2}$、硼砂 15 kg·hm$^{-2}$,亩追施尿素 60 kg·hm$^{-2}$。
5. 水稻油菜秸秆资源化产品不回用,用作低产田改良和土地整理项目的土壤结构改良剂。

此外,部分重金属重度污染农田可通过调整农作物种植结构,不再种植水稻,改种花卉等,发展农业旅游。图 5-3 是重金属污染农田上种植的马鞭草,盛开的紫花在重金属污染农田中形成一片"紫色的花海"。

图 5-3　重金属污染农田上种植的马鞭草

# 5.3　水稻稻米镉含量预测与高风险区划定

尽管各级生态环境部门对辖区内受污染耕地土壤分布、面积等有明确划定,但对农产品的安全性尚缺乏具体数据,对明确划定的安全利用类耕地上种植的农产品重金属污染情况不清楚。主要原因是土壤重金属污染与农产品安全性之间并没有明确的一致性关系,出现"土壤重金属超标,农产品不超标""土壤重金属不超标,农产品超标"、同样的安全利用技术在不同地块效果不同等问题。产生这些问题的根源是土壤重金属与农产品之间的关系十分复杂,同样的污染程度可能由于土壤性质的差异产生不同的农产品安全性问题,同样的安全利用措施由于受不同土壤性质影响效果差异很大,导致受污染耕地安全利用工作难度大。因此,需要采取有效途径明确受污染土壤重金属和农产品质量之间的关系,一方面通过土壤—农产品重金属污染对应关系的监测,明确典型区域农产品(稻米)安全性情况;另一方面根据同步土壤性质监测,建立农产品重金属含量预测模型,利用建立的模型提出农产品超标高风险区(包括可能超标区域),为开展受污染耕地安全利用重点区域,利用建立的方程提出农产品相对安全区域。结果将明确受污染耕地安全利用的重点区域,为减少工作量和提高工作效率提供科学依据。

## 5.3.1　水稻稻米镉含量预测模型

关于建立农产品重金属积累预测模型,在实际工作中往往需要进行大规模的盆栽或大田试验,并对收获的作物体不同组织进行分析才能得到相应数据,时间成本以及人力成本相对较高。比较可靠的方法是通过农产品重金属含量与土壤理化性质监测,利用多元线性回归法建立模型,然后依据建立的模型推测相应作物种类体内的重金属含量。目前,作物可食部分重金属吸收的预测模型主要有经验回归模型和机理模型两种。由于土壤环境的复杂性,作物可食部分对土壤中重金属元素的吸收能力难以使用如生物配体模型和自由离子活度模型的机制模型来有效地预估,多选择经验回归模型来描述。常用的经验回归模型主要通过建立土壤重金属浓度、土壤基本理化性质指标(如 pH、有机质等)和作物可食部重金属含量之间建立的量化关系。但是采用多元线性回归模型来建立作物吸收预测模型时,采用土壤重金属总量还是有效态含量预测效果则存在差异。有认为土壤重金属总量比有效态含量预测效果更好,也有认为作物体内的重金属含量与 EDTA 提取的有效态含量更为相关。考虑到温州地区地形地貌,土壤种类、土壤理化性质和种植方式等的差异,为了得到适用性好、稳定性强、精确度高的预测模型,需要尽可能采集不同地区的土壤,同时保证土壤类型存在差异性。根据建立的预测模型,依据食品安全国家标准中设定的相应农作物可食部污染物限量值,结合模型进行反推,可以得到种植相应农作物下土壤重金属安全性的评价与高风险区预测。

### 5.3.2　土壤－水稻样品联合采集与监测

根据受污染耕地分布情况,考虑地形地貌与土壤类型,粮食主产区土壤－水稻样品采集选择水网平原、河谷平原和河谷盆地水稻种植区安全利用类耕地。在晚稻黄熟期,选择典型地块采用多株稻株混合法采集水稻样品,每个样品采集水稻籽粒 1000 g 左右,装入封口袋编号。稻株采集完后,采集水稻植株周围的土壤,多点采集成混合土壤约 1000 g,装入封口袋编号。共采集土壤－水稻样品 100 对,其中水网平原 30 对,河谷平原区 32 对,河谷盆地38 对。

水稻籽粒经去离子水洗净后 75℃ 下烘干,经脱粒去谷壳加工为糙米,用球磨仪研磨成粉,测定水稻糙米中 Cd 含量。土壤风干过筛后测定总 Cd 和有效 Cd 含量,其中土壤中有效态 Cd 提取采用 DTPA 浸提剂浸提。采用常规方法同步测定土壤 pH、有机质、有效磷、黏粒含量等。利用 SPSS 20.0 进行多组数据间的相关性分析和模型回归分析。使用多元逐步线性回归分析确定影响水稻吸收 Cd 的主要因素,并建立土壤－水稻系统中 Cd 吸收的预测模型。其中显著性检验采用 LSD 法,相关性分析采用皮尔逊(Pearson)分析。

### 5.3.3　土壤－水稻重金属相关性分析

土壤和稻米中 Cd 含量的测定结果见表 5-4。根据《土壤环境质量 农用地土壤污染风险管控标准(试行)》(GB 15618－2018)中规定,pH≤5.5 时,土壤 Cd 浓度限量值为 0.3 mg·kg⁻¹;5.5<pH≤6.5 时,土壤 Cd 浓度限量值为 0.4 mg·kg⁻¹;6.5<pH≤7.5 时,土壤 Cd 浓度限量值为 0.6 mg·kg⁻¹;pH>7.5 时,土壤 Cd 浓度限量值为 0.8 mg·kg⁻¹。安全利用类耕地采集的 100 份土壤样品中,土壤 Cd 含量范围为 0.11~1.05 mg·kg⁻¹,平均值为 0.367 mg·kg⁻¹,土壤 Cd 含量超标率为 57%。糙米中 Cd 含量范围为 0.01~0.66 mg·kg⁻¹,平均值为 0.201 mg kg⁻¹(见表 5-4),依据《食品安全国家标准 食品中污染物限量》中对糙米中 Cd 污染物的限量标准,糙米 Cd 超标点位为 50%。

表 5-4　安全利用类耕地土壤和糙米 Cd 含量统计　　　　　　　单位:mg·kg⁻¹

| 样　品 | 范　围 | 平均值 | 中位值 | 变异系数/% |
|---|---|---|---|---|
| 土　壤 | 0.11~1.05 | 0.367 | 0.340 | 24.1 |
| 糙　米 | 0.01~0.66 | 0.201 | 0.200 | 48.9 |

按照国家标准对安全利用类耕地土壤－水稻联合监测结果分析,土壤 Cd 超标与稻米 Cd 超标点位一致的样品占 72%,其余 28% 的样点出现土壤和稻谷超标不一致情况,出现稻谷超标土壤不超标和土壤超标稻米安全的情况。通过采集的 100 对稻米 Cd 含量和土壤总Cd 含量进行相关性分析,结果如图 5-4 所示,相关系数($R^2$)为 0.1808;皮尔逊相关系数为0.475,达到极显著相关($P<0.01$)。

进一步将样品按照采样区域分别进行统计,水网平原区稻米 Cd 含量和土壤总 Cd 的相关性分析(见图 5-5),相关系数($R^2$)达到 0.6662,皮尔逊相关系数为 0.731,达到极显著相关

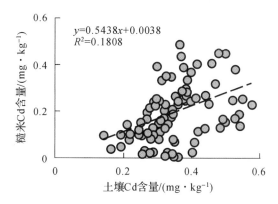

图 5-4　安全利用类耕地稻米 Cd 含量与土壤总 Cd 含量的相关性

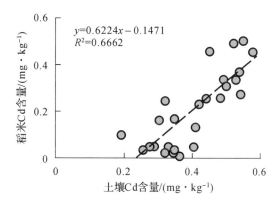

图 5-5　水网平原区安全利用类耕地稻米 Cd 含量与土壤总 Cd 含量的相关性

（$P<0.01$）。河谷平原区稻米 Cd 含量和土壤总 Cd 的相关性分析（见图 5-6），相关系数（$R^2$）达到 0.661，皮尔逊相关系数为 0.894，达到极显著相关（$P<0.01$）。河谷盆地区稻米 Cd 和土壤总 Cd 含量的相关性分析（见图 5-7），相关系数（$R^2$）为 0.374，皮尔逊相关系数为 0.623，达到极显著相关（$P<0.01$）。

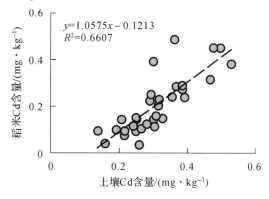

图 5-6　河谷平原区安全利用类耕地稻米 Cd 含量与土壤总 Cd 含量的相关性

　　根据 DTPA 提取的有效态 Cd（DTPA-Cd）与稻米 Cd 含量的相关分析，稻米 Cd 含量和土壤 DTPA-Cd 含量的相关系数（$R^2$）达到 0.642，皮尔逊相关系数为 0.752，达到极显著相关（$P<0.01$）（见图 5-8）。与总 Cd 含量比较，DTPA-Cd 与稻米 Cd 含量的相关性明显高于

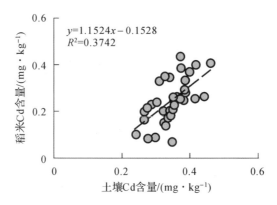

图 5-7　河谷盆地区安全利用类耕地稻米 Cd 含量与土壤总 Cd 含量的相关性

总 Cd 与稻米 Cd 含量的相关性,表明有效态 Cd 能够更有效地预测稻米中的 Cd 含量。如果将 100 对样品分成不同区域分别统计,它们的相关系数明显提高,水网平原区相关系数($R^2$)可以达到 0.608,皮尔逊相关系数为 0.897。河谷平原区相关系数($R^2$)达到 0.627,皮尔逊相关系数为 0.664。河谷盆地区相关系数($R^2$)达到 0.745,皮尔逊相关系数为 0.868。

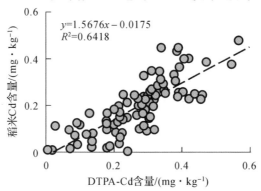

图 5-8　安全利用类耕地中稻米 Cd 含量与土壤 DTPA-Cd 含量的关系

### 5.3.4　土壤有效态 Cd 含量预测模型的建立

安全利用类耕地中糙米 Cd 镉含量与土壤 DTPA-Cd 含量的相关性分析表明,土壤有效态 Cd 在影响水稻 Cd 吸收中起到重要作用。在一定程度上,土壤有效态 Cd 可以预测稻米中的 Cd 含量。多数研究表明,影响土壤中 Cd 有效性和水稻积累的主要土壤因子是土壤pH、有机质、黏粒和磷含量。此外,还受到土壤游离氧化铁锰等多种土壤理化性质的影响。安全利用类耕地土壤的 pH、有机质、有效磷、黏粒和全氮含量的分析结果如表 5-5 所示。

表 5-5　安全利用类耕地土壤基本理化性质统计特征值

| 统计特征值 | pH | 黏粒含量 /% | 速效磷含量 /(mg·kg⁻¹) | 有机碳 /(g·kg⁻¹) | 全　氮 /(g·kg⁻¹) |
|---|---|---|---|---|---|
| 最小值 | 4.8 | 11.6 | 4.17 | 6.91 | 0.65 |
| 最大值 | 8.0 | 33.29 | 64.02 | 28.42 | 4.22 |

续表

| 统计特征值 | pH | 黏粒含量 /% | 速效磷含量 /(mg·kg⁻¹) | 有机碳 /(g·kg⁻¹) | 全　氮 /(g·kg⁻¹) |
|---|---|---|---|---|---|
| 平均值 | 5.81 | 21.32 | 20.79 | 17.26 | 1.79 |
| 中　值 | 5.67 | 20.41 | 17.89 | 16.68 | 1.69 |
| 变异系数(%) | 9.0 | 15.8 | 48.6 | 17.5 | 21.7 |
| 偏　度 | 1.50 | 0.48 | 1.09 | 0.37 | 1.35 |

对 100 对样品的 8 项指标(稻米 Cd、土壤总 Cd、DTPA-Cd、土壤 pH、有机质、有效磷、黏粒和全氮含量)做皮尔逊相关性分析,如表 5-6 所示,结果表明,稻米 Cd 含量与土壤中 Cd 含量、DTPA-Cd 含量呈极显著正相关($P<0.01$);稻米 Cd 含量与 pH 呈极显著负相关($P<0.01$);土壤中 Cd 含量与有机质含量呈极显著正相关($P<0.01$),与速效磷含量呈显著正相关($P<0.05$);土壤 DTPA-Cd 含量与 pH 呈极显著负相关($P<0.01$),与速效磷呈极显著正相关($P<0.01$),与土壤有机质呈显著正相关($P<0.05$)。

表 5-6　稻米和土壤 Cd 含量与土壤性质的相关性

| | 稻米 Cd | 土壤总 Cd | DTPA-Cd | pH | 有机质 | 有效磷 | 黏　粒 | 全　氮 |
|---|---|---|---|---|---|---|---|---|
| 稻米 Cd | 1 | | | | | | | |
| 土壤总 Cd | 0.41** | 1 | | | | | | |
| DTPA-Cd | 0.80** | 0.41** | 1 | | | | | |
| pH | −0.45** | 0.01 | −0.41** | 1 | | | | |
| 有机质 | 0.19 | 0.50** | 0.24* | −0.12 | 1 | | | |
| 有效磷 | 0.20 | 0.24* | 0.26** | 0.01 | 0.37** | 1 | | |
| 黏　粒 | −0.10 | −0.05 | −0.03 | 0.00 | 0.03 | 0.14 | 1 | |
| 全　氮 | −0.16 | 0.16 | −0.16 | −0.03 | 0.39** | −0.07 | 0.06 | 1 |

注:*,$P<0.05$;**,$P<0.01$。

以安全利用类耕地 100 对土壤样品的 Cd 含量、pH、DTPA-Cd 含量、黏粒含量、速效磷含量、有机质含量和全氮含量数据,以土壤 DTPA-Cd 含量作因变量,其余指标作自变量,筛选出贡献率大的因子,作多元线性回归分析,建立土壤 DTPA-Cd 预测模型(见表 5-7)。在分析的指标中,土壤总 Cd 含量对 DTPA-Cd 的贡献率最高,但可决系数只有 0.205。加入 pH 和黏粒两个指标后,可决系数可以达到 0.374,但依然不高,可能 DTPA-Cd 含量的预测具有区域性,根据地形地貌分为水网平原、河谷平原和河谷盆地三个区域进行分析,结果如表 5-8~表 5-10 所示。

表 5-7　安全利用类耕地土壤有效 Cd 含量(DTPA-Cd)预测模型

| 因变量:DTPA-Cd($y$) | 预测模型 | $R$ | $R^2$ |
|---|---|---|---|
| a. 预测变量:土壤总 Cd 含量($x_1$) | $y=0.059+0.228x_1$ | 0.453 | 0.205 |
| b.预测变量:土壤总 Cd 含量($x_1$),pH ($x_2$) | $y=0.238+0.216x_1-0.03x_2$ | 0.575 | 0.33 |
| c. 预测变量:土壤总 Cd 含量($x_1$),pH ($x_2$),黏粒含量($x_3$) | $y=0.177+0.213x_1-0.029x_2+0.003x_3$ | 0.612 | 0.374 |

表 5-8　河谷盆地区土壤有效 Cd(DTPA-Cd)的预测模型

| 因变量:DTPA-Cd($y$) | 预测模型 | $R$ | $R^2$ |
|---|---|---|---|
| a. 预测变量:土壤总 Cd 镉含量($x_1$) | $y=0.635x_1-0.073$ | 0.675 | 0.455 |
| b. 预测变量:土壤总 Cd 镉含量($x_1$),pH ($x_2$) | $y=0.59x_1-0.0039x_2+0.158$ | 0.774 | 0.599 |
| c. 预测变量:土壤总 Cd 镉含量($x_1$),pH ($x_2$),SOC($x_3$) | $y=0.524x_1-0.033x_2-0.006x_3+0.244$ | 0.823 | 0.678 |

表 5-9　河谷平原区土壤有效 Cd(DTPA-Cd)的预测模型

| 因变量:DTPA-Cd($y$) | 预测模型 | $R$ | $R^2$ |
|---|---|---|---|
| 预测变量:土壤总 Cd 含量($x_1$) | $y=0.338x_1+0.038$ | 0.78 | 0.608 |
| 预测变量:土壤总 Cd 含量($x_1$),土壤总氮含量($x_2$) | $y=0.36x_1-0.028x_2-0.013$ | 0.835 | 0.697 |

　　河谷盆地区 DTPA-Cd 预测模型如表 5-8 所示。在分析的指标中,土壤 Cd 含量的贡献率最高,可决系数为 0.455,具有一定的可靠性。加入 pH 后,可决系数可以达到 0.599。因此河谷盆地区以土壤 Cd 含量、pH 为预测变量时,适用性较好,能较为可靠地预测土壤中 DTPA-Cd 含量。根据土壤 Cd 含量、速效磷含量、有机质含量建立的 DTPA-Cd 预测模型可以解释 67.8%的 DTPA-Cd 含量变异。根据河谷平原区的多元线性回归分析,土壤 DTPA-Cd 的预测模型如表 5-9 所示。在众多指标中,土壤 Cd 含量指标的贡献率最高,可决系数达 0.608,具有一定的可靠性。加入土壤总氮指标后,可决系数达 0.697,因此土壤 Cd 含量和总氮可以预测河谷平原区 DTPA-Cd 含量。

　　对水网平原区土壤样品的 Cd 含量、pH、DTPA-Cd 含量、黏粒含量、速效磷含量、有机质和全氮含量数据,以土壤 DTPA-Cd 含量作因变量,其余指标作自变量,筛选出贡献率大的因子,作多元线性回归分析,DTPA-Cd 的预测模型如表 5-10 所示。在众多指标中,土壤有机质含量的贡献率最高,可决系数为 0.448,具有一定的可靠性。加入速效磷和土壤 Cd 含量两个指标后,可决系数达 0.643,说明这 3 个指标能解释超过 64.3%的 DTPA-Cd 含量变异。因此,在水网平原区土壤有机质可以预测 DTPA-Cd 含量,但可决系数没有超过 50%,猜测在水网平原区可能其他土壤性质对 DTPA-Cd 含量有较大影响。

**表 5-10　水网平原区土壤有效 Cd(DTPA-Cd)预测模型**

| 因变量:DTPA-Cd($y$) | 预测模型 | $R$ | $R^2$ |
|---|---|---|---|
| 预测变量:土壤有机质($x_1$) | $y=0.012x_1-0.102$ | 0.669 | 0.448 |
| 预测变量:土壤有机质($x_1$)、土壤速效磷含量($x_2$) | $y=0.009x_1+0.002x_2-0.105$ | 0.764 | 0.583 |
| 预测变量:土壤有机质($x_1$)、土壤速效磷含量($x_2$)、土壤总 Cd 含量($x_3$) | $y=0.005x_1-0.002x_2+0.213x_3-0.122$ | 0.802 | 0.643 |

## 5.3.5　水稻糙米 Cd 含量预测模型的建立

根据安全利用类耕地 100 对样品的稻米 Cd 含量、土壤总 Cd 含量、DTPA-Cd 含量、土壤 pH、黏粒含量、速效磷含量、有机质和全氮含量数据,以稻米 Cd 含量作因变量,筛选出贡献率大的因子,作多元线性回归分析(见表 5-11)。以 DTPA-Cd 为自变量时,可决系数达到 0.555,解释了超过一半的稻谷 Cd 含量变异率。以 DTPA-Cd、土壤 Cd 含量、土壤 pH 为自变量时,可决系数达到 0.622。

**表 5-11　安全利用类耕地稻米镉含量预测模型**

| 因变量:稻谷镉含量($y$) | 多元线性回归模型 | $R$ | $R^2$ |
|---|---|---|---|
| 预测变量:DTPA-Cd($x_1$) | $y=1.645x_1-0.022$ | 0.745 | 0.555 |
| 预测变量:DTPA-Cd($x_1$), pH($x_2$) | $y=1.481x_1-0.037x_2+0.212$ | 0.766 | 0.587 |
| 预测变量:DTPA-Cd($x_1$), pH($x_2$), 土壤总 Cd 含量($x_3$) | $y=1.247x_1-0.042x_2+0.234x_3+0.192$ | 0.789 | 0.622 |
| 预测变量:DTPA-Cd($x_1$), pH($x_2$), 土壤总 Cd 含量($x_3$), 土壤总氮($x_4$) | $y=1.212x_1-0.047x_2+0.233x_3-0.049x_4+0.306$ | 0.808 | 0.653 |

注:根据河谷盆地区安全利用类耕地中的稻米 Cd 含量、土壤中 Cd 含量、土壤 pH、土壤 DTPA-Cd 含量、土壤黏粒含量、土壤速效磷含量、有机质和全氮含量进行多元线性回归分析(见表 5-12)。以 DTPA-Cd 为自变量时,可决系数达到 0.757,解释了超过一半的稻谷 Cd 含量变异,可以较好地预测水稻糙米中 Cd 含量。以 DTPA-Cd,黏粒含量为自变量时,可决系数达到 0.792。

**表 5-12　河谷盆地区稻米镉含量预测模型**

| 因变量:稻谷镉含量($y$) | 多元线性回归模型 | $R$ | $R^2$ |
|---|---|---|---|
| 预测变量:DTPA-Cd($x_1$) | $y=1.9x_1-0.028$ | 0.87 | 0.757 |
| 预测变量:DTPA-Cd($x_1$), 黏粒含量($x_2$) | $y=2.001x_1-0.006x_2+0.081$ | 0.89 | 0.792 |

河谷平原土壤－稻米样品的多元线性回归分析结果如表 5-13 所示。以土壤 Cd 含量为自变量时,可决系数达到 0.842,可以很好地预测水稻糙米中 Cd 含量。以土壤 Cd 含量、土壤速效磷含量为自变量时,可决系数达到 0.899,说明除了土壤 Cd 含量和速效磷含量可以

很好地解释水稻糙米 Cd 含量的变异。

**表 5-13　河谷平原区稻米镉含量预测模型**

| 因变量:稻谷镉含量($y$) | 多元线性回归模型 | $R$ | $R^2$ |
|---|---|---|---|
| 预测变量:土壤总 Cd 含量($x_1$) | $y=0.986x_1-0.109$ | 0.917 | 0.842 |
| 预测变量:土壤总 Cd 含量($x_1$),速效磷($x_2$) | $y=0.801x_1+0.003x_2-0.105$ | 0.948 | 0.899 |

水网平原区安全利用类耕地中稻米 Cd 含量的多元线性回归分析结果如表 5-14 所示。以 DTPA-Cd 含量为预测变量时,可决系数达到 0.820,解释了 82.0% 的稻谷 Cd 含量变异,可以较好地预测糙米中 Cd 含量。以 DTPA-Cd 和土壤总 Cd 含量为自变量时,可决系数达到 0.849,说明水网平原整体土壤同质性高,可统一制定相应的污染预防与治理措施。

**表 5-14　水网平原区稻米镉含量预测模型**

| 因变量:稻谷镉含量($y$) | 多元线性回归模型 | $R$ | $R^2$ |
|---|---|---|---|
| 预测变量:DTPA-Cd($x_1$) | $y=1.384x_1-0.024$ | 0.905 | 0.820 |
| 预测变量:DTPA-Cd($x_1$),土壤总 Cd 含量($x_2$) | $y=1.149x_1+0.224x_2-0.092$ | 0.921 | 0.849 |

国内外研究表明,在田间条件下,由于外来因素多具有不可控性,所建立的预测模型的适用性和匹配度会有所降低,具体表现为可决系数较小或拟合散点更可能落在预测区间之外。大多数关于水稻可食部及对应的土壤样点 Cd 相关性研究表明,土壤总镉和土壤 pH 是影响农作物可食部镉含量的两个重要因子,但回归方程的相关系数均不高。建立的水稻稻米 Cd 预测模型验证采用田间小区试验数据和田间自然条件下采集样点数据的代入验证。前者主要探究验证过程和使用模型的准确性,后者通过实际田间数据来对模型进行适用性和稳定性的验证。基于田间样品构建的水稻 Cd 生物有效性回归模型,利用建立模型的预测值与水稻籽粒中 Cd 含量实测值进行比较,结果显示如图 5-9 所示。将各个试验点的数据代入已经建立的多元线性回归模型得到预测值,将预测值和实测值画成散点图,进行拟合预测,并设置了 95% 的置信区间,基于模型预测的糙米镉含量散点值均分布在 95% 预测区间内,大部分点都均匀地分布在 $y=x$ 线附近,结果拟合良好,只有个别点落在了预测区间外,说明对研究区建立的稻米 Cd 预测模型具有一定的参考性,可以用建立的模型预测区域内稻米的 Cd 积累情况。

## 5.3.6　水稻糙米 Cd 超标高风险区划定

安全利用类耕地中水稻种植区,按照省市受污染耕地安全利用工作的统一部署,2030 年受污染耕地安全利用率需达到 95% 以上。由于受污染耕地安全利用是一项长期的工作,在安全利用耕地面积大,安全利用技术成熟度低的现实情况下,需要在稻米超标的重点区域实施安全利用措施。然而,部分土壤超标的区域由于受重金属有效性的主控因素影响,稻米超标的风险比较低;而部分土壤可能重金属含量不一定高,但由于受土壤性质的影响存在稻米重金属超标风险。因此,根据建立的稻米 Cd 积累预测模型,结合土壤 Cd 含量和土壤理化性质,针对性地提出稻米 Cd 可能超标的高风险区域,作为安全利用技术与措施实施的重

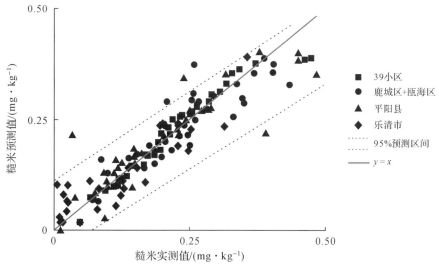

图 5-9　稻米 Cd 含量预测值与实测值比较

点区域,可以起到有效地提高安全利用的效果,减少成本与工作量的目标。目前,利用建立的稻米 Cd 积累预测模型,初步提出了稻米 Cd 超标的高风险区。建议将存在超高风险的区块作为安全利用的重点区域,强化低积累水稻品种、钝化剂、农艺措施等综合技术的应用。根据稻米 Cd 超标风险预测,高风险安全利用类耕地分布集中且面积有限,可在进一步监测与预测基础上精准划定区块。

应用构建的稻米 Cd 积累预测模型,结合食品安全国家标准可以推导出区域土壤 Cd 安全临界值,为国家 Cd 风险评价提供理论参考。基于建立的模型和食品安全国家标准反推出的土壤 Cd 阈值可成为安全利用重点区域划定的重要依据。

## 5.4　受污染耕地安全利用效果评估

耕地的用途是种植农作物和生产农产品,尤其是食用农产品。无论采取什么措施对受污染耕地进行修复,最终要保障耕地生产出安全的农产品。因此,重金属污染耕地修复的根本目标是充分保障农产品达标(安全)生产。土壤经过修复后,不管土壤中重金属的总量消减了多少,也不管有效态含量消减了多少,只要没有实现种植的食用农产品达标生产,这块耕地就不能实现安全生产,那么受污染耕地的修复就没有达到目标。农产品达标生产需要从两方面去衡量:一方面,土壤修复后,农产品抽样样本中目标重金属的平均含量应符合国家食品卫生标准;另一方面,农产品抽样样本达标率不低于一定限值,即农产品中重金属含量均值与达标率"双指标"均需"达标"。

2018 年 12 月 19 日,农业农村部正式颁布《耕地污染治理效果评价准则》(NY/T 3343—2018),2019 年 6 月 1 日正式实施。《耕地污染治理效果评价准则》明确了耕地污染治理效果评价的原则、方法与范围、标准、程序、时段、技术要求及评价报告的编制要点,量化了耕地污染治理修复验收评价条件,适用于对污染治理前后均种植食用类农产品的耕地开展评价,对于贯彻落实《土壤污染防治法》和《土壤污染防治行动计划》,科学规范指导我国耕地污染治理与修复工作有重要意义。

### 5.4.1　评价原则

#### 5.4.1.1　科学性

综合考虑耕地污染风险评估情况、耕地污染修复方案、修复实施情况及效果等,科学合理地开展耕地污染治理与修复效果评价工作。

#### 5.4.1.2　独立性

耕地污染治理与修复效果的评价方案应由第三方效果评价单位编制,并负责组织实施,确保评价工作的独立性和客观性。

#### 5.4.1.3　公正性

评价机构应秉持良好的职业操守,依据相关法律、法规和标准,公平、公正、客观、规范地开展耕地污染治理与修复效果评价工作,科学、正确地评价污染耕地治理与修复效果。

### 5.4.2　评价方法与范围

通过评价修复区域内农产品可食用部位中目标重金属污染物含量变化情况,反映治理与修复措施对耕地的修复效果,得出区域内耕地污染治理与修复的总体评价结论。评价范围应与修复范围一致,当修复范围发生变更时,应根据实际情况对评价范围进行调整。

耕地污染治理措施对农产品可食部位中污染物含量降低所起的作用,分为当季效果和整体效果两类。当季效果指治理措施实施后对种植的第 1 季农产品可食部位污染物含量所产生的效果;整体效果指根据连续两年的每季治理效果,综合评价后所得出的治理区域内耕地污染整体治理效果。

### 5.4.3　评价标准

耕地污染治理以实现治理区域内食用农产品可食部位中目标污染物含量降低到 GB 2762 规定的限量标准以下(含)为目标。治理效果分为 2 个等级,达标和不达标。达标表示治理效果已经达到了目标;不达标表示耕地污染治理未达到目标。根据治理区域连续 2 年的治理效果等级,综合评价耕地污染治理整体效果。

耕地污染治理措施不能对耕地或地下水造成二次污染。治理所使用的有机肥、土壤调理剂等耕地投入品中 Cd、Hg、Pb、Cr、As 5 种重金属含量,不能超过 GB 15618—2018 规定的筛选值,或者治理区域耕地土壤中对应元素的含量。

耕地污染治理措施不能对治理区域主栽农产品产量产生严重的负面影响。种植结构未发生改变的,治理区域农产品单位产量(折算后)与治理前同等条件对照相比减产幅度应小于或等于 10%。

### 5.4.4　评价程序

耕地污染治理效果评价总体流程如图 5-10 所示，包括评价方案制定、采样与实验室检测分析和治理效果评价 3 个阶段。

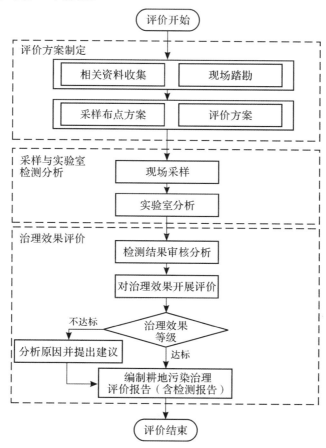

图 5-10　耕地污染治理与修复效果评价总体流程

#### 5.4.4.1　评价方案制定

在审阅分析耕地污染治理相关资料的基础上，结合现场踏勘结果，明确采样布点方案，确定耕地污染治理效果评价内容，制定评价方案。

#### 5.4.4.2　采样与实验室检测分析

在评价方案的指导下，结合耕地污染治理措施实施的具体情况，开展现场采样和实验室分析工作。布点采样与实验室分析工作由评价单位组织实施。

#### 5.4.4.3　评价治理效果

在对样品实验室检测结果进行审核与分析的基础上，根据评价标准，评价治理效果，并做出评价结论。

## 5.4.5　评价时段

在治理后(对于长期治理的,在治理周期后)2年内的每季农作物收获时,开展耕地污染治理效果评价;根据2年内每季评价结果,做出评价结论。对于开展长期治理的,在一个治理周期结束后的农作物收获时开展评价。

## 5.4.6　评价技术的要求

### 5.4.6.1　资料收集

在效果评价工作开展之前,应收集与耕地治理与修复相关的资料,包括但不限于以下内容。①区域自然环境特征:包括气候、地质地貌、水文、土壤、植被、自然灾害等。②农业生产状况:农作物种类、布局、面积、产量、农作物长势、耕作制度等。③土壤环境状况:污染种类、分布及范围,污染排放途径和年排放量,农灌水状况、大气状况、农业投入品情况、污染源情况等。④农产品监测资料:农产品污染元素历年值、农产品质量现状等。⑤污染成因分析:受污染耕地土壤与农产品污染来源分析、耕地污染输入输出通量分析等。⑥其他相关资料和图件:土地利用总体规划、行政区划图、农作物种植分布图、土壤类型图、高程数据、耕地地理位置示意图、治理/修复范围图、修复过程图片和影像记录等。

收集资料应尽可能包括空间信息。点位数据应包括地理空间坐标,面域数据应有符合国家坐标系的地理信息系统矢量或栅格数据。

### 5.4.6.2　治理所使用的耕地投入品采集检测

依据随机抽样原则采集治理措施中所使用的有机肥、化肥、土壤调理剂等耕地投入品,检测Cd、Hg、Pb、Cr、As 5种重金属。检测方法按照相关标准的规定执行,如无标准则参照GB/T 18877的规定执行。

### 5.4.6.3　治理效果评价点位布设

以耕地污染治理区域作为监测单元,按照NY/T 398的规定在治理区域内或附近布设治理效果评价点位。修复效果评价点位布点数量如表5-15所示。

表5-15　修复效果评价点位布点数量

| 治理区域面积/hm² | 评价点位数量/个 |
| --- | --- |
| 小于或等于10 | 10 |
| 10以上 | 每公顷设置1个点 |

### 5.4.6.4　治理效果评价点位农产品采样及检测

治理或一个治理周期结束后,在治理效果评价点位采集农产品样品,采样方法按照《农、畜、水产品污染监测技术规范》(NY/T 398—2000)的规定执行,检测方法按照《食品安全国

家标准 食品中污染物限量》(GB 2762—2017)的规定执行。

### 5.4.6.5　治理效果评价

根据耕地污染治理效果评价点位的农产品可食部位中目标污染物的单因子污染指数算术平均值和农产品样本超标率判定治理区域的治理效果。

农产品中目标污染物单因子污染指数均值计算公式如下：

$$E_{平均} \frac{\sum_{i=1}^{n} \frac{A_i}{S_i}}{n}$$

式中：$E_{平均}$ 为修复效果评价点位所采集的农产品中目标污染物的单因子污染指数算术平均值；$n$ 为评价点位数量；$A_i$ 为农产品中目标污染物的实测值，$mg \cdot kg^{-1}$；$S_i$ 为农产品中目标污染物的限量标准值，$mg \cdot kg^{-1}$。

农产品样本超标率公式如下：

$$样本超标率(\%) = \frac{农产品超标样本总数}{监测样本总数} \times 100\%$$

修复过程完成后，当季农产品中目标污染物单因子污染指数均值显著大于 1（单尾 $t$ 检验，显著性水平一般小于或等于 0.05），或农产品样本超标率大于 10%，则当季效果为不达标；同时不满足以上两个条件则判定当季效果为达标。如耕地污染治理与修复措施出现以下两种情况，则直接判定为不达标（见表 5-16）。①耕地污染治理措施对耕地或地下水造成了二次污染，如治理所使用的有机肥、土壤调理剂等投入品中 Cd、Hg、Pb、Cr、As 5 种重金属含量超过 GB 15618 规定的筛选值，或者超过治理区域耕地土壤中对应元素的本底含量；②耕地土壤污染治理措施对治理区域主栽农产品的产量产生严重的负面影响，即当种植结构未发生改变时，治理区域农产品单位产量（折算后）与治理前同等条件对照相比，减产幅度大于 10%。

表 5-16　当季治理与修复效果的等级

| 农产品中目标污染物单因子污染指数算术平均值（$E_{平均}$） | 农产品样本超标率/% | 污染治理效果等级 |
|---|---|---|
| >1　　　　　或 | >10 | 不达标 |
| 耕地污染治理措施出现以下两种情况：(1)耕地污染治理措施对耕地或地下水造成了二次污染；(2)耕地土壤污染治理措施对治理区域主栽农产品的产量产生严重的负面影响 | | |
| <1 或与 1 差异不显著且 | ≤10 | 达标 |

注：要求单尾 $t$ 检验达到显著性水平（$P \leqslant 0.05$）。

连续 2 年内每季的评价效果等级均为达标，则整体治理与修复效果等级判定为达标。两年中任一季的治理与修复效果等级不达标，则整体治理与修复效果判定为不达标（见表 5-17）。

表 5-17　整体治理效果等级

| 治理后连续两年内每季效果等级的评价 | 整体治理效果等级 |
| --- | --- |
| 任一季的治理效果等级不达标 | 不达标 |
| 连续两年内每季效果等级均达标 | 达标 |

若耕地污染治理效果评价点位农产品目标污染物不止一项,需要逐一进行评价列出。任何一种目标污染物的当季或整体治理效果不达标,则整体治理效果等级判定为不达标。

#### 5.4.6.7　评价报告编制

耕地污染治理效果评价报告应详细、真实并全面地介绍耕地污染治理效果评价过程,并对治理效果进行科学评价,给出总体结论。

评价报告应包括:治理方案简介、治理实施情况、效果评价工作、评价结论和建议及检测报告等。

# 5.5　受污染耕地安全利用技术示范应用

受污染耕地安全利用采用小试→中试→示范的工作方案。一是经过农业"两区"重金属污染土壤治理与受污染耕地安全利用省级试点试验,初步提出污染耕地土壤修复与安全利用技术模式。乐清市于 2017—2019 年连续 3 年开展省级农业"两区"重金属污染土壤治理试点,2019 年开展受污染耕地安全利用省级试点。二是开展多点示范试点试验。通过开展早晚稻 Cd 低积累品种筛选验证、降酸调理、钝化降活、全生育期淹水种植、叶面阻控等田间试验,构建 Cd 污染农田安全利用技术模式。鹿城区 2018—2020 年连续 3 年开展市级受污染耕地安全利用试点。三是开展多点安全利用技术大面积示范应用。2019—2020 年共实施千亩示范应用 1 个,百亩示范应用 1 个,50 亩示范应用 2 个。推进轻中度污染耕地安全利用示范应用,初步形成适于全市推广应用的农田安全利用技术模式。据不完全统计,2020 年全市采购石灰、钙镁磷肥、硅钙钾镁肥等调理剂 1814.5 t,叶面阻控剂 28.5 t。累计应用低积累品种 2013 hm²,土壤调理剂 1313 hm²,叶面阻控剂 1133 hm²,水分调控2680 hm²。

## 5.5.1　水网平原区应用示范案例

水网平原区受污染耕地安全利用示范耕地面积 7 ha。示范区土壤类型为青紫塥粘田,土壤 pH 为 5.1~5.7,阳离子交换量为 12.4~15.1 cmol(+)·kg⁻¹,土壤质地为黏壤—黏土,有机质含量为 30.3~34.5 g·kg⁻¹,全氮为 3.42~4.04 g·kg⁻¹,速效磷为 5.02~25.97 mg·kg⁻¹,水解氮为 171.4~217.2 mg·kg⁻¹,速效钾为 117.6~198.6 mg·kg⁻¹。土壤重金属测定表明,土壤 Cd、Pb、Cr、Cu 和 Zn 的平均含量分别为 0.27 mg·kg⁻¹、42.05mg·kg⁻¹、95.96 mg·kg⁻¹、48.10 mg·kg⁻¹ 和 159.95 mg·kg⁻¹。示范区 50 个土壤样品的总 Cd 含量为 0.09~0.44 mg·kg⁻¹,超标样点数为 19 个,样点超标率为 23%,均属于轻

度污染。示范区有效 Cd 含量范围为 $0.06 \sim 0.18$ mg·kg$^{-1}$，平均值为 0.12 mg·kg$^{-1}$。

示范区受污染耕地安全利用技术采用 Cd 低积累水稻品种＋降酸调控地力修复模式。通过低积累水稻品种、水分调节、施用土壤调理剂等综合农艺与土壤环境改良措施，提高土壤 pH、增加土壤矿质养分，降低重金属污染物在土壤中的活性和危害程度，阻控作物对土壤中污染物的吸收，以降低土壤酸度来控制重金属的有效性。根据《受污染耕地安全利用率核算方法（试行）》要求，评估受污染耕地安全利用率。水稻糙米中 Cd 的监测结果如图 5-11 所示。监测结果表明，示范区采集的 50 个稻谷样品，糙米中 Cd 含量为 $0.02 \sim 0.14$ mg·kg$^{-1}$，平均值为 0.068 mg·kg$^{-1}$。示范区糙米 Cd 含量全部低于食品 Cd 限量标准值，水稻农产品安全达标，示范区耕地安全利用率达 100％。

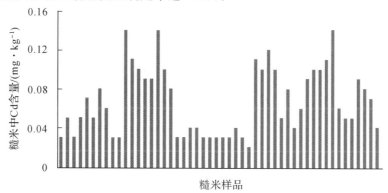

图 5-11　水网平原区受污染耕地安全利用示范区糙米中 Cd 含量的监测结果

## 5.5.2　河谷平原区应用示范案例

河谷平原区受污染耕地安全利用示范面积为 10.9 ha。示范区土壤总 Cd 含量在 $0.38 \sim 0.43$ mg·kg$^{-1}$，平均为 0.41 mg·kg$^{-1}$；土壤 pH 为 $4.6 \sim 5.3$，平均为 4.8。示范区采用的安全利用技术为低积累水稻品种＋土壤钝化剂＋水分调控集成模式。低积累水稻品种采用甬优 15 号搭配甬优 1540；土壤钝化剂采用钙镁磷肥，施用量为 2250 kg·hm$^{-2}$，于水稻移栽前 1 周人工均匀撒施；全生育期稻田保持水层 $3 \sim 5$ cm。施肥采用常规施肥，灌溉排水独立。栽培管理采用统一密度、统一病虫害防治、统一收割等栽培技术管理方式。病虫害防治采用植保无人机统一防治，水层灌排管理统一调控。连作晚稻全生育期为 $130 \sim 134$ 天。

在水稻黄熟收割前采集水稻籽粒样品，按照约每 0.67 公顷采集一个样品密度采样，每个采样点多点采集约 1000 g 水稻籽粒，共采集 19 个样品。同时，在示范区周围未实施安全利用技术措施农田采集 1 个水稻籽粒样品，作为参考。示范区水稻统一收割，进行水稻产量估产，亩产量为 6855 kg·hm$^{-2}$，与附近常规种植水稻产量比较，表现为增产效应。水稻籽粒经具有检测资质的第三方机构检测，结果如图 5-12 所示。未实施安全利用措施耕地稻米含 Cd 0.30 mg·kg$^{-1}$，安全利用技术示范区稻米 Cd 含量为 $0.10 \sim 0.18$ mg·kg$^{-1}$，平均 Cd 含量为 0.133 mg·kg$^{-1}$，安全利用技术降低稻米含 Cd 量 57％，实现稻米安全达标。

大田示范应用结果表明，"低积累水稻品种＋钙镁磷肥土壤调理＋水分调控"集成技术模式对降低水稻 Cd 积累的效果十分明显（见图 5-12），在轻中度 Cd 污染酸性水稻土中，可以将水稻糙米中的含 Cd 量控制在 $0.2$ mg·kg$^{-1}$ 以下。该模式显著降低稻米 Cd 含量,一方面与它降低土壤酸度、提高土壤 pH 密切相关;另一方面,磷肥改善了土壤的矿质营养状况,不仅能改良土壤酸化,还能够满足作物对钙、镁等中微量元素和硅这一有益元素的吸收,达到稻米安全生产与农田地力提升的"双赢"目标。该模式对土壤环境的破坏及潜在风险较小,适宜进行大面积推广应用,可作为轻度污染耕地水稻安全生产的推荐技术。

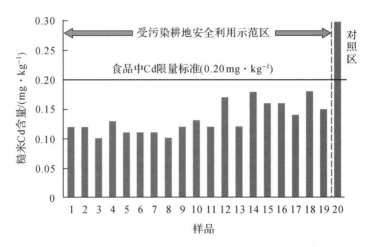

图 5-12　　河谷平原区受污染耕地安全利用示范区糙米中 Cd 含量监测结果

### 5.5.3　滨海平原区应用示范案例

滨海平原区受污染耕地安全利用示范面积为 32.8 ha,目标污染物为重金属 Cd。土壤总 Cd 含量为 $0.174\sim0.393$ mg·kg$^{-1}$。考虑到示范区农户数量多、水稻品种复杂的情况。水稻安全生产技术采用"水分调控+叶面阻控"技术模式。水稻生育期保持田间水分 $3\sim5$ cm;采用的阻镉剂为含硅水溶肥,产品的有效成分 Si$\geqslant20\%$,K$_2$O$\geqslant15\%$,其主要功能是抑制或阻止镉转运基因的表达,限制镉进入植物维管束转运通道。以硅为主要成分的叶面阻镉剂在降低水稻重金属积累的同时,还可以提高水稻抗性,具有抗倒伏与抗病害的功能。

受污染耕地安全利用具体程序:在水稻分蘖盛期、抽穗期、齐穗期,采用植保无人机喷施叶面阻控剂,以喷施均匀、减少用量、提高效果。每次每公顷阻 Cd 剂用量 7500 mL,加 3 倍水稀释,选择晴天或多云天气喷施,植保无人机喷施叶面阻 Cd 剂示意如图 5-13 所示。在水稻成熟收割前 $2\sim3$ 天,采集水稻籽粒样品。按照每个地块 1 个样品密度,共采集 12 个水稻籽粒样品。稻米的 Cd 含量测定结果表明,稻米 Cd 含量为 $0.017\sim0.18$ mg·kg$^{-1}$,全部符合《食品安全国家标准 食品中污染物限量》(GB 2762—2017)中的限量标准,受污染耕地安全利用率达到 100%。

### 5.5.4　河谷平原区千亩示范应用案例

选择河谷平原区土壤重金属含量高于《土壤环境质量 农用地土壤污染风险管控标准(试行)》农用地土壤污染筛选值、农产品质量安全存在风险的 3 个片区作为受污染耕地安全

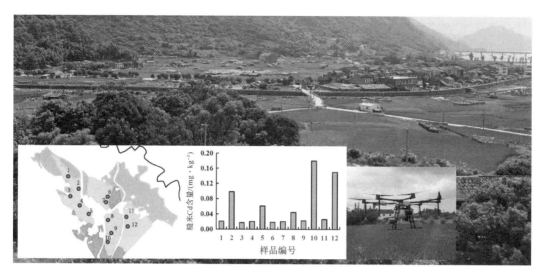

图 5-13　滨海平原区受污染耕地安全利用应用示范示意

利用示范区。3 个片区示范区面积和界线经过无人机空中拍摄、安全利用类耕地分布图和现场实地确认,共确定面积为 70.7 公顷。根据农业"两区"重金属污染农田修复试点经验和《浙江省中轻度污染耕地水稻安全利用技术指南(试行)》,确定千亩示范应用区采用的主要技术为"低积累水稻品种＋叶面阻 Cd 剂""低积累水稻品种＋降酸调控养分平衡＋水分调控"和"低积累水稻品种＋土壤调理剂＋水分调控"3 种技术模式。采用的低积累水稻品种根据农业"两区"试点成果,以水稻糙米的重金属积累量低于食品安全标准,产量稳定(不低于当地常规产量)为标准,选用低积累水稻品种甬优 1540。该品种作为镉低积累的优选品种,其主要特性为:根据中轻度污染耕地多点多年种植试验,其糙米 Cd 含量＜0.05 mg·$kg^{-1}$;重金属富集系数小于 0.2;作物吸收的重金属向地上部转运少,主要积累在根部,转运系数小于 1.0;对重金属的低积累特性稳定;产量高、品质好,农民接受程度高。

　　土壤调理剂的选择主要针对示范区耕地土壤酸化,土壤重金属生物有效性高,导致重金属总量不高,而有效态比例高的情况。土壤养分不平衡,水稻缺硅和中量元素。因此,采用的土壤调理剂以具有降低土壤酸度、提升地力与重金属活性的联合作用为基本原则,选择钙镁磷肥、硅钙镁钾肥为示范推广的土壤调理剂。一方面,这些土壤调理剂具有对重金属的直接固定作用以降低土壤中重金属的有效性,同时通过提高土壤 pH 来改善土壤的理化性质,间接减少重金属的生物毒性,减少水稻植株对重金属的富集,进而阻控 Cd 向水稻地上部分各器官的迁移和分配,降低 Cd 在籽粒中的累积。另一方面,示范区耕地地力监测表明农田土壤养分不平衡,表现为中量矿质元素缺乏而氮富集,导致硅钙镁钾等元素的缺乏,进而影响水稻的正常生长,钙镁磷肥、硅钙镁钾肥等土壤调理剂的施用也补充了水稻需要的矿质营养。试点结果表明,磷肥和碱性肥料等可显著降低水稻各部位中的 Cd 含量,降低 Cd 从根系到籽粒的转运系数。根据晚稻籽粒的 Cd 积累量,施用钙镁磷肥、硅钙镁钾肥的晚稻籽粒 Cd 含量可控制在＜0.1 mg·$kg^{-1}$ 以下。因此,被推荐作为示范区 Cd 污染农田的修复材料。

　　千亩示范区片区 1,面积为 25.3 公顷。据长期定位监测报告,该地稻米 Cd 超标,存在农产品安全风险。采用以纳米硅为主要成分的叶面阻控剂。纳米硅粉剂经溶解稀释后,采用植保无人机喷施叶面阻控剂,选择在水稻抽穗期至灌浆期时,在晴天或多云天气时,采用植保无人机对水稻叶面喷施 2 次。

千亩示范区片区 2,面积为 13.3 公顷,耕作制度为单季晚稻。受污染耕地安全利用技术采用"低积累水稻品种+土壤调理剂(钙镁磷肥)+水分调控"技术模式。该模式采用低积累水稻品种甬优 1540;土壤调理剂(钙镁磷肥)用量为 2250 kg·hm$^{-2}$公斤;田间做好肥水调控管理,水层保持 3~5 cm,成熟期落干。栽培管理方式采用统一品种、统一播种、统一翻耕、统一移栽、统一密度、统一病虫害防治、统一收割等栽培技术管理方式;在翻耕前 15 天,人力或机械均匀撒施钙镁磷肥,翻耕将调理剂混入土壤使调理剂与土壤充分混合均匀,让土壤与调理剂作用 10~15 天。

千亩示范区片区 3 为双季稻种植区,面积为 32 公顷,在连作晚稻开展安全利用技术示范。安全利用采用"低积累水稻品种+碱性肥(硅钙镁钾肥)+水分调控"技术模式。通过碱性矿质肥料的施用,可提升土壤 pH,土壤 pH 的升高将增加土壤表面胶体所带负电荷量,从而增加重金属离子的电性吸附,直接导致或诱导重金属形成氢氧化物沉淀,从而达到降活性目的;同时提供酸化土壤普遍存在的 Ca、Mg、Si 等矿质营养元素,进而阻控 Cd 向水稻地上部分各器官的迁移和分配,降低 Cd 在茎、叶和籽粒中的累积,实现安全农产品生产和平衡养分与农田地力提升的协同效应。示范区种植重金属低积累水稻品种甬优 1540;土壤调理剂硅钙镁钾用量为 1875 kg·hm$^{-2}$,采用机械方式,在早稻收割后一次性均匀播撒调理剂在耕地表面;水稻全生育期保持稻田有 3~5 cm 水层,成熟期落干。

根据农业农村部《受污染耕地安全利用率核算方法(试行)》要求,开展示范区受污染耕地安全利用率核算。水稻成熟后,以每 0.67 ha 耕地采 1 个样品密度,同步采集示范区土壤和水稻样品,测定 Cd 含量。其中水稻糙米重金属含量由有资质的第三方检测。按照《食品安全国家标准 食品中污染物限量》评估水稻稻米安全性。监测结果表明,受污染耕地安全利用示范区糙米中 Cd 含量为 0.010~0.235 mg·kg$^{-1}$,平均值为 0.097 mg·kg$^{-1}$(见图 5-14)。以《食品安全国家标准 食品中污染物限量》(GB 2762—2017)为标准,示范区 99% 的糙米样品 Cd 含量低于重金属 Cd 限量值,水稻农产品安全达标,示范区耕地安全利用率达99%。其中,片区 1 糙米 Cd 含量为 0.01~0.235 mg·kg$^{-1}$,平均值为 0.090 mg·kg$^{-1}$,有1 个糙米样品的 Cd 含量超过 0.2 mg·kg$^{-1}$,含量为 0.235 mg·kg$^{-1}$。片区 2 糙米 Cd 含量为 0.009~0.196 mg·kg$^{-1}$,平均值为 0.092 mg·kg$^{-1}$,全部样品的糙米 Cd 含量低于重金属 Cd 限量值,稻米安全达标。片区 3 糙米 Cd 含量为 0.013~0.190 mg·kg$^{-1}$,平均值为0.107 mg·kg$^{-1}$,全部样品的糙米 Cd 含量低于重金属 Cd 限量值,稻米全部达标。

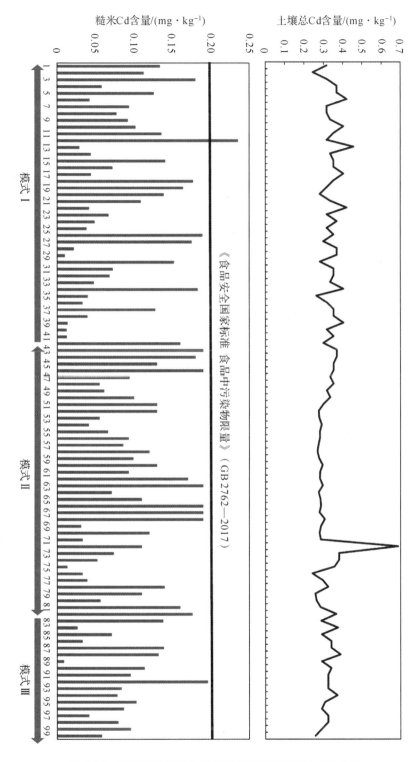

图 5-14  受污染耕地安全利用千亩示范区糙米中 Cd 含量

# 第 6 章 问题与展望

《土壤污染防治行动计划》明确提出了我国中长期受污染耕地安全利用工作目标。对标国家下达的土壤污染防治目标责任书,全市将目标任务分解到各县(市、区),全面开展受污染耕地安全利用工作,形成了切实可行的安全利用技术体系与模式,超额完成了国家下达的阶段性目标。鉴于耕地土壤污染修复与安全利用是一项长期性工作,结合全市的技术研发与实践探索,系统总结耕地土壤污染修复与安全利用的关键技术与应用经验,分析受污染耕地土壤安全利用过程中的成效与问题,全面深化与推进全市耕地土壤污染修复与安全利用的对策与措施,全面改善土壤环境质量,保障粮食安全生产。

## 6.1 受污染耕地安全利用存在的问题

### 6.1.1 耕地土壤重金属污染与农产品安全情况堪忧

温州市地处浙江省东南部,地形地貌复杂多样。根据耕地土壤环境质量类别划分,全市耕地土壤环境总体状况良好,但部分地区土壤环境质量堪忧,存在重金属污染问题。全市安全利用类耕地面积大,分布广,在全市所有县(市、区)都有分布。温州作为"温州模式"的发祥地,改革开放以来率先实行市场化取向改革,大力发展民营经济。从 20 世纪 80 年代开始的以家庭手工作坊为代表的农村工业化,拉开了环境污染的帷幕。以家庭为主的"低、小、散"企业、加工点、作坊数目众多,特别是化工业、金属表面处理加工业(电镀)等涉重金属工业的发展,对周围农田土壤产生了污染问题。初步调查表明温州市安全利用类和严格管控类耕地的主要污染物为重金属 Cd,少数为 Hg 和 Hg-Pb 复合污染。当前,耕地土壤重金属污染已成为全面建设美丽温州,保障农产品质量安全的短板之一。

由于土壤类型、土地利用方式、作物类型、污染成因及积累过程等多种因素的区域差异,耕地土壤 Cd 污染存在较强的空间异质性。全市安全利用类耕地呈现出以市区为中心,重点中心镇为核的分布模式。从污染物的类型分布看,呈现平原区耕地以重金属 Cd 污染为主,城镇附近以重金属 Cd、Hg 和 Pb 污染为主,山区以重金属 Pb 污染为主的分布特征。不同区域耕地污染与农产品安全性有高度变异性,难以采用统一的安全利用技术及模式,为有效治理土壤重金属污染带来了很大的困难。

此外,耕地土壤重金属污染与农产品安全性的关系复杂多样。作物可食用部分中重金属含量受产地环境重金属污染水平、土壤性质、气候、作物品种和种植管理水平等诸多因素影响,两者的对应定量关系十分复杂,可能存在土壤重金属超标而对应作物中重金属不超标,或者土壤重金属不超标而生长的作物中重金属超标的现象。当前,对土壤—粮食作物系统重金属污染及两者之间的定量化关系认识有限。如不同区域内稻米及其对应土壤中的重金属分析发现,某些区域稻米 Cd 与土壤总 Cd 含量呈显著正相关关系;而另外区域土壤—水稻中重金属相关性并不显著。另外,温州地区的气候也影响农产品安全。监测发现在同一区块,受气候影响不同年际间稻米 Cd 积累存在较大差异。在水稻成熟季节雨水少温度高的年份稻米 Cd 超标率增大,Cd 含量明显提高;而同一区块雨水多的年份,稻米 Cd 含量明显降低。在类似的耕地重金属含量水平,河谷地区的稻米 Cd 超标率往往高于水网平原区。因此,全市耕地土壤重金属污染与农产品安全情况复杂,实现污染耕地有效治理与安全利用任务艰巨。

## 6.1.2　耕地重金属污染成因分析与源解析迟后

温州地区耕地土壤重金属主要来源系历史上工业污染遗留、农业投入品输入等。因此,源头管控是遏制土壤污染趋势及开展土壤污染防治的前提。由于农田土壤污染成因复杂,往往受到多个因素的影响,如大气沉降、污水灌溉、固废应用等,且土壤污染是一个时空变化的动态过程,因此,如何精确地找出污染来源并进行源头管控、切断污染源尚有一定难度。目前,耕地土壤重金属污染成因不明确,尤其是温州作为改革开放最早地区,历史上乡镇企业发达、分布广泛,污染源类型多,耕地土壤污染历史数据的有限性、稀缺性和污染成因复杂性等多种因素混合。部分安全利用类耕地难以确定污染源,推测大气沉降起到重要贡献,但大气沉降输入重金属的贡献有多大缺乏数据支撑。同时,耕地土壤污染的空间性、时间性、多元性和流动性等特性导致了污染源成因分析的复杂性,使得准确把握土壤整体污染状况从而高效且有针对性地进行土壤重金属污染溯源充满挑战性。

耕地土壤污染源的过程拦截不到位,如农业投入品的安全与二次污染问题。目前,市场上的农业投入品类型繁多,包括化肥、农药、商品有机肥和土壤调理剂等,而农业投入品本身含有的无机、有机及抗生素等污染物对耕地的污染很少受到关注。如矿物磷肥、有机肥(尤其是畜禽粪便)等本身的重金属含量过高,较为突出的是重金属元素 Cd,长期施用含 Cd 的肥料会导致土壤中的 Cd 含量升高。此外,部分土壤调理剂来自城市污泥、畜禽粪便、工业废弃物等原料的二次加工,用于重金属污染耕地土壤修复存在二次污染的风险。长期过量施用化肥,加速耕地土壤酸化,从而使土壤中 Cd 等重金属的活性增加,农作物对 Cd 的吸收量增加。据监测,温州地区某市耕地土壤 pH 自 20 世纪 80 年代第二次土壤普查以来已下降 0.5~1.3 个单位。由化肥过量施用引起的土壤酸化成为稻米 Cd 超标的重要原因。如何拦截农业生产过程中污染物投入与解决酸化衍生的重金属活性增强问题任重道远。

## 6.1.3　耕地重金属污染安全利用技术存在局限性

目前,耕地土壤重金属污染治理与安全利用技术主要围绕筛选低积累农作物品种、降低重金属活性、农艺措施调控重金属活性等展开,这些技术普遍存在治理效果有限、稳定性差、长效性不足等问题。以 Cd 低积累作物品种筛选为例,通过农业"两区"和受污染耕地安全省市两级试点,已经筛选出一批 Cd 低积累水稻品种,大面积示范证明筛选并种植 Cd 低积累水稻可以保障水稻安全生产。近年,全市各县(市、区)开展的安全利用示范结果表明,在轻度 Cd 污染水稻土上种植筛选出来的 Cd 低积累水稻品种,其稻米含 Cd 量可达到安全标准 0.2 mg·kg$^{-1}$ 以下,能够满足稻米安全生产的要求。然而,由于耕地土壤 Cd 污染区域差异显著,不同地方的土壤类型、气候特征、作物品种等差异明显,且存在农作物品种更新换代较快等问题,有时筛选出的低 Cd 水稻品种不具有广适性及稳定性,难以全面推广。另外,全市有关粗粮类、豆类、番薯和马铃薯等粮食作物以及众多蔬菜品种的重金属污染情况研究很少,对这些粮食作物和蔬菜的低积累品种筛选尚未开展。低积累农作物控制 Cd 吸收的潜力有限,一般只适用于轻度 Cd 污染土壤。在不同土壤条件下,Cd 低积累品种的表现不同,即控制 Cd 吸收效果不稳定。对受污染耕地的植物修复技术来说,用于修复的植物往往没有经济产出,在没有政府补贴的情况下,农民的参与度不高。因此,需要深入挖掘粮食作物与蔬菜等的遗传基因,筛选并培育对重金属具有低积累特性的作物品种,保障轻中度重金属污染耕地土壤粮食的安全生产。

### 6.1.4　钝化剂的安全性、稳定性及时效性未知

目前,原位钝化技术应用最多的材料主要是无机类钝化剂。相较于有机类、微生物类及新型钝化剂,无机类钝化剂具有见效快、操作简便、成本相对较低等优点。然而,关于原位钝化技术的研究多集中于钝化材料对 Cd 污染土壤的钝化效果方面,在实际应用时应着重考虑钝化材料的安全性,长期施用钝化剂是否会给土壤带来二次污染,以及是否会造成土壤理化性质的变化,不利于土壤的生态健康等;应考虑经济成本及用量等问题,成本较高且用量大的钝化剂不易于操作且难以被农民接受;同时,还应重视钝化材料的稳定性及时效性。由于不同钝化剂对不同类型重金属的钝化效果存在一定的差异,并且土壤重金属污染常常是复合污染,单靠一种钝化修复产品难以达到预期效果,因此复合钝化剂的研发和应用是农田污染土壤安全利用的重要发展方向。

受污染耕地安全利用广泛采用的钝化技术的环境风险及其对土壤健康的影响问题。大量和长期使用土壤调理剂往往改变土壤性质,长期施用石灰等碱性物质会影响土壤团粒结构,造成土壤板结和养分流失,也会对土壤微生物的群落结构与功能产生影响;土壤调理剂也可能会引入新的污染物质,造成二次污染。现有的钝化材料来源多样,品质层次不齐,许多材料本身就是工矿业的废弃物;有机废弃物可能会携带大量重金属、有机污染物、病原菌等有害物质;大量施用这类外源物质,带入的二次污染和对土壤性质的长期影响尚不明确。多数土壤调理剂只是通过各种作用暂时性地降低了重金属的有效形态,随着土壤环境变化,重金属的形态可能随之变化,固定的重金属会重新释放出来。同时,安全利用类耕地土壤调理剂施用量各地不一,缺乏土壤调理剂合理用量的数据。调理剂的效果评价侧重于重金属含量监测,缺乏保障农产品安全生产,兼顾农产品及土壤健康与生态环境的整体评价,需要从调理剂的安全性、经济性等方面综合考量各类调理剂的实用性、安全性和对土壤健康的潜在风险。

此外,目前钝化剂的施用主要以人力为主,成本高且施用过程中易对人体安全造成一定的影响。如石灰由于效果好、价格低廉,同时可以改良土壤酸化,是目前温州地区广泛应用

的调理剂,但由于施用存在人体健康影响,往往农民不愿使用。因此,应当加强调理剂施用机械设备的研发,加快调理剂应用的机械化。

### 6.1.5　农作物秸秆重金属污染与资源化

农作物秸秆还田是秸秆综合利用和增加土壤有机质提升、耕地地力的重要措施。但由于受重金属污染农田土壤中生产的水稻秸秆重金属含量远远高于其籽粒中的含量,水稻秸秆的 Cd 含量可以是籽粒的几倍至几十倍,尤其在重度 Cd 污染耕地上的水稻秸秆。因此,秸秆直接还田在向土壤输入有机碳的同时,也将作物吸收的重金属重新归还到土壤中。为此,许多地方将水稻秸秆移除作为受污染耕地安全利用的重要措施。但受制于秸秆移除的劳动力成本、后置处置等的限制,难以大面积推广。因此,为了加强污染土壤的安全和可持续利用,需要结合当地产业发展,加强高重金属含量的作物秸秆处置和利用技术的研发,这对保障粮食安全生产具有重要的现实意义。

在对 Cd 污染耕地土壤进行安全利用的同时,应当对农作物秸秆进行移除并适当处理,以实现资源化利用。例如,对高重金属含量秸秆的处置可采用将秸秆进行炭化处理后还田的方法,既可以改良土壤酸化问题,同时又提高了土壤有机质及耕地地力。但此项技术还处于实验阶段,由于产品价格高和重金属的长期稳定性等原因,难以在生产上广泛应用。

## 6.2　重金属污染耕地安全利用对策与展望

当前,我国耕地土壤重金属污染问题已经制约了经济、社会和环境的可持续发展及生态文明建设。党中央和国务院陆续出台《土壤污染防治行动计划》和《中华人民共和国土壤污染防治法》以来,土壤污染防治工作逐步受到了国家的高度重视。经过各级农业农村和生态环境等部门的努力,在耕地土壤重金属污染修复与安全利用方面已取得重大成效,但尚存在技术零散、集成度低、推广难等问题。因此,针对耕地土壤重金属污染修复和安全利用过程中存在的问题,提出全面推进全市耕地土壤污染修复与安全利用工作的对策。

### 6.2.1　建立受污染耕地分区分类安全利用体系

鉴于耕地土壤重金属污染区域差异显著,应当结合区域土壤污染特征,因地制宜地制定分区分类型的安全利用体系。在充分考虑土壤类型、耕作制度、土壤重金属与农作物吸收的耦合机制的同时,结合不同技术的优缺点,筛选并制定最佳的重金属污染耕地土壤安全利用模式,充分体现"一区一策"及"一土一策"的安全利用理念。围绕耕地土壤重金属污染的区域性、严重性和特异性,建立适合于不同品种、不同种植制度、不同污染状况的重金属污染防控技术体系。

针对耕地土壤重金属污染元素、污染程度和土壤重金属与农产品中积累的关系等区域差异,开展稻田土壤—稻米重金属定量关系与稻米超标潜在区域预测,通过安全利用类耕地土壤—稻米重金属含量及其关键土壤性质的联合分析,建立稻田土壤—稻米重金属定量关系经验模型,利用经验模型提出稻米重金属超标高风险区,科学开展受污染耕地的安全利用。

　　围绕部分土壤重金属超标而稻米不超标;部分重金属超标农田实施多项降低重金属活性和去除重金属技术的效果不理想;部分土壤污染区块由于详查布点原因,农产品超标耕地没有划入安全利用类耕地等问题,以农产品安全生产为核心,开展田间调查、模型分析等方法,并通过粮食主产区土壤及农产品的协同监测,建立农田土壤和粮食作物重金属监测大数据平台,为污染土壤的分区分类管控、安全利用及修复提供科学依据。为解决水稻稻米重金属超标发生规律不清楚问题,依据土壤中的含量、农产品中的含量进行综合评价,依据风险评价和污染程度来选择相对应的修复技术,实现"精、准"治理。对于部分重金属重度污染耕地,采用各项技术难以实现稻米安全生产的,通过农作物替代种植实现安全农产品生产。

　　按照"风险分级、分类管理、分区治理"原则,开展耕地土壤重金属污染状况风险评估,筛选需要优先进行治理的区域,根据污染程度、土地类型、种植现状等要素,将治理区域进行网格型划分管理,精确区分污染治理区域与类型,并分别针对不同区域污染特征,网格化"量身定制"对应专属的安全利用技术方案。对土壤污染较重区域,严格控制对污染物敏感的食用农产品的种植。充分利用不同作物对污染物的耐受性和抗逆性,因地制宜选育一批对污染物耐受且低富集或不富集品种,加强推广种植,降低食用农产品的污染风险。形成分类(污染物、利用类型)、分级(污染程度轻度、中度、重度)、分区(地理位置与空间单元)、分期(近期与远期,先易后难)修复重金属污染耕地土壤的综合农艺技术体系,实现污染耕地土壤修复的长期效果。

## 6.2.2　重视耕地重金属污染源头管控与过程阻控

　　识别污染源并量化各类污染源对土壤重金属的贡献是开展土壤污染防治的前提。因此,应根据耕地土壤重金属污染特征,结合重金属源解析技术识别污染物来源和定量解析污染来源贡献。只有在摸清污染源的基础上开展源头管控,严格切断污染来源,减少农田污染物的输入,才能针对性地开展不同污染来源重金属的防控和后续的治理修复。目前,尚缺乏全市的重金属排放清单,尤其是农业投入品、大气沉降及水和底泥等的重金属监测数据,以及土壤污染与农产品安全的联合监测等。采用历史资料收集整理、现场调查、高密度样品采集、监测、空间分析等方法,调查清楚不同区域与类型耕地土壤的污染类型与成因,估计不同污染来源的重金属输入通量,建立污染物排放清单。同时,开展耕地土壤-农产品联合加密监测分析,探明耕地重金属污染对农产品安全的影响,以提出针对性的污染源控制对策与精准治理措施。

　　在查明受污染耕地污染源和污染途径的基础上,采取有效措施,全面实施耕地土壤污染过程的有效阻控。提出针对耕地土壤不同污染来源的污染途径阻断对策。综合考虑受污染耕地的污染类型、污染程度、污染成因以及各项技术措施的治理效果、修复成本和环境影响等因素,提出科学合理的污染过程阻控技术措施。

### 6.2.3　实施受污染耕地安全利用技术的精准化

多点示范试验验证了适宜在温州地区示范推广的受污染耕地安全利用模式,采用的安全利用模式控 Cd 效果良好,可实现轻度污染耕地的安全利用。但是,模式的精准化还需要进一步试验证明,如最佳使用量多大? 有哪些土壤环境影响它的效果? 试验也发现在不同示范点土壤调理剂的效果存在差异,同一地块不同年份水稻籽粒 Cd 含量有明显差异。针对温州地区受污染耕地安全利用模式,采用的土壤调理剂主要为钙镁磷肥、硅钙镁钾肥、石灰和腐殖酸等。但各区县的调理剂用量不一,缺乏合理施用量田间验证。开展调理剂适宜用量筛选大田验证,提出适宜温州地区采用的土壤调理剂推荐用量。针对不同土壤性质、农田水分管理措施下的安全利用模式验证,以提高示范技术的精准性。此外,针对现阶段的各种安全利用技术较为单一,存在技术耦合集成度低等问题,加强耕地土壤重金属污染综合防治技术的研发,创建高效、低成本、环境友好的综合修复治理技术。

温州地区耕地土壤酸化比较突出,而且酸化的趋势尚未得到有效遏制,土壤酸化往往提高土壤重金属的活性和生物有效性,酸化是导致农产品重金属超标的重要原因。因此,农田土壤重金属污染治理应采取围绕治酸提升农田地力同步的治理措施,即通过治酸阻控土壤酸化和提高以农田环境容量为核心的综合农艺措施。其次,结合不同区域的土壤污染特征,明确与其相适用的钝化剂种类、施用时间及施用量,并关注钝化剂的时效性。

合理划分污染农田管控区域。对重度污染农田土壤,禁止从事粮食作物生产,并制定相应的污染土壤管控和修复措施。但我国农田的所有与使用制度难以保障管控措施的实施,在被管控的农田上仍可能继续进行粮食种植,对农产品安全产生潜在威胁。因此,发展替代农业实现农产品安全生产,如选择种植油菜、玉米和甘蔗等 Cd 低积累作物替代水稻,如此可达到安全利用的目的。在 Cd 重度污染区域的示范试验证明,对于稻米镉超标难以治理的农田土壤,通过替代种植合理布局作物类型,可实现污染农田的安全利用。如糙米 Cd 含量远超国家标准的农田,采用油菜、玉米等种植品种,油菜籽粒 Cd 含量$<0.20$ mg·kg$^{-1}$,玉米籽粒 Cd 含量$<0.10$ mg·kg$^{-1}$,是重度 Cd 污染稻田的理想替代种植品种。因此,对于污染农田管控区域应针对不同污染程度和类型开展替代种植制度研究,研发适宜不同污染类型区域的替代作物类型和种植制度,并结合当地农业生产历史和种植习惯,进行区域性统筹规划,重视重度污染农田替代种植的产业链建设,达到污染治理、产品安全、农民增效的目的。

加强严格管控区水稻秸秆移除与处理试验。在严格管控区采用重金属富集水稻富集土壤中的重金属,结合水稻秸秆移除措施,加快耕地土壤重金属的去除效率。移除的水稻秸秆进行炭化处理,研究炭化处理对秸秆中重金属的固化作用。在有条件的地区,采取田间移除水稻秸秆异地还田处理(可就近移至旱地、果园用于作物行间覆盖等),也可将其粉碎发酵后用作花卉苗木床土基质,避免田间焚烧或直接还田。

### 6.2.4　建立长期的受污染耕地安全利用示范试验基地

耕地土壤污染治理与安全利用是一项长期的任务,需要建立统一规划、统一设计、统一标准、统一措施的分区长期示范试验基地。针对前期试验与示范推广的技术进行评估筛选,开展长期定位试验；对引进或试验的产品和技术，开展中试验证、本土孵化；对耕地土壤污染治理与安全利用集成技术，进行一体化技术和模式示范验证。

加强低积累型与强耐性农作物主栽品种筛选。通过盆栽试验、田间微区试验和大田中试等手段，从农作物对重金属的低积累和强耐性两个方面，筛选并确定一批适于温州不同污染类型和污染程度的耕地种植的农作物及其主栽品种，研发与之相配套的高产高效栽培技术，为受污染耕地安全利用提供可靠的源头控制技术保障。对杂粮作物和蔬菜等农作物主栽品种进行盆栽初选、田间微区复选、大田中试，确定强耐重金属污染的农作物及主栽品种。建立重金属低积累作物品种资源库。由于农作物品种的区域特色十分明显，亟须建立针对不同种植区域、不同重金属元素、不同作物类型的重金属低积累品种资源库，并分类制定其栽培调控措施和田间应用规范。

针对土壤修复与安全利用效果及地力进行长期观察验证，确保降低污染物总量和生物有效性，同时保持耕地地力，实现土壤污染修复与土壤地力提升的协同共赢；开展农艺调控措施削减重金属积累的长效机制研究；围绕田间肥水科学管理、叶面喷施阻控、农作物秸秆离田等问题进行长期观察，以期构建轻中度污染耕地安全利用的农艺综合调控长效技术。

## 6.2.5　完善受污染耕地安全利用的全方位管控体系

依据《中华人民共和国土壤污染防治法》和《土壤污染防治计划》等法律和文件，建立从源头管控、农业投入品管理、分区域与类型的污染治理规划、农用地分类管控等全路径全方位的管控体系，扎实开展重金属超标耕地的污染成因排查，深化农用地详查数据成果的深度应用，通过对造成耕地污染的成因追根溯源，准确定位污染来源，从源头上控制主要污染元素，将外源性污染源降至最低；结合土壤农产品协同调查，提出受污染耕地安全利用与风险管控方案。

强调农业生产应科学、合理地使用农业投入品。制定农业投入品及农田灌溉用水等相关标准及规程，严禁有重金属污染风险的投入品在农田中使用，加强土壤调理剂的市场准入与管理。目前，市场上调理剂类型繁多、成分复杂，如用污泥、畜禽粪便、工业废弃物等原材料制备的调理剂，其本身重金属含量就较高，可能会造成二次污染和土壤质量退化等问题。因此，需要明确调理剂的使用量、使用时期和适宜区域，制定土壤重金属调理材料的产品标准，建立农田土壤重金属钝化剂的市场准入制度，杜绝可能造成二次污染的风险。

确保规定实施农用地分类管控，保障农业生产环境安全。对轻中度污染的土壤，制定实施受污染耕地安全利用方案，采取农艺调控、替代种植等措施，降低农产品超标风险；对重度污染土壤，严格管控其用途，依法划定特定农产品禁止生产区域，严禁种植食用农产品；制订实施重度污染耕地种植结构调整计划。针对受污染耕地生产的含重金属秸秆废弃物，以无害化、资源化为目标，建立秸秆能源燃料化、原料化等综合利用技术工程，通过秸秆移除和废弃物处理工程，实现耕地污染物的移除和不扩散。加强农业废弃物处置工作。

建立受污染耕地农产品安全保障体系与政策。从转变思想观念入手，以发展实地检测监控技术为手段，以加强阻控、消减、修复技术支持为依托，全面建立和实施耕地土壤污染治理与农产品产地环境安全的污染监测、溯源调查、污染阻控、示范推广的技术保障体系。保障粮食安全是一个复杂的系统工程。针对我国轻中度重金属污染耕地的土壤的特点，需要坚持预防为主、保护优先，管控为主、修复为辅，示范引导、因地制宜等原则，构建土壤污染调查、风险评估、安全利用与修复等可操作的规范和技术体系，形成由法律法规、标准体系、管理体制、公众参与、科学研究和宣传教育组成的耕地土壤污染治理与安全利用管理体系。

# 参考文献

蔡佳佩,朱坚,彭华,等. 2018.不同镉污染消减措施对水稻-土壤镉累积的影响. 生态环境学报,27(12):2337-2342.

蔡圆圆,林丹,山若青,等. 2017.温州市本地种植大米镉污染情况及健康风险评估.预防医学,29(3):293-294.

曹淑珍,母悦,崔敬鑫,等. 2021.稻田土壤 Cd 污染与安全种植分区:以重庆市某区为例. 环境科学,42(11):5535-5544.

曹庭悦,刘鸣达,沃惜慧,等. 2020.硅、磷配施对水稻镉吸收转运的影响及其机制.农业环境科学学报,39(1):37-44.

曹晓铃,罗尊长,黄道友,等. 2013.镉污染稻草还田对土壤镉形态转化的影响.农业环境科学报,32(9):1786-1792.

陈彩艳,唐文帮. 2018.筛选和培育镉低积累水稻品种的进展和问题探讨.农业现代化研究,39(6):1044-1051.

陈迪,李伯群,杨永平,等. 2021.4 种草本植物对镉的富集特征.环境科学,42(2):960-966.

陈东哲,苏美兰,李艳,等. 2016.镉污染"VIP 技术"修复治理措施示范研究.湖南农业科学,(9):33-35.

陈江民,杨永杰,黄奇娜,等. 2017.持续淹水对水稻镉吸收的影响及其调控机理.中国农业科学,50(17):3300-3310.

陈青云,张晶,谭启玲,等. 2013.4 种磷肥对土壤-叶菜类蔬菜系统中镉生物有效性的影响.华中农业大学学报,32(1):78-82.

陈思慧,张亚平,李飞,等. 2019.钝化剂联合农艺措施修复镉污染水稻土.农业环境科学学报,38(3):563-572.

陈卫平,杨阳,谢天,等. 2018.中国农田土壤重金属污染防治挑战与对策.土壤学报,55(2):261-272.

陈远其,张煜,陈国梁. 2016.石灰对土壤重金属污染修复研究进展.生态环境学报,25(8):1419-1424.

陈喆,张森,叶长城,等. 2015.富硅肥料和水分管理对稻米镉污染阻控效果研究.环境科学学报,35(12):4003-4011.

崔祥芬,张琴,田森林,等. 2021.中国稻田土壤镉污染及务农性暴露概率风险.中国环境科学,41(8):3878-3886.

代子雯,方成,孙斌,等. 2021.地质高背景农田土壤下不同水稻品种对 Cd 的累积特征及影响因素.环境科学,42(4):2016-2023.

戴雅婷,傅开道,杨阳,等. 2021.南方典型水稻土镉(Cd)累积规律模拟. 环境科学,42(1)：353-358.

邓思涵,龙九妹,陈聪颖,等. 2020.叶面肥阻控水稻富集镉的研究进展. 中国农学通报,36(1)：1-5.

邓晓霞,黎其万,李茂萱,等. 2018.土壤调控剂与硅肥配施对镉污染土壤的改良效果及水稻吸收镉的影响. 西南农业学报,31(6)：1221-1226.

邓月强,曹雪莹,谭长银,等. 2020.有机物料对镉污染酸性土壤伴矿景天修复效率的影响. 农业环境科学学报,39(12)：2762-2770.

丁园,敖师营,陈怡红,等. 2021.4 种钝化剂对污染水稻土中 Cu 和 Cd 的固持机制. 环境科学,42(8)：4037-4044.

董霞,李虹呈,陈齐,等. 2019.不同母质土壤-水稻系统 Cd 吸收累积特征及差异. 水土保持学报,33(4)：342-348.

杜志敏,郝建设,周静,等. 2012.四种改良剂对铜和镉复合污染土壤的田间原位修复研究. 土壤学报,49(3)：508-517.

方波,肖腾伟,苏娜娜,等. 2021.水稻镉吸收及其在各器官间转运积累的研究进展. 中国水稻科学,35(3)：225-237.

冯敬云,聂新星,刘波,等. 2021.不同钝化剂修复镉污染稻田及其对水稻吸收镉的影响. 湖北农业科学,60(22)：51-55.

冯英,马璐瑶,王琼,等. 2018.我国土壤-蔬菜作物系统重金属污染及其安全生产综合农艺调控技术. 农业环境科学学报,37(11)：2359-2370.

高译丹,梁成华,裴中健,等. 2014.施用生物炭和石灰对土壤镉形态转化的影响. 水土保持学报,28(2)：258-261.

高云华,周波,李欢欢,等. 2015.施用生石灰对不同品种水稻镉吸收能力的影响. 广东农业科学,(24)：22-25.

高子翔,周航,杨文弢,等. 2017.基施硅肥对土壤镉生物有效性及水稻镉累积效应的影响. 环境科学,38(12)：5299-5307.

龚伟群,李恋卿,潘根兴. 2006.杂交水稻对 Cd 的吸收与籽粒积累：土壤和品种的交互影响. 环境科学,27(8)：1647-1653.

龚伟群,潘根兴. 2006.中国水稻生产中 Cd 吸收及其健康风险的有关问题. 科技导报,(5)：43-48.

谷雨,蒋平,谭丽,等. 2019.6 种植物对土壤中镉的富集特性研究. 中国农学通报,35(30)：119-123.

国家质量监督检验检疫总局,国家标准化管理委员会. 2009.肥料中砷、镉、铅、铬、汞生态指标(GB/T 23349—2009).

贺慧,陈灿,郑华斌,等. 2014.不同基因型水稻镉吸收差异及镉对水稻的影响研究进展. 作物研究,28(2)：211-215.

胡红青,黄益宗,黄巧云,等. 2017.农田土壤重金属污染化学钝化修复研究进展. 植物营养与肥料学报,23(6)：1676 – 1685.

胡鹏杰,李柱,吴龙华. 2018.我国农田土壤重金属污染修复技术、问题及对策刍议. 农业现代化研究,39(4):535-542.

黄道友,朱奇宏,朱捍华,等. 2018.重金属污染耕地农业安全利用研究进展与展望.农业现代化研究,39(6):1030-1043.

黄冬芬,王志琴,刘立军,等. 2010.镉对水稻产量和品质的影响.热带作物学报,31(1):19-24.

黄涓,纪雄辉,谢运河,等. 2014.镉污染稻田施用钾硅肥对杂交晚稻吸收积累镉的影响.杂交水稻,29(6):73-77.

纪雄辉,梁永超,鲁艳红,等. 2007.污染稻田水分管理对水稻吸收积累镉的影响及其作用机理.生态学报,27(9):3930-3939.

贾乐,朱俊艳,苏德纯. 2010.秸秆还田对镉污染农田土壤中镉生物有效性的影响.农业环境科学学报,29(10):1992-1998.

李光辉,成晴,陈宏. 2021.石灰配施有机物料修复酸性 Cd 污染稻田.环境科学,42(2):925-931.

李惠英,田魁祥,赵欣胜. 2001.不同小麦品系耐镉能力对比研究.农业系统科学与综合研究,(49):279-282.

李吉宏,聂达涛,刘梦楠,等. 2021.广东典型镉污染稻田土壤镉的生物有效性测定方法及风险管控值初探.农业资源与环境学报,38(6):1094-1101.

李剑睿,徐应明,林大松,等. 2014.水分调控和钝化剂处理对水稻土镉的钝化效应及其机理.农业环境科学学报,33(7):1316-1321.

李坤权,刘建国,陆小龙,等. 2003.水稻不同品种对镉吸收及分配的差异.农业环境科学学报,22(5):529-532.

李亮亮,张大庚,李天来,等. 2008.土壤有效态重金属提取剂选择的研究.土壤,40(5):819-823.

李明,程寒飞,安忠义,等. 化学淋洗与生物质炭稳定化联合修复镉污染土壤.环境工程学报,12(3):904-913.

李翔,杨驰浩,刘晔,等. 2021.钝化剂对农田土壤 Cd 有效性及不同水稻品种吸收 Cd 的研究.环境工程,39(9):211-216.

李心,林大松,刘岩,等. 2018.不同土壤调理剂对镉污染水稻田控镉效应研究.农业环境科学学报,37(7):1511-1520.

李子杰,孟源思,郑梦蕾,等. 2021.某流域农田土壤-水稻系统重金属空间变异特征及生态健康风险评价.农业环境科学学报,40(5):957-968.

梁斌,徐志强,李忠惠,等. 2018.成都平原区典型重金属污染土地修复研究.北京:科学出版社.

梁学峰,徐应明,王林,等. 2011.天然黏土联合磷肥对农田土壤镉铅污染原位钝化修复效应研究.环境科学学报,31(5):1011-1018.

林小兵,武琳,王惠明,等. 2021.不同用量土壤调理剂对镉污染农田土壤环境的影响.长江流域资源与环境,30(7):1734-1745.

林小兵,张秋梅,武琳,等. 2021.南方镉污染水稻产区土壤调理剂、叶面阻控剂产品调查与分析.环境生态学,3(9):57-64.

林欣颖,谭祎,历红波. 2020. 稻米镉积累的影响因素与阻控措施. 环境化学,39(6): 1530-1543.

刘恩玲,杨建军,潘琇,等. 2010. 温州市农业生产基地土壤重金属含量及其污染评价. 浙江农业科学,(3): 629-632.

刘家豪,赵龙,孙在金,等. 2010. 叶面喷施硫对镉污染土壤中水稻累积镉的机制研究. 环境科学研究,32(12): 132-2138.

刘威,束文圣,蓝崇钰. 2003. 宝山堇菜(*Viola baoshanensis*)——一种新的镉超富集植物. 科学通报,48(19): 2046-2049.

刘维涛,倪均成,周启星,等. 2014. 重金属富集植物生物质的处置技术研究进展. 农业环境科学学报,33(1): 15-27.

刘晓月,张燕,李娟,等. 2017. 4 种土壤调理剂对稻田土壤 pH 值及有效态 Cd 含量的影响. 湖南农业科学,(10): 28-31.

刘杏梅,赵健,徐建明. 2021. 污染农田土壤的重金属钝化技术研究——基于 Web of Science 数据库的计量分析. 土壤学报,58(2): 445-455.

刘秀珍,赵兴杰,马志宏. 2007. 膨润土和沸石在镉污染土壤治理中的应用. 水土保持学报, (6): 83-85.

刘昭兵,纪雄辉,彭华,等. 2010. 水分管理模式对水稻吸收累积镉的影响及其作用机理. 应用生态学报,21(4): 908-914.

柳开楼,万国瀑,叶会财,等. 2021. 不同改良剂对土壤 Cd 活化和稻米 Cd 吸收的阻控效果. 湖南农业科学,(10): 40-43.

柳赛花,陈豪宇,纪雄辉,等. 2021. 高镉累积水稻对镉污染农田的修复潜力. 农业工程学报, 37(10): 175-181.

龙思斯,彭亮,杨勇,等. 2014. 土壤镉污染的原位钝化控制技术研究进展. 湖南农业科学, (22): 43-45.

吕运涛,陈万明,郝慧娟. 2020. 轻度污染农田土壤对稻米重金属污染的风险评价. 农产品质量与安全,(3): 55-62.

罗思颖,周卫军,曹胜. 2016. 钾硅钙微孔矿物肥对稻田土壤及稻谷镉污染的阻控效果. 湖南农业科学,(6): 30-32.

罗远恒,顾雪元,吴永贵,等. 2014. 钝化剂对农田土壤镉污染的原位钝化修复效应研究. 农业环境科学学报,33(5): 890-897.

孟龙,黄涂海,陈睿,等. 2019. 镉污染农田土壤安全利用策略及其思考. 浙江大学学报(农业与生命科学版),45(3): 263-271.

明毅,张锡洲,余海英. 2018. 小麦籽粒镉积累差异评价. 中国农业科学,51(22): 4219-4229.

倪晓坤,封雪,于勇,等. 2019. 典型固废处理处置场周边土壤重金属污染特征和成因分析. 农业环境科学学报,38(9): 2146-2156.

聂发辉. 2006. 镉超富集植物商陆及其富集效应. 生态环境,15(2): 303-306.

欧阳婷婷,蔡超,林姗娜,等. 2021. 炭基和磷基复配材料钝化修复土壤镉污染. 环境工程学报,15(7): 2379-2388.

潘可可,潘琇,宋建利,等. 2008. 温州市瓯海区蔬菜土壤环境质量的调查分析. 浙江农业科学,(3)：269-270.

潘琇,王亮,谢拾冰,等. 2005. 温州主要水果基地重金属含量状况的调查. 浙江农业科学,
　　(3)：179-180.

彭林权,高永贵,李华,等. 2019. 双季稻应用土壤调理剂降镉效应研究. 作物研究,33(7)：
　　84-88.

彭欧,铁柏清,叶长城,等. 2017. 稻米镉关键积累时期研究. 农业资源与环境学报,34(3)：
　　272-279.

单天宇,刘秋辛,阎秀兰,等. 2017. 镉砷复合污染条件下镉低吸收水稻品种对镉和砷的吸收
　　和累积特征. 农业环境科学学报,36(10)：1938-1945.

单志军,陈勇红,张丽,等. 2021. 钝化材料的老化对水稻土中 Cd 钝化稳定性的影响. 农业资
　　源与环境学报,38(2)：167-175.

沈欣,朱奇宏,朱捍华,等. 2015. 农艺调控措施对水稻镉积累的影响及其机理研究. 农业环
　　境科学学报,34(8)：1449-1454.

生态环境部,国家市场监督管理总局. 2018. 土壤环境质量农用地土壤污染风险管控标准(试
　　行)(GB15618—2018). 北京：中国标准出版社.

史磊,郭朝晖,梁芳,等. 2017. 水分管理和施用石灰对水稻镉吸收与运移的影响. 农业工程学
　　报,33(24)：111-117.

史磊,郭朝晖,彭驰,等. 2018. 石灰组配土壤改良剂抑制污染农田水稻镉吸收. 农业工程学
　　报,34(11)：209-216.

宋波,张云霞,田美玲,等. 2019. 应用籽粒苋修复镉污染农田土壤的潜力. 环境工程学报,13
　　(7)：1711-1719.

宋文恩,陈世宝,唐杰伟. 2014. 稻田生态系统中镉污染及环境风险管理. 农业环境科学学
　　报,33(9)：1669-1678.

宋肖琴,陈国安,马嘉伟,等. 2021. 不同钝化剂对水稻田镉污染的修复效应. 浙江农业科学,
　　62(3)：474-476,480.

苏雨婷,赵英杰,谷子寒,等. 2018. 灌溉方式对土壤有效镉含量与双季稻产量形成及镉累
　　积分配的影响. 作物研究,32(3)：180-187.

孙聪,陈世宝,宋文恩,等. 2014. 不同品种水稻对土壤中镉的富集特征及敏感性分布(SSD).
　　中国农业科学,47(12)：2384-2394.

汤丽玲. 2007. 作物吸收 Cd 的影响因素分析及籽实 Cd 含量的预测. 农业环境科学学报,
　　(2)：699-703.

田威,李娜,倪才英,等. 2021. 江西省稻渔系统中土壤和稻谷重金属污染特征及健康风险评
　　价. 生态毒理学报,16(3)：331-339.

涂鹏飞,谭可夫,陈璘涵,等. 2020. 红叶甜菜-花生和油葵-花生轮作修复土壤 Cd 的能力. 农
　　业环境科学学报,37(4)：609-614.

王刚,孙育强,杜立宇,等. 2018. 石灰与生物炭配施对不同浓度镉污染土壤修复. 水土保持
　　学报,32(6)：379-383.

王建乐,谢仕斌,林丹虹,等. 2019. 5 种钝化剂对镉砷污染稻田的田间修复效果对比. 环境
　　工程学报,13(11)：2691-2700.

王剑,杨婷婷,朱有为,等. 2021.田间条件下施用石灰石及调理剂降低土壤镉可提取性的效应. 水土保持学报,35(4):334-340.

王立群,罗磊,马义兵,等. 2009.不同钝化剂和培养时间对 Cd 污染土壤中可交换态 Cd 的影响. 农业环境科学学报,28(6):1098-1105.

王美娥,彭驰,陈卫平. 2015.水稻品种及典型土壤改良措施对稻米吸收镉的影响. 环境科学,36(11):4283-4290.

王晓飞,洪欣,梁晓曦,等.2021.编著. 农业土壤重金属污染控制理论与实践. 北京:化学工业出版社.

王艳红,李林峰,唐明灯,等. 2018.不同钝化剂对降低水稻糙米 Cd 积累及土壤性状的影响. 环境污染与防治,40(9):974-978.

韦小了,牟力,付天岭,等. 2019.不同钝化剂组合对水稻各部位吸收积累 Cd 及产量的影响. 土壤学报,56(4):883-894.

魏树和,周启星,王新. 2005.超积累植物龙葵及其对镉的富集特征. 环境科学,26(3):167-171.

温州市土壤普查办公室,温州市农业技术推广中心编.1991.温州土壤. 杭州:浙江科学技术出版社.

文典,江棋,李蕾,等. 2020.重金属污染高风险农用地水稻安全种植技术研究. 生态环境学报,29(3):624-628.

文炯,李祖胜,许望龙,等. 2019.生石灰和钙镁磷肥对晚稻生长及稻米镉含量的影响. 农业环境科学学报,38(11):2496-2502.

吴迪,魏小娜,彭湃,等. 2019.钝化剂对酸性高镉土壤钝化效果及水稻镉吸收的影响. 土壤通报,50(2):482-488.

吴家梅,谢运河,田发祥,等. 2019.双季稻区镉污染稻田水稻改制玉米轮作对镉吸收的影响. 农业环境科学学报,38(3):502-509.

吴志强,顾尚义,李海英,等. 2007.重金属污染土壤的植物修复及超积累植物的研究进展. 环境科学与管理,32(3):67-71.

武晓微,翟文珺,高超,等. 钝化剂对土壤性质及镉生物有效性的影响研究. 农业环境科学学报,40(3):562-569.

向焱赟,伍湘,张小毅,等. 2020.叶面阻控剂对水稻吸收和转运镉的影响研究进展. 作物研究,34(3):290-296.

谢晓梅,方至萍,廖敏,等. 2018.低积累水稻品种联合腐殖酸、海泡石保障重镉污染稻田安全生产的潜力. 环境科学,39(9):4348-4358.

谢运河,纪雄辉,黄涓,等. 2014.赤泥、石灰对 Cd 污染稻田改制玉米吸收积累 Cd 的影响. 农业环境科学学报,33(11):2104-2110.

徐常艳,卢新哲,何丽,等. 2022.浙西典型黑色页岩区稻田土壤重金属污染及人体健康风险评价. 环境生态学,4(4):11-20.

徐建明,孟俊,刘杏梅,等. 2018.我国农田土壤重金属污染防治与粮食安全保障. 中国科学院院刊,33(2):153-159.

徐明岗,曾希柏,周世伟. 2014.施肥与土壤重金属污染修复. 北京:科学出版社.

徐正浩,徐建明,朱有为.2018.重金属污染土壤的植物修复资源.北京:科学出版社.

薛涛,廖晓勇,王凌青,等.2019.镉污染农田不同水稻品种镉积累差异研究.农业环境科学学报,38(8):1818-1826.

杨海君,张海涛,刘亚宾,等.2017.不同修复方式下土壤-稻谷中重金属含量特征及其评价.农业工程学报,33(23):164-171.

杨小粉,伍湘,汪泽钱,等.2020.水分管理对水稻镉砷吸收积累的影响研究.生态环境学报,29(10):2091-2101.

杨勇,王巍,江荣风,等.2009.超累积植物与高生物量植物提取镉效率的比较.生态学报,29(5):2732-2737.

杨玉敏,张庆玉,张冀,等.2010.小麦基因型间籽粒镉积累及低积累资源筛选.中国农学通报,26(17):342-346.

叶新新,周艳丽,孙波.2021.适于轻度 Cd、As 污染土壤种植的水稻品种筛选.农业环境科学学报,31(6):1082-1088.

殷飞,王海娟,李燕燕,等.2015.不同钝化剂对重金属复合污染土壤的修复效应研究.农业环境科学学报,34(3):438-448.

尹明,杨大为,唐慧娟,等.2020.黄麻修复重度镉污染农田的品种筛选.中国麻业科学,42(4):150-156.

曾希柏,徐建明,黄巧云,等.2013.中国农田重金属问题的若干思考.土壤学报,50(1):186-192.

詹绍军,喻华,冯文强,等.2011.有机物料与石灰对土壤 pH 和镉有效性的影响.西南农业学报,24(3):999-1003.

张红振,骆永明,章海波,等.2010.水稻、小麦籽粒砷、镉、铅富集系数分布特征及规律.环境科学,31(2):487-495.

张剑,卢升高.2020.12 种钝化剂在镉污染稻田上的应用效果对比.浙江农业科学,61(12):2527-2529.

张丽君,吴学荣,项佳敏,等.2020.镉轻度污染农田水稻安全生产技术浅析.浙江农业科学,61(10):1970-1972,2076.

张亮亮,樊小林,张立丹,等.2016.碱性肥料对稻田土壤和稻米镉含量的影响.应用生态学报,27(3):891-895.

张乃明,等.2017.重金属污染土壤修复理论与实践.北京:化学工业出版社.

张亚丽,沈其荣,姜洋.2001.有机肥料对镉污染土壤的改良效应.土壤学报,38(2):212-218.

张雨婷,田应兵,黄道友,等.2021.典型污染稻田水分管理对水稻镉累积的影响.环境科学,42(5):2512-2521.

张云霞,宋波,宾娟,等.2019.超富集植物藿香蓟(*Ageratum conyzoides L.*)对镉污染农田的修复潜力.环境科学,40(5):457-463.

张云霞,周浪,肖乃川,等.2020.鬼针草(*Bidens pilosa L.*)对镉污染农田的修复潜力.生态学报,40(16):5805-5813.

张振兴,纪雄辉,谢运河,等.2016.水稻不同生育期施用生石灰对稻米镉含量的影响.农业环境科学学报,35(10):1867-1872.

赵步洪,张洪熙,奚岭林,等. 2006.杂交水稻不同器官镉浓度与累积量. 中国水稻科学,20(3):306-312.

赵科理,傅伟军,戴巍,等. 2016.浙江省典型水稻产区土壤-水稻系统重金属迁移特征及定量模型. 中国生态农业学报,24(2):226-234.

赵丽芳,黄鹏武,孔亮,等. 2005.乐清市标准农田重金属含量的分析. 浙江农业科学,(5):397-398.

赵丽芳,黄鹏武,张作选,等. 2001.乐清市菜地土壤养分及重金属污染状况调查研究. 浙江农业科学,(3):124-126.

赵丽芳,黄鹏武,宗玉统,等. 2019.适宜浙南地区种植的重金属低积累玉米品种筛选. 浙江农业科学,60(8):1370-1372.

赵丽芳,黄鹏武,宗玉统,等. 2019.适于镉铜复合污染农田安全利用的油菜品种筛选. 浙江农业科学,60(9):1614-1616.

赵莎莎,肖广全,陈玉成,等. 2021.不同施用量石灰和生物炭对稻田镉污染钝化的延续效应. 水土保持学报,35(1):334-340.

赵首萍,陈德,叶雪珠,等. 2021.石灰、生物炭配施硅/多元素叶面肥对水稻Cd积累的影响. 水土保持学报,35(6):361-368.

赵廷伟,李洪达,周薇,等. 2019.施用凹凸棒石对Cd污染农田土壤养分的影响. 农业环境科学学报,38(10):2313-2318.

赵雄,李福燕,张冬明,等. 2009.水稻土镉污染与水稻镉含量相关性研究. 农业环境科学学报,28(11):2236-2240.

郑宏艳,刘书田,米长虹,等. 2015.土壤-水稻籽粒系统镉富集主要影响因素统计分析. 农业环境科学学报,34(10):1880-1888.

郑瑞伦,石东,刘文菊,等. 2020.两种能源草田间条件下对镉和锌的吸收累积. 环境科学,42(3):1158-1165.

郑顺安,黄宏坤. 2017.耕地重金属污染防治管理理论与实践(上、下册). 北京:中国环境出版社.

中华人民共和国国家卫生和计划生育委员会,国家食品药品监督管理总局. 2017.食品安全国家标准——食品中污染物限量(GB2762—2017). 北京:中国标准出版社.

仲维功,杨杰,陈志德,等. 2006.水稻品种及其器官对土壤重金属元素Pb、Cd、Hg、As积累的差异. 江苏农业学报,22(4):331-338.

周航,周歆,曾敏,等. 2014.2种组配改良剂对稻田土壤重金属有效性的效果. 中国环境科学,34(2):437-444.

周静,杨洋,孟桂元,等. 2018.不同镉污染土壤下水稻镉富集与转运效率. 生态学杂志,37(1):89-94.

周利军,武琳,林小兵,等. 2019.土壤调理剂对镉污染稻田修复效果. 环境科学,40(11):5098-5106.

周亮,肖峰,肖欢,等. 2021.施用石灰降低污染稻田上双季稻镉积累的效果. 中国农业科学,54(4):780-791.

周其耀,倪元君,徐顺安,等. 2021. 叶面调理剂对浙江东部镉污染农田水稻主栽品种安全生产的影响. 浙江大学学报(农业与生命科学版),47(6):768-776.

朱奇宏,黄道友,刘国胜,等. 2010. 改良剂对镉污染酸性水稻土的修复效应与机理研究. 中国生态农业学报,18(4):847-851.

祝志娟,傅志强. 2020. 不同农艺措施对双季稻植株地上部镉积累的影响. 河南农业科学,49(1):31-43.

Ali H, Khan E, Sajad MA. 2013. Phytoremediation of heavy metals-concepts and applications. Chemosphere, 91:869-881.

Bian RJ, Li LQ, Bao DD, et al. 2016. Cd immobilization in a contaminated rice paddy by inorganic stabilizers of calcium hydroxide and silicon slag and by organic stabilizer of biochar. Environmental Science and Pollution Research, 23:10028-10036.

Boisson J, Ruttens A, Mench M, et al. 1999. Evaluation of hydroxyapatite as a metal immobilizing soil additive for the remediation of polluted soils. Part 1. Influence of hydroxyapatite on metal exchangeability in soil, plant growth and plant metal accumulation. Environmental Pollution, 104:225-233.

Bolan NS, Adriano DC, Duraisamy P, et al. 2003. Immobilization and phytoavailability of cadmium in variable charge soils. I. Effect of phosphate addition. Plant and Soil, 250:83-94.

Bolan NS, Makino T, Kunhikrishnan A, et al. 2013. Cadmium contamination and its risk management in rice ecosystems. Advances in Agronomy, 119:183-273.

Cao ZZ, Qin ML, Lin XY, et al. 2018. Sulfur supply reduces cadmium uptake and translocation in rice grains (Oryza sativa L.) by enhancing iron plaque formation, cadmium chelation and vacuolar sequestration. Environmental Pollution, 238:76-84.

Chaiyarat R, Suebsima R, Putwattana N, et al. 2011. Effects of soil amendments on growth and metal uptake by Ocimum gratissimum grown in Cd/Zn-contaminated soil. Water, Air and Soil Pollution, 214:383-392.

Chaney RL, Reeves PG, Ryan JA, et al. 2004. An improved understanding of soil Cd risk to humans and low cost methods to phytoextract Cd from contaminated soils to prevent soil Cd risks. Biometals, 17:549-553.

Chen HP, Wang P, Chang JD, et al. 2020. Producing Cd-safe rice grains in moderately and seriously Cd-contaminated paddy soils. Chemosphere, 267:128893.

Chen Q, Deng X, Chen S, et al. 2017. Correlations between different extractable cadmium levels in typical soils and cadmium accumulation in rice. Environmental Science, 38:2538-2545.

Chen SB, Xu MG, Ma YB, et al. 2007. Evaluation of different phosphate amendments on availability of metals in contaminated soil. Ecotoxicology and Environmental Safety, 67:278-285.

Chen Z, Tang YT, Yao AJ, et al. 2017. Mitigation of Cd accumulation in paddy rice (Oryza sativa L.) by Fe fertilization. Environmental Pollution, 231:549-559.

Chi YH，Li FB，Tam NF，et al. 2018. Variations in grain cadmium and arsenic concentrations and screening for stable low-accumulating rice cultivars from multi-environment trials. Science of the Total Environment，643：1314-1324.

De LJ，Mclaughlin MJ，Hettiarachchi GM，et al. 2011. Cadmium solubility in paddy soils：Effects of soil oxidation，metal sulfides and competitive ions. Science of the Total Environment，409：1489-1497.

Dermont G，Bergeron M，Mercier G，et al. 2008. Soil washing for metal removal：a review of physical/chemical technologies and field applications. Journal of Hazardous Material，152：1-30.

Dong X，Li HC，Chen Q，et al. 2019. Effects of lime，silicon-calcium-magnesium amendments on Cd absorption and accumulation in different soil-rice systems. Environmental Chemistry，38：1298-1306.

Duan GL，Shao GS，Tang Z，et al. 2017. Genotypic and environmental variations in grain cadmium and arsenic concentrations among a panel of high yielding rice cultivars. Rice，10：9.

Feng W，Guo Z，Xiao X，et al. 2019. Atmospheric deposition as a source of cadmium and lead to soil-rice system and associated risk assessment. Ecotoxicology and Environmental Safety，180：160-167.

Gao M，Zhou J，Liu HL，et al. 2018. Foliar spraying with silicon and selenium reduces cadmium uptake and mitigates cadmium toxicity in rice. Science of the Total Environment，631-632：1100-1108.

Gray CW，Dunham SJ，Dennis PG. 2006. Field evaluation of in situ remediation of a heavy metal contaminated soil using lime and red-mud. Environmental Pollution，142：30-39.

Guo GL，Zhou QX，Ma LQ. 2006. Availability and assessment of fixing additives for the in situ remediation of heavy metal contaminated soils：a review. Environmental Monitoring and Assessment，116：13-28.

Guo J，Ye D，Zhang X，et al. 2022. Characterization of cadmium accumulation in the cell walls of leaves in a low-cadmium rice line and strengthening by foliar silicon application. Chemosphere，287：132374.

Hamid Y，Tang L，Muhammad IS，et al. 2019. An explanation of soil amendments to reduce cadmium phytoavailability and transfer to food chain. Science of the Total Environment，660，80-96.

Hamid Y，Tang L，Yaseen M，et al. 2019. Comparative efficacy of organic and inorganic amendments for cadmium and lead immobilization in contaminated soil under rice-wheat cropping system. Chemosphere，214：259-268.

He D，Cui J，Gao M，et al. 2019. Effects of soil amendments applied on cadmium availability，soil enzyme activity，and plant uptake in contaminated purple soil. Science of the Total Environment，654：1364-1371.

He YB，Huang DY，Zhu QH，et al. 2017. A three-season field study on the in-situ remediation of Cd-contaminated paddy soil using lime，two industrial by-products，and a low-Cd-accumulation rice cultivar. Ecotoxicology and Environmental Safety，136：135-141.

Hu Y，Cheng H，Tao S. 2016. The challenges and solutions for cadmium-contaminated rice in China：A critical review. Environment International，92-93：515-532.

Huang SH，Rao GS，Ashraf U，et al. 2020. Application of inorganic passivators reduced Cd contents in brown rice in oilseed rape-rice rotation under Cd contaminated soil. Chemosphere，259：127404.

Huang Y，Sheng H，Zhou P，et al. 2020. Remediation of Cd-contaminated acidic paddy fields with four-year consecutive liming. Ecotoxicology and Environmental Safety，188：109903.

Hussain B，Ashraf MN，Shafeeq R，et al. 2020. Cadmium stress in paddy fields：Effects of soil conditions and remediation strategies. Science of the Total Environment，754：142188.

Jiang Y，Zhou H，Gu J，et al. 2022. Combined amendment improves soil health and brown rice quality in paddy soils moderately and highly co-contaminated with Cd and As. Environmental Pollution，295：118590.

Jiang YB，Jiang SM，Li ZB，et al. 2019. Field scale remediation of Cd and Pb contaminated paddy soil using three mulberry (*Morus alba* L.) cultivars. Ecological Engineering，129：38-44.

Kavitha B，Reddy PVL，Kim B，et al. 2018. Benefits and limitations of biochar amendment in agricultural soils：A review. Journal of Environment Management，227：146-154.

Khan FI，Husain T，Hejazi R. 2004. An overview and analysis of site remediation technologies. Journal of Environment Management，71：95-122.

Kim SC，Kim HS，Seo BH，et al. 2016. Phytoavailability control based management for paddy soil contaminated with Cd and Pb：Implications for safer rice production. Geoderma，270：83-88.

Kosolsaksakul P，Oliver IW，Graham MC. 2018. Evaluating cadmium bioavailability in contaminated rice paddy soils and assessing potential for contaminant immobilisation with biochar. Journal of Environmental Management，21：49-56.

Kumpiene J，Lagerkvist A，Maurice C. 2008. Stabilization of As，Cr，Cu，Pb and Zn in soil using amendments：a review. Waste Management，28：215-225.

Lalor GC. 2008. Review of cadmium transfers from soil to humans and its health effects in the Jamaican Environment. Science of the Total Environment，400：162-138.

Lee SH，Lee JS，Choi YJ，et al. 2009. In situ stabilization of cadmium-，lead-，and zinc-contaminated soil using various amendments. Chemosphere，77：1069-107.

Li H，Liu Y，Zhou YY，et al. 2018. Effects of red mud based passivator on the transformation of Cd fraction in acidic Cd-polluted paddy soil and Cd absorption in rice. Science of Total Environment, 640-641: 736-774.

Li JR, Xu YM. 2017. Immobilization remediation of Cd-polluted soil with different water condition. Journal of Environmental Management, 193: 607-6122020.

Li JR, Xu YM. 2017. Use of clay to remediate cadmium contaminated soil under different water management regimes. Ecotoxicology and Environment Safety, 141: 107-112.

Li S, Wang M, Zhao Z, et al. 2019. Use of soil amendments to reduce cadmium accumulation in rice by changing Cd distribution in soil aggregates. Environmental Science and Pollution Research, 26: 20929-20938.

Liang XF, Han J, Xu YM, et al. 2014. In situ field-scale remediation of Cd polluted paddy soil using sepiolite and palygorskite. Geoderma, 23-236: 9-18.

Liu L, Chen HS, Cai P, et al. 2008. Immobilization and phytotoxicity of Cd in contaminated soil amended with chicken manure compost. Journal of Hazardous Materials, 163:563-567.

Liu LW, Li W, Song WP, et al. 2018. Remediation techniques for heavy metal-contaminated soils: Principles and applicability. Science of the Total Environment, 633: 206-219.

Liu X, Tian G, Jiang D, et al. 2016. Cadmium (Cd) distribution and contamination in Chinese paddy soils on national scale. Environmental Science and Pollution Research, 23: 1-12.

Lu M, Cao X, Pan J, et al. 2020. Identification of wheat (*Triticum aestivum* L.) genotypes for food safety on two different cadmium contaminated soils. Environmental Science and Pollution Research, 27: 7943-7956.

Mao P, Wu J, Li F, et al. 2022. Joint approaches to reduce cadmium exposure risk from rice consumption. Journal of Hazardous Materials, 128263.

Mao P, Zhuang P, Li F, et al. 2019. Phosphate addition diminishes the efficacy of wollastonite in decreasing Cd uptake by rice (*Oryza sativa* L.) in paddy soil. Science of Total Environment, 687: 441-450.

Mcbride MB. 2002. Cadmium uptake by crops estimated from soil total Cd and pH. Soil Science, 167: 62-67.

Meng J, Zhong L, Wang L, et al. 2018. Contrasting effects of alkaline amendments on the bioavailability and uptake of Cd in rice plants in a Cd-contaminated acid paddy soil. Environmental Science and Pollution Research, 25: 8827-8835.

Meng L, Huang TH, Shi JC, et al. 2019. Decreasing cadmium uptake of rice (*Oryza sativa* L.) in the cadmium-contaminated paddy field through different cultivars coupling with appropriate soil amendments. Journal of Soils and Sediments, 19: 1788-1798.

Mu TT, Wu TZ, Zhou T, et al. 2019. Geographical variation in arsenic, cadmium, and lead of soils and rice in the major rice producing regions of China. Science of the Total

Environment, 677: 373-381.

Peng H, Chen Y, Weng L, et al. 2019. Comparisons of heavy metal input inventory in agricultural soils in north and south China: a review. Science of the Total Environment, 660: 776-786.

Qiao JT, Liu TX, Wang XQ, et al. 2018. Simultaneous alleviation of cadmium and arsenic accumulation in rice by applying zero-valent iron and biochar to contaminated paddy soils Chemosphere, 195: 260-271.

Qiu Z, Chen JH, Tang JW, et al. 2018. A study of cadmium remediation and mechanisms: improvements in the stability of walnut shell-derived biochar. Science of Total Environment, 636: 80-84.

Rautaray SK, Ghosh BC, Mittra BN. 2003. Effect of fly ash, organic wastes and chemical fertilizers on yield, nutrient uptake, heavy metal content and residual fertility in a rice-mustard cropping sequence under acid lateritic soils. Bioresource Technology, 90: 275-283.

Rizwan M, Ali S, Adrees M, et al. 2016. Cadmium stress in rice: toxic effects, tolerance mechanisms, and management: a critical review. Environmental Science and Pollution Research, 23:17859-17879.

Seshadri B, Bolan NS, Wijesekara H, et al. 2016. Phosphorus – cadmium interactions in paddy soils. Geoderma, 270: 43-59.

Shi L, Guo Z, Peng C, et al. 2019. Immobilization of cadmium and improvement of bacterial community in contaminated soil following a continuous amendment with lime mixed with fertilizers: a four-season field experiment. Ecotoxicology and Environmental Safety, 171: 425-434.

Song WE, Chen SB, Liu JF. 2015. Variation of Cd concentration in various rice cultivars and derivation of cadmium toxicity thresholds for paddy soil by species-sensitivity distribution. Journal of Integrative Agriculture, 14(9):1845-1854.

Tahir N, Ullah A, Tahir A et al. 2021. Strategies for reducing Cd concentration in paddy soil for rice safety. Journal of Cleaner Production, 316:128116.

Tang X, Li Q, Wu M, et al. 2016. Review of remediation practices regarding cadmium-enriched farmland soil with particular reference to China. Journal of Environmental Management, 181: 646-662.

Tessier A, Campbell PGC, Bisson M. 1979. Sequential extraction procedure for the speciation of particulate trace metals. Analytical Chemistry, 1: 844-851.

Tian T, Zhou H, Gu J, et al. 2019. Cadmium accumulation and bioavailability in paddy soil under different water regimes for different growth stages of rice (*Oryza sativa* L.). Plant and Soil, 440: 327-339.

Wan Y, Huang Q, Camara AY, et al. 2019. Water management impacts on the solubility of Cd, Pb, As, and Cr and their uptake by rice in two contaminated paddy soils. Chemosphere, 228: 360-369.

Wang L, Zhang Q, Liao X, et al. 2021. Phytoexclusion of heavy metals using low heavy metal accumulating cultivars: a green technology. Journal of Hazardous Materials, 413: 125427.

Wang P, Chen HP, Kopittke PM, et al. 2019. Cadmium contamination in agricultural soils of China and the impact on food safety. Environmental Pollution, 249: 1038-1048.

Wang Y, Liang H, Li S, et al. 2022. Co-utilizing milk vetch, rice straw, and lime reduces the Cd accumulation of rice grain in two paddy soils in south China. Science of The Total Environment, 806: 150622.

Wang YF, Su Y, Lu SG. 2019. Cd accumulation and transfer in pepper (*Capsicum annuum* L.) grown in typical soils of China: pot experiments. Environmental Science and Pollution Research, 26: 36558-36567.

Xue DW, Jiang H, Deng XX. 2014. Comparative proteomic analysis provides new insights into cadmium accumulation in rice grain under cadmium stress. Journal of Hazardous Materials, 280: 269-278.

Yan J, Fischel M, Chen H, et al. 2020. Cadmium speciation and release kinetics in a paddy soil as affected by soil amendments and flooding-draining cycle. Environmental Pollution, 268: 115944.

Yang W, Wang S, Zhou H, et al. 2022. Combined amendment reduces soil Cd availability and rice Cd accumulation in three consecutive rice planting seasons. Journal of Environmental Sciences, 111: 141-152.

Yu H, Wang J, Fang W, et al. 2006. Cadmium accumulation in different rice cultivars and screening for pollution-safe cultivars of rice. Science of the Total Environment, 370: 302-309.

Zhang HJ, Zhang XZ, Li TX, et al. 2014. Variation of cadmium uptake, translocation among rice lines and detecting for potential cadmium-safe cultivars. Environmental Earth Sciences, 71: 277-286.

Zhang M, Shan SD, Chen YG, et al. 2018. Biochar reduces cadmium accumulation in rice grains in a tungsten mining area-field experiment: effects of biochar type and dosage, rice variety, and pollution level. Environmental Geochemistry and Health, 41: 43-52.

Zhang XY, Chen DM, Zhong TY, et al. 2015. Assessment of cadmium (Cd) concentration in arable soil in China. Environmental Science and Pollution Research, 22: 4932-4941.

Zhang Y, Wang X, Ji XH, et al. 2019. Effect of a novel Ca-Si composite mineral on Cd bioavailability, transport and accumulation in paddy soil-rice system. Journal of Environmental Management, 233: 802-811.

Zhao FJ, Ma Y, Zhu YG, et al. 2015. Soil contamination in China: current status and mitigation strategies. Environmental Science & Technology, 49: 750-759.

Zhao R, Lu Y, Ma Y, et al. 2020. Effectiveness and longevity of amendments to a cadmium-contaminated soil. Journal of Integrative Agriculture，19：1097-1104.

Zong YT，Xiao Q，Lu SG. 2021. Biochar derived from cadmium-contaminated rice straw at various pyrolysis temperatures：cadmium immobilization mechanisms and environmental implication. Bioresource Technology，321：124459.

Zong YT，Xiao Q，Malik Z，et al. 2021. Crop straw-derived biochar alleviated cadmium and copper phytotoxicity by reducing bioavailability and accumulation in a field experiment of rice-rape-corn rotation system. Chemosphere，280：130830.